Verilog 硬體描述語言(第二版)
Verilog HDL: A Guide to Digital Design and Synthesis 2/E

SAMIR PALNITKAR　原著

黃英叡、黃稚存　編譯

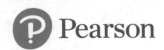
全華圖書股份有限公司

Pearson

關於作者

Samir Palniker 目前是 Jambo 系統公司的總裁。這是一家主要的 ASIC 是設計與驗證服務公司，專門從事微處理器、網路與通訊應用的先端設計。Palnitkar 是 Integrated Intellectual Property 公司的創辦人。這家 ASIC 設計公司被 Lattice Semiconductor 所併購。隨後他創辦了 Obongo。這是一家電子商務軟體公司。隨後被 AOL 時代華納公司所併購。

Palnikar 在印度技術學院(Indian Institute of Technology, Kanpur)取得電機學士學位，在西雅圖華盛頓大學取得電機碩士學位，並在聖荷西州立大學取得 MBA 學位。

Palnikar 在 Verilog HDL、驗證、邏輯合成電腦輔助數位設計方法上，是公認的權威人士。他廣泛的參與了數個成功的微處理器、ASIC 與系統設計計畫中的設計與驗證。除了參與 SUN 的 UltraSPARC CPU 計畫外，他還參與過 Cicco、Philips、Mitsubishi、Motorola、National、Advanced Micro Devices，以及 Standard Microsystems 等知名公司的驗證與設計計畫。

Palnikar 也是第一個使用 Cycle-Based 模擬技術的團隊中的主要成員。他同時對不同的 EDA 工具有廣泛的經驗，包括 Verilog-NC、Synopsys VCS、Specman、Vera、System Verilog、Synopsys、SystemC、Verplex，以及 Design Data Management Systems。

Palnitkar 目前是三項美國專利的作者，第一項是關於分析 Finite State Machine 的新方法，第二項是有關於 Cycle-Based 模擬的技術，第三項是一個獨一的 E-Commerce 工具。他發表過數篇技術論文。在他閒餘的時間，Palnikar 喜歡打板球，閱讀，以及旅遊。

前　言

　　從 1984 年 Gateway 自動化設計公司開始使用 Verilog 語言以來，Verilog 硬體描述設計語言已經變成一個工業的標準化，他被廣泛地使用在積體電路設計與數位系統設計方面。此外，Verilog 語言是第一個能支持混合各種設計層次的專用語言，同時支持開關層次、邏輯閘層次、暫存器轉換層次與更高階層次的描述。Verilog 的模擬環境亦提供一個強而有力的統一環境，來加速數位設計的腳步與測試的過程。

　　有三個主要的原因使得 Verilog 在市場上有如此大的接受度與優勢。首先，可程式化介面（Programming Language Interface, PLI）的功能，使得 Verilog 的使用者得以無遠弗屆地推展與修改模擬環境。使用者並得以利用 PLI，融合入其他特有的設計環境，這一項功能奠定了 Verilog 成功的基礎。其次，當在 1987 到 1989 年 Verilog 剛開始被 Gateway 公司所推展的時候，該公司致力於將 Verilog 緊密地結合入積體電路設計公司與積體電路製造公司的環境中，例如 Motorola（摩特羅拉公司）、National（松下電器公司）與 UTMC 公司。藉由 ASIC 設計工程師之手，來讓 Verilog 的潛在優勢發揮推廣出來。ASIC 製造公司甚至開始使用 Verilog 作為內部 Sign-Off 的模擬器，更加深了 Verilog 在業界被接受的程度。最後一點重要的原因是，在 1987 年的時候，Synopsys（新思科技公司）將 Verilog 為基礎的邏輯合成（Logic Synthesis）工具開發成功。Gateway 公司將私有的 Verilog 語言授權給新思科技，使得 Verilog 語言整合了邏輯模擬與邏輯合成兩大領域，轉身變成了硬體設計工程師的最愛。

　　其餘的 EDA 廠商，互相結合並聯合美國國防部來推出另一個硬體描述語言 VHDL(VHSIC Hardware Description Language)，成為美國電機工程師協會的標準（IEEE Standard），在公開領域（Public Domain）

中取代 Verilog。Verilog 則是在 1995 年正式成爲 IEEE 1364 標準。從 1995 年之後，Verilog 加入的許多使用者需要的加強功能。這些改變並促成了最新的修訂版，IEEE 1364-2001 Verilog 標準。今天，Verilog 已經成爲數位設計使用者最愛的語言，並已是合成、驗證（Verification），以及 Place and Route 技術的基礎。

Samir 的這一本著作對於 Verilog 語言的使用者絕對是一時之選。他不僅用了很多例子來說明語言的特性，並且深入地介紹程式語言介面 PLI 的使用以及邏輯合成的應用。Verilog 提供了精確的硬體模型描述與不同層次的模擬機制，Samir 的書適當地介紹了模型描述的觀念，並將之深入地與時脈指定與邏輯表現的情況加以統合。

這本書的第二版有兩項特點。第一，他包含了 IEEE 1364-2001 標準所有的加強功能。這得以確保讀者能夠利用 Verilog 最新的功能。第二，這個版本加入了一個全新的章節，討論高等的驗證技術。目前這已經是以 Verilog 爲基礎的設計方法中，一個不可或缺的部分了。這兩者的相關知識，都是設計及驗證包含數百萬邏輯閘的系統的 Verilog 使用者所必備的關鍵技術。

我仍然深深地記得我在教導工程師以 Verilog 設計以及相關的設計機制時所遇到的挑戰，如果有 Samir 這一本書，初學者可以很快地有生產力，資深的工程師也將因爲擁有一本參考書而能對 Verilog 有更新的認識。這是一本 Verilog 使用者必要的書。

Prabhu Goel
Formerly President of Gateway Design Automation
Gateway 公司前總裁
註：該公司已被 Cadence (益華科技)所併購

v

序 言

在我剛開始接觸 Verilog 語言的時候，我想要找一本書可以讓我很快地能開始使用 Verilog，能讓我學會以 Verilog 的基本數位邏輯設計流程與建立小的區塊模型，然後可以利用他來做模擬的工作。隨後，當我已經對 Verilog 有基本的認識之後，我要建立更大的邏輯區塊，這時我想要找一本書能帶我進入 Verilog 語言的堂奧，廣泛地介紹 Verilog 語言的特性，並有教導我實際的數位設計架構。最後，我已經成為一個熟練的數位設計與驗證工程師時，擁有 Verilog 的各種手冊，但是我覺得我需要一本書可以放在手邊來做參考。

從第一版發表以來，已經過了六年的時間。這些時間我從事了各式不同的 ASIC 與微處理器計畫，並獲得了許多設計跟驗證的寶貴經驗。我也見識了驗證方法與工具在高等層級的應用上逐步成熟。IEEE 1364-2001 Verilog HDL 標準也已經通過。這本書第二版主要的目的，就是加入 IEEE 1364-2001 新增的項目，並介紹最新的驗證技術。

這本書在深度與廣度都同時兼具，他帶領讀者到以 Verilog 為基礎的各項相關領域，讓讀者能瞭解 Verilog 的全貌。同時，在每一章節後也留下各種的深入研讀的相關參考資料處與合適的練習工具。

這一本書不但是一本教導 Verilog 的書，同時他也是一本不錯的數位設計書。他讓讀者明瞭到 Verilog 語言不只是做邏輯設計的工具，他的終極目標是要幫助設計者完成晶片。除此之外，這一本書強調 Verilog 的應用，並提醒工程師千萬不要忽視使用硬體描述語言的設計方法。

誰應該用這一本書呢

這一本書基本上是設計給初學者與略懂工程師來閱讀，但對於高級的工程師而言，這裡面包含很廣泛精彩的內容，並包含很多深入的參考資料，可以當成一本手邊的參考書以及訓練的教材。

這一本書提供了一個循序漸進的學習過程,由最基本設計流程開始,其次帶入基本的語法,直到高級的語法與技巧,例如程式介面或是邏輯合成。這一本書包含各種不同層次的專家意見,以下我們將一一解釋:

● 剛學數位邏輯設計的大學生

　　第一部份,針對以 Verilog 硬體描述語言為基礎的設計流程作介紹,剛好符合一門課程的基本規劃。學生可以在這一部份學得階層式模型敘述的觀念,基本的 Verilog 建構語法,描述的技巧以及寫小型模型所必要的知識與模擬的能力。

● 工業界的新手

　　對於一家將要移轉到以 Verilog 為基礎的公司,本書的第一部份提供一個很好的快速入門,使得工程師可以迅速地熟悉以硬體描述語言為基礎的設計流程。

● 已經對 Verilog 有初步的瞭解,想要鍛鍊功力的設計者

　　本書的第二部份,討論更深入的觀念,例如使用者自訂模組,時脈分析,程式介面與邏輯合成,這些觀念對於設計大型的線路有極大的幫助。

● 熟練的 Verilog 設計家

　　所有的 Verilog 相關題材都有提過,不僅僅是模型描述的技巧,還深入到程式介面與邏輯合成的領域,這將會是 Verilog 專家手邊不可或缺的一本好書。

這一本書的理念是朝著專用大型積體電路設計的方向來撰寫,但是書中所以的題材的廣泛度夠廣,所以一樣可以將之應用到快速可程式化邏輯閘(FPGA)、程式邏輯閘(PAL)、匯流排、印書電路板,以及系統設

計。這本書以中型積體電路為例子來講解，同樣的觀念亦可以應用到大型積體電路。

本書的組織架構

本書分成三大章節，依序描述如下：

第一部份：基本的 Verilog 語法

第一部份中，共有九個章節。涵蓋所有一個初學者所必須知道的所有基本 Verilog 描述的語法，以及模擬所需的觀念。特別值得要注意的是，我先教導讀者學習邏輯閘層次的描述語法，再教導使用行為模式的敘述。這樣一來，讀者可以透過邏輯閘層次的敘述，與實際線路中的邏輯閘做一一的對照比較，讀者可以體會到Verilog的理念。隨後在帶著讀者進入更高層次硬體模型描述，讀者可以認知到Verilog不只是一個程式語言，而是一個硬體設計語言。即使如此，有很多新的Verilog使用者會認為Verilog只不過是一個硬體描述語言，並不在乎他與硬體的關係，就直接由較高的層次開始來使用他，就好像在寫C語言程式般。這樣的開始，會造成與實際硬體上設計的脫節。

第二部份：高等 Verilog 技巧

第二部份中，共有六個章節。包含了時脈分析、交換層次模型、使用者自訂模組、程式介面、邏輯合成與高等驗證技術，這些章節可以帶領初階的使用者出小規模的設計開始，到有能力去處理大型的設計。

第三部份：附錄

附錄中包含了六個章節，這一些都是很有用途的參考資訊，例如驅動強度表、程式介面函數表、正規化語言表示式、Verilog的注意小事項以及很多的有用範例。

本書中常用的標記

表 PR-1 中描述本書中所使用到的符號標記。

表 PR-1　符號標記

符號	說明	範例
AaBbCc123	Verilog 語言中的關鍵字，系統函示，編譯命令	and，nand，\$display，`define
AaBbCc123	強調用	cell characterization，instantiation
AaBbCc123	訊號名稱，模組名，輸出入埠名	fulladd4，D_FF，out

有幾點需要解釋：

● 書中所有提到的 Verilog 或是 Verilog HDL，通通都是指 Verilog 硬體描述語言。本書中所提到的 Verilog 模擬器，泛指 Verilog-XL 或是 VCS 這兩種模擬器。

● 本書中所提到設計者，強調爲數位設計者，同時也代表著 Verilog 的使用者。

感　謝

本書的第一版是由許多人的幫助與貢獻而產生的。主要的貢獻者有底下幾位：

John Sanguinetti，Stuart Sutherland，Clifford Cummings，Robert Emberley，Ashutosh Mauskar，Jack McKeown，Dr. Arun Somani，Dr. Michael Ciletti，Larry Ke，Sunil Sabat，Cheng-I Huang，Maqsoodul Mannan，Ashok Mehta，Dick Herlein，Rita Glover，Ming-Hwa Wang，Subramanian Ganesan，Sandeep Aggarwal，Albert Lau，Samir Sanghani，Kiran Buch，Anshuman Saha，Bill Fuchs，Babu Chilukuri，Ramana Kalapatapu，Karin Ellison，以及 Rachel Borden。在此我想要再次的謝謝他們。

至於第二版的完成，我想要特別感謝底下的所有人，幫助我校閱稿件與提供有用的意見：

Anders Nordstrom	ASIC Consultant
Stefen Boyd	Boyd Technology
Clifford Cummings	Sunburst Design
Harry Foster	Verplex Systems
Yatin Trivedi	Magma Design Automation
Rajeev Madhavan	Magma Design Automation
John Sanguinetti	Forte Design Systems
Dr. Arun Somani	Iowa State University
Michael McNamara	Verisity Design
Berend Ozceri	Cisco Systems
Shrenik Mehta	Sun Microsystems
Mike Meredith	Forte Design Systems

同時也感謝下列的個人：

Simucad公司的Richard Jones以及John Williamson提供免費的Verilog SILOS 2001模擬器附在本書中。

Prentice Hall的Greg Doench與昇陽公司 (Sun Microsystems) 的Myrna Rivera在出版過程中提供的協助。

　　有些第二版的內容是在各方同僚的談話過程、電子郵件或他們的建議中得到靈感。感謝所有資料的來源，如果我不小心遺漏了任何一個需要感謝的人，請接受我的道歉。

- Samir Palnitkar
- Silicon Valley, California

譯者序

　　因為研究需要，天天都要面對Verilog，讀過四、五本相關的書籍，但是覺得內容都不夠深入，範例不夠明瞭，想要進一步的資訊來學習，卻又無處可尋。一年半前，一個偶然的機會，在美商 SUN 公司的網站看到這本書，剛好友人耶誕節自美買回這本書予筆者，頓然發覺這是一本不可多得的Verilog語言學習的好工具書，由淺入深，從頭到尾講清楚。

　　剛好筆者需要開一門計算機輔助電路設計實習的課，要教導同學學習使用語言來設計大型積體電路，於是這一本書恰好合宜的變成了教科書。在全華圖書公司的鼎力幫忙，方得以使原文教科書引進的工作順利進行，同學們的反應普遍不錯。

　　在這兩個動機的鼓勵之下，於是就開始了本書的翻譯工作。

　　經過了四個年頭，本書終於出了第二版，原作者只有稍做了更新，並增加了一個章節。但是實際上這四年多的時間，全世界的半導體科技產業突飛猛進，設計的複雜度予日遽增，設計的流程也經歷的重大的變革。面對來臨中的深次微米的技術，本書中所敘述的內容只能滿足一般IC 設計工程師的 Verilog 使用的基本需求，讀者應該朝向高層次系統化，高可用性設計的方向繼續進修。

編輯部序

「系統編輯」是我們的編輯方針,我們所提供給您的,絕不只是一本書,而是關於這門學問的所有知識,它們由淺入深,循序漸進。

本書涵蓋Verilog HDL的廣泛內容,對邏輯合成部份有深入的探討並輔以實例說明。本書內容包含運用 Verilog、階層模組的觀念、Verilog 的基本概念、邏輯閘層次模型、資料處理模組、行為模型、任務與函數、有用的程式技巧及高階Verilog的邏輯設計。本書適合作為大學電子、資工系「VHDL設計」、「VHDL晶片設計」等課程所使用。

同時,為了使您能有系統且循序漸進研習相關方面的叢書,我們以流程圖方式,列出各有關圖書的閱讀順序,以減少您研習此門學問的摸索時間,並能對這門學問有完整的知識。若您在這方面有任何問題,歡迎來函連繫,我們將竭誠為您服務。

相關叢書介紹

書號：06396
書名：數位邏輯原理
編著：林銘波
18K/440 頁/480 元

書號：0397901
書名：CMOS 數位積體電路分析與
　　　設計(第三版)
編譯：吳紹懋.黃正光
20K/840 頁/650 元

書號：06170027
書名：Verilog 硬體描述語言實務
　　　(第三版)(附範例光碟)
編著：鄭光欽.周靜娟.黃孝祖
　　　顏培仁.吳明瑞
16K/320 頁/350 元

書號：06202007
書名：數位邏輯設計－使用 Verilog
　　　(附範例程式光碟)
編著：劉紹漢
16K/496 頁/550 元

書號：06241027
書名：數位邏輯設計與晶片實務
　　　(Verilog)(第三版)(附範例程式
　　　光碟)
編著：劉紹漢
16K/576 頁/600 元

書號：05699057
書名：FPGA/CPLD 數位晶片設計入
　　　門－使用 Xilinx ISE 發展系統
　　　(第六版)(附程式範例光碟)
編著：鄭群星
20K/624 頁/600 元

書號：06052037
書名：電腦輔助電路設計－活用
　　　PSpice A/D －基礎與應
　　　用(第四版)(附試用版與
　　　範例光碟)
編著：陳淳杰
16K/384 頁/420 元

◎上列書價若有變動，請
　以最新定價為準。

流程圖

```
                          書號：06170027              書號：06395
                          書名：Verilog 硬體描述語      書名：FPGA 系統設計實
                               言實務(第三版)              務入門－使用 Verilog
                               (附範例光碟)               HDL:Intel/Altera
                          編著：鄭光欽.周靜娟.黃孝祖       Quartus 版
                               顏培仁.吳明瑞          編著：林銘波
                                 ↕
書號：0526304          書號：03504017              書號：06241027
書名：數位邏輯設計      書名：Verilog 硬體描述語言      書名：數位邏輯設計與晶片
     (第五版)              (附範例光碟片)(第二版)          實務(Verilog)(第三版)
編著：黃慶璋          編譯：黃英叡.黃稚存              (附範例程式光碟)
                                                編著：劉紹漢
                                 ↕
書號：0529202          書號：06425017
書名：最新數位邏輯電路設      書名：FPGA 可程式化邏輯設計
     計(第三版)              實習：使用 Verilog HDL
編著：劉紹漢              與 Xilinx Vivado(第二版)
                         (附範例光碟)
                     編著：宋啓嘉
```

Contents

目 錄

Part1 基本 **Verilog** 的使用

第 1 章 導論：運用 **Verilog HDL** 作邏輯設計

1.1 計算機輔助數位設計的發展..1-2

1.2 硬體描述語言(HDL)出場...1-3

1.3 標準設計流程 1-4

1.4 硬體描述語言的重要性..1-6

1-5 Verilog HDL 的普及...1-7

1-6 硬體描述語言未來的趨勢 1-7

第 2 章 階層模組的觀念

2.1 設計方法 2-2

2.2 4 位元漣波進位計數器 2-4

2.3 模 組 2-5

2.4 別 名 2-8

2.5 模 擬 2-10

2.6 例 題 2-11

    2.6.1 設計區塊 2-11

    2.6.2 觸發區塊 2-13

2.7 總 結 2-16

2.8 習 題 2-16

第 3 章   **使用 Verilog 的基本概念**

3.1   語法協定 **3-2**

     3.1.1   空白 3-2

     3.1.2   註解 3-3

     3.1.3   運算子 3-3

     3.1.4   數字規格 3-3

     3.1.5   字串 3-5

     3.1.6   定義名稱(Identifers)與關鍵字(Keywords) 3-5

3.2   資料型態 **3-5**

     3.2.1   數值組 3-5

     3.2.2   接線 3-6

     3.2.3   暫存器 3-7

     3.2.4   向量 3-8

     3.2.5   整數、實數、和時間暫存資料型態 3-10

     3.2.6   陣列 3-11

     3.2.7   記憶體 3-12

     3.2.8   參數 3-12

     3.2.9   字串 3-13

3.3   系統任務和編譯指令 **3-14**

     3.3.1   系統任務 3-14

     3.3.2   編譯命令 3-18

3.4   總 結 **3-19**

3.5   習 題 **3-20**

第 4 章   **模組與輸出入埠**

4.1   模 組 **4-2**

4.2　輸出入埠 **4-6**

　　4.2.1　輸出入埠的列表 4-6

　　4.2.2　埠的宣告 4-7

　　4.2.3　輸出入埠的連接規定 4-9

　　4.2.4　輸出入埠與外部訊號連接的方法 4-11

4.3　階層化的取名方法 **4-13**

4.4　總　結 **4-15**

4.5　習　題 **4-15**

第 5 章　邏輯閘層次模型

5.1　閘的種類 **5-2**

　　5.1.1　And/Or 閘 5-2

　　5.1.2　Buf/Not 閘 5-5

　　5.1.3　別名陣列 5-7

　　5.1.4　範例 5-8

5.2　閘的延遲 **5-15**

　　5.2.1　上昇，下降，和關閉延遲 5-15

　　5.2.2　Min/Typ/Max 數值 5-17

　　5.2.3　延遲的範例 5-18

5.3　總　結 **5-21**

5.4　習　題 **5-21**

第 6 章　資料處理模型

6.1　持續指定的描述 **6-3**

　　6.1.1　隱含式的持續指定 6-4

　　6.1.2　隱含式的接線宣告 6-5

6.2　延　遲 **6-5**

6.2.1　正規指定延遲 6-6

6.2.2　隱含式連續指定延遲 6-7

6.2.3　接線宣告延遲 6-7

6.3　運算式、運算子與運算元 6-8

6.3.1　運算式 6-8

6.3.2　運算元 6-8

6.3.3　運算子 6-9

6.4　運算子的種類 6-9

6.4.1　算術運算子 6-11

6.4.2　邏輯運算子 6-13

6.4.3　比較運算子 6-14

6.4.4　相等運算子 6-14

6.4.5　位元運算子 6-15

6.4.6　化簡運算子 6-17

6.4.7　移位運算子 6-18

6.4.8　連結運算子 6-18

6.4.9　複製運算子 6-19

6.4.10　條件運算子 6-19

6.4.11　運算子的優先順序 6-21

6.5　例　題 6-21

6.5.1　四對一的多工器 6-22

6.5.2　四位元加法器 6-24

6.5.3　漣波進位計數器 6-27

6.6　總　結 6-33

6.7　習　題 6-33

第 7 章　行為模型

7.1　結構化程序..**7-3**

7.1.1　initial 敘述 7-3

7.1.2　always 敘述..7-6

7.2　程序指定..**7-7**

7.2.1　阻礙指定 7-8

7.2.2　無阻礙指定 7-9

7.3　時序控制..**7-13**

7.3.1　延遲基礎時序控制 7-14

7.3.2　事件基礎時序控制 7-17

7.3.3　位準感測時序控制 7-21

7.4　條件敘述 **7-21**

7.5　多路徑分支..**7-23**

7.5.1　case 敘述 7-23

7.5.2　關鍵字 casex, casez 7-26

7.6　迴　圈..**7-27**

7.6.1　while 迴圈 7-27

7.6.2　for 迴圈 7-29

7.6.3　Repeat 迴圈 7-30

7.6.4　forever 迴圈 7-32

7.7　循序和平行區塊 **7-33**

7.7.1　區塊型態 7-33

7.7.2　區塊的特殊特性 7-36

7.8　產生區塊 **7-39**

7.8.1　迴圈化產生 7-40

7.8.2　條件化產生 7-44

7.8.3 組合條件化產生 7-46

7.9 範 例 **7-47**

7.9.1 4 對 1 多工器 7-47

7.9.2 4 位元計數器 7-48

7.9.3 紅綠燈控制器 7-49

7.10 總 結 **7-55**

7.11 習 題 **7-57**

第 8 章　任務與函數

8.1 任務與函數的不同之處 **8-2**

8.2 任 務 **8-3**

8.2.1 任務宣告與引用 8-4

8.2.2 任務範例 8-5

8.2.3 自動任務 8-8

8.3 函 數 **8-10**

8.3.1 函數的宣告與引用 8-10

8.3.2 範例 8-11

8.3.3 自動(遞迴)函數 8-14

8.3.4 常數函數 8-16

8.3.5 有號函數 8-17

8.4 總 結 **8-17**

8.5 習 題 **8-18**

第 9 章　有用的程式技巧

9.1 程序持續指定 **9-2**

9.1.1 assign 和 deassign 9-2

9.1.2 force 和 release 9-4

9.2 複寫參數 9-6

    9.2.1 defparam 敘述 9-6

    9.2.2 模組別名參數指定 9-7

9.3 有條件的編譯與執行 9-9

    9.3.1 有條件的編譯 9-10

    9.3.2 有條件的執行 9-11

9.4 時間刻度 9-13

9.5 有用的系統任務 9-15

    9.5.1 檔案輸出 9-16

    9.5.2 顯示出階層 9-18

    9.5.3 閃控 9-19

    9.5.4 亂數產生器 9-20

    9.5.5 從檔案來設定記憶體的初始值 9-22

    9.5.6 數值變化轉儲檔案 9-23

9.6 總　結 9-25

9.7 習　題 9-26

Part2　高等 Verilog 技巧

第 10 章　時序與延遲

10.1 延遲的模型 10-3

    10.1.1 分散式延遲模型 10-3

    10.1.2 整組式延遲模型 10-4

    10.1.3 接腳對接腳延遲模型 10-5

10.2 路徑延遲模型 10-6

    10.2.1 指定區塊 10-7

　　　　10.2.2　在指定區塊內.. 10-8

10.3　檢查時間設定..**10-16**

　　　　10.3.1　$setup 與$hold 的檢查方式 10-17

　　　　10.3.2　$width 檢查 10-19

10.4　延遲時間加入原有的設計 **10-20**

10.5　總　　結 **10-21**

10.6　習　　題 **10-22**

第 11 章　交換層次的模型

11.1　交換層次的元件 **11-2**

　　　　11.1.1　金氧半導體式的開關................................... 11-3

　　　　11.1.2　互補式金養半導體開關.............................. 11-4

　　　　11.1.3　雙向開關 11-5

　　　　11.1.4　電源與接地.. 11-6

　　　　11.1.5　電阻式開關.. 11-7

　　　　11.1.6　在開關中的延遲設定 11-8

11.2　範　　例 **11-9**

　　　　11.2.1　互補半導體 非或(NOR)邏輯閘 11-9

　　　　11.2.2　2 對 1 多工器 11-11

　　　　11.2.3　簡單的互補式電晶體正反器 11-13

11.3　總　　結 **11-16**

11.4　習　　題 **11-16**

第 12 章　自定邏輯閘

12.1　自己定義邏輯閘的基本概念......................................**12-2**

　　　　12.1.1　自己定義的邏輯閘的可用基本關鍵字 12-3

　　　　12.1.2　自己定義的邏輯閘的使用原則...................... 12-3

12.2 自己定義的組合邏輯電路 **12-4**

    12.2.1   自訂組合邏輯閘的定義.................... 12-4

    12.2.2   狀態真值表 12-6

    12.2.3 可以忽略值的速記符號 12-7

    12.2.4   使用自己定義的邏輯閘.................... 12-8

    12.2.5   一個使用自己定義的組合邏輯閘的範例....... 12-9

12.3 循序自定邏輯閘 **12-12**

    12.3.1   訊號位準敏感循序自定邏輯 12-13

    12.3.2   訊號緣敏感循序自定邏輯..................... 12-15

    12.3.3   循序自定邏輯範例 12-17

12.4 自定邏輯閘中的一些常用速記符號 **12-19**

12.5 自定邏輯閘的使用方針 **12-20**

12.6 總   結 **12-21**

12.7 習   題 **12-22**

第 13 章   程式語言介面

13.1 使用程式語言介面 **13-4**

13.2 連結與引用程式語言介面的任務 **13-5**

    13.2.1   連結 PLI 的工作 13-6

    13.2.2   引用程式語言介面 13-6

    13.2.3   使用程式語言介面的流程 13-7

13.3 內部資料表示模式 **13-8**

13.4 程式語言介面的通用函示庫.........................**13-11**

    13.4.1   存取程序 13-11

    13.4.2   工具程序 13-20

13.5 結   論 **13-24**

13.6 習   題 **13-26**

第 14 章　邏輯合成

14.1 什麼是邏輯合成 ？ **14-2**

14.2 邏輯合成的影響 **14-5**

14.3 使用 Verilog 作邏輯合成 **14-7**

　　14.3.1　Verilog 語法.. 14-7

　　14.3.2　Verilog 運算元 14-9

　　14.3.3　一些 Verilog 語法的解釋 14-10

14.4 使用邏輯合成的設計流程 **14-14**

　　14.4.1　由高階語言到邏輯閘 14-14

　　14.4.2　一個由高階語言到邏輯閘的範例................. 14-19

14.5 驗證邏輯層次的線路 **14-23**

　　14.5.1　功能驗證 14-24

14.6 撰寫適合邏輯合成 Verilog 程式的秘訣 **14-27**

　　14.6.1　Verilog 語法的風格[2] 14-27

　　14.6.2　區分設計 14-31

　　14.6.3　設計限制指定.. 14-33

14.7 可以作邏輯合成循序電路設計的範例.................**14-34**

　　14.7.1　設計規格 14-34

　　14.7.2　線路需求 14-34

　　14.7.3　有限狀態機器.. 14-35

　　14.7.4　Verilog 語法.. 14-36

　　14.7.5　科技資料庫 14-39

　　14.7.6　設計限制 14-40

　　14.7.7　邏輯合成 14-40

　　14.7.8　最佳化後的邏輯閘層次的設計..................... 14-40

　　14.7.9　驗證 14-43

14.8　總　結 **14-45**

14.9　習　題 **14-46**

第 15 章　進階驗證技巧

15.1　傳統驗證流程 **15-3**

　　15.1.1　架構模型 15-5

　　15.1.2　功能驗證環境 15-6

　　15.1.3　模擬 15-9

　　15.1.4　分析 15-12

　　15.1.5　涵蓋率 15-13

15.2　查驗式驗證法 **15-14**

15.3　正規驗證 **15-16**

　　15.3.1　半正規驗證 15-17

　　15.3.2　等效驗證 15-19

15.4　總　結 **15-20**

Part3　附　錄

附錄 A　強度模型和進階接線定義

A.1　強度等級 **A-2**

A.2　信號競爭 **A-3**

　　A.2.1　具有相同值與不同強度的多個信號 A-3

　　A.2.2　具有不同值與相同強度的多個信號 A-3

A.3　進階的接線型態 **A-3**

　　A.3.1　tri A-4

　　A.3.2　trireg A-4

A.3.3	tri0 與 tri1	A-5
A.3.4	supply0 與 supply1	A-5
A.3.5	wor、wand、trior 與 triand	A-6

附錄 B　PLI 常式列表

B.1	**慣例**	**B-2**
B.2	**存取常式**	**B-2**
B.2.1	處理常式	B-2
B.2.2	接鄰常式	B-4
B.2.3	觀察值關連(VCL)常式	B-5
B.2.4	提取常式	B-6
B.2.5	工具存取常式	B-8
B.2.6	修改常式	B-9
B.3	**工具(tf_)常式**	**B-9**
B.3.1	取得呼叫任務與函式的資訊	B-10
B.3.2	取得引數列的資訊	B-10
B.3.3	取得參數值	B-10
B.3.4	放置參數值	B-11
B.3.5	監看參數的變化	B-11
B.3.6	同步化任務	B-12
B.3.7	長算術	B-13
B.3.8	顯示訊息	B-13
B.3.9	各式的工具常式	B-14
B.3.10	管理任務	B-14

附錄 C　關鍵字，系統任務，編譯器指令的列表

C.1	**關鍵字**	**C-2**

C.2 系統任務與函式 **C-3**

C.3 編譯器指令 (Compiler Directives 387) **C-3**

附錄 D　正式的語法定義

D.1 **Source Text** **D-3**

D.1.1 Library Source Text D-3

D.1.2 Configuration Source Text D-3

D.1.3 Module and Primitive Source Text D-4

D.1.4 Module Parameters and Ports D-4

D.1.5 Module Items D-5

D.2 **Declarations** **D-6**

D.2.1 Declaration Types D-6

D.2.2 Declaration Data Types D-8

D.2.3 Declaration Lists D-9

D.2.4 Declaration Assignments D-9

D.2.5 Declaration Ranges D-9

D.2.6 Function Declarations D-10

D.2.7 Task Declarations D-10

D.2.8 Block Item Declarations D-11

D.3 **Primitive Instances** **D-12**

D.3.1 Primitive Instantiation and Instances D-12

D.3.2 Primitive Strengths D-13

D.3.3 Primitive Terminals D-13

D.3.4 Primitive Gate and Switch Types D-13

D.4 **Module and Generated Instantiation** **D-14**

D.4.1 Module Instantiation D-14

D.4.2 Generated Instantiation D-14

D.5   **UDP Declaration and Instantiation** **D-15**

     D.5.1   UDP Declaration D-15

     D.5.2   UDP Ports D-15

     D.5.3   UDP Body D-16

     D.5.4   UDP Instantiation D-16

D.6   **Behavioral Statements** **D-16**

     D.6.1   Continuous Assignment Statements D-16

     D.6.2   Procedural Blocks and Assignments.............. D-17

     D.6.3   Parallel and Sequential Blocks...................... D-17

     D.6.4   Statements D-17

     D.6.5   Timing Control Statements............................ D-18

     D.6.6   Conditional Statements D-19

     D.6.7   Case Statements... D-20

     D.6.8   Looping Statements D-20

     D.6.9   Task Enable Statements D-21

D.7   **Specify Section** **D-21**

     D.7.1   Specify Block Declaration D-21

     D.7.2   Specify Path Declarations D-21

     D.7.3   Specify Block Terminals D-22

     D.7.4   Specify Path Delays D-22

     D.7.5   System Timing Checks.................................. D-24

D.8   **Expressions**... **D-27**

     D.8.1   Concatenations D-27

     D.8.2   Function calls D-27

     D.8.3   Expressions.. D-28

     D.8.4   Primaries D-29

     D.8.5   Expression Left-Side Values D-30

D.8.6　Operators D-31

D.8.7　Numbers.. D-31

D.8.8　Strings D-32

D.9　General.. D-32

D.9.1　Attributes D-32

D.9.2　Comments D-32

D.9.3　Identifiers D-33

D.9.4　Identifier Branches D-34

D.9.5　Whitespace D-35

附錄 E　Verilog 的花絮

附錄 E　**Verilog 的花絮...E-2**

附錄 F　Verilog 範例

F.1　可合成的 **FIFO** 模型 F-2

F.2　行為模式的 **DRAM** 模型... F-12

參考書目 參-1

光碟使用說明..光-1

圖目錄

圖 1-1　標準設計流程 1-4

圖 2-1　上而下的設計方法 2-3

圖 2-2　下而上的設計方法 2-3

圖 2-3　漣波進位進位計數器 2-4

圖 2-4　T 型正反器 2-4

圖 2-5　漣波進位計數器的階層化架構 2-5

圖 2-6　引用設計區塊的模擬區塊 2-10

圖 2-7　在一個多餘的最高層次區塊中引用設計區塊與模擬區塊 2-11

圖 2-8　觸發與輸出波形 2-13

圖 3-1　接線範例 3-7

圖 4-1　Verilog 模組的組成元件 4-3

圖 4-2　SR 閂 4-4

圖 4-3　Top 與全加器模組別名的輸出與輸入埠 4-6

圖 4-4　輸出入埠的相連規定 4-9

圖 4-5　SR 閂模擬模組的階層化架構圖 4-14

圖 5-1　基本閘 5-3

圖 5-2　Buf/Not 閘 5-5

圖 5-3　Bufif/notif 閘 5-6

圖 5-4　4-to-1 多工器 5-8

圖 5-5　多工器的邏輯電路 5-8

圖 5-6　一位元全加器 5-12

圖 5-7　四位元全加器 5-13

圖 5-8　D 模型 5-19

圖 5-9　模擬延遲時間波形圖 5-20

圖 6-1　　延遲 6-6

圖 6-2　　四位元的漣波進位計數器 6-27

圖 6-3　　T 型正反器 6-28

圖 6-4　　有 clear 訊號且負緣觸發的 D 型正反器 6-28

圖 6-5　　主從式 JK 正反器 6-35

圖 6-6　　有 clear 與 count_enable 訊號的四位元同步計數器 6-36

圖 7-1　　FSM 應用於交通訊號控制器 7-50

圖 9.1　　數值變化轉儲檔案除錯分析的流程 9-24

圖 10-1　分散式延遲模型 10-3

圖 10-2　整組式延遲模型 10-5

圖 10-3　接腳對接腳延遲模型 10-6

圖 10-4　平行連接 10-8

圖 10-5　完全連接 10-10

圖 10-6　設定與保持時間 10-17

圖 10-7　延遲時間註記 10-21

圖 11-1　N-通道金氧半導體與 P-通道金氧半導體開關 11-3

圖 11-2　CMOS 開關 11-4

圖 11-3　雙向開關 11-5

圖 11-4　NOR 閘與開關示意圖 11-9

圖 11-5　二對一多工器 11-12

圖 11-6　CMOS 正反器 11-13

圖 11-7　正反器 (反相器) 11-14

圖 12-1　自己定義的邏輯閘可用的關鍵字 12-3

圖 12-2　4 對 1 多工器 12-9

圖 12-3　正反器 12-13

圖 12-4　負緣觸發暫存器 12-15

圖 13-1　程式語言介面 13-3

圖 13-2　使用程式語言介面的流程 13-7

圖 13-3　內部資料表示模組的觀念 13-8

圖 13-4　2 對 1 多工器 13-9

圖 13-5　2 對 1 多工器內部資料表示 13-10

圖 13-6　acess and utility Routines 的角色 13-11

圖 14-1　設計工程師心中的邏輯合成工具著力點 14-4

圖 14-2　基本計算機輔助邏輯合成流程 14-5

圖 14-3　多工器描述 14-12

圖 14-4　邏輯合成的流程圖 14-15

圖 14-5　面積與時間的取捨 14-18

圖 14-6　邏輯閘線路圖(如同龐大的比較電路) 14-21

圖 14-7　水平區分 16bit ALU 14-31

圖 14-8　垂直區分 4bit ALU 14-32

圖 14-9　平行運算加法器 14-33

圖 14-10　Newspaper 販賣內的有限狀態機器 14-35

圖 14-11　Newspaper 販賣機的邏輯閘線路圖 14-42

圖 15-1　傳統驗證流程 15-3

圖 15-2　系統模型 15-6

圖 15-3　一個標準的功能驗證環境 15-8

圖 15-5　硬體加速 15-10

圖 15-6　硬體模擬 15-12

圖 15-7　查驗式檢驗 15-15

圖 15-8　正規驗證流程 15-17

圖 15-9　半正規驗證的流程 15-18

圖 15-10　等效驗證 15-19

圖 F-1　FIFO 的輸出輸入埠 14-2

圖 F-2　DRAM 的輸出輸入埠 14-12

表目錄

表 3-1　數值位準 3-6

表 3-2　強度位準 3-6

表 3-3　特殊字元 3-13

表 3-4　格式定義表 3-15

表 5-1　眞值表 5-4

表 5-2　眞值表 5-5

表 5-3　眞值表 5-6

表 6-1　運算子的種類與符號 6-10

表 6-2　相等運算子 6-15

表 6-3　位元運算子的眞值表 6-16

表 6-4　運算子的優先順序 6-21

表 8-1　任務與函數 8-3

表 11-1　NMOS 和 PMOS 的眞值表 11-4

表 11-2　訊號強度衰減對照表 11-7

表 11-3　延遲時間設定與半導體與互補式半導體開關的關係 11-8

表 11-4　延遲時間設定與雙向開關的關係 11-8

表 12-1　UDP 速記符號 12-19

表 13-1　$my_stop_finish 性質 13-21

表 14-1　適合邏輯合成的 Verilog 語法 14-8

表 14-2　可合成的運算元 14-9

表 A-1　強度等級 14-2

表 B-1　處理常式 14-3

表 B-2　接鄰常式 14-4

表 B-3　觀察值關連常式 14-6

表 B-4　提取常式 14-6

表 B-5　工具存取常式 14-8

表 B-6　修改常式 14-9

表 B-7　取得呼叫任務與函式的資訊 14-10

表 B-8　取得引數列的資訊 14-10

表 B-9　取得參數值 14-10

表 B-10　放置參數值 14-11

表 B-11　監看參數的變化 14-11

表 B-12　同步化任務 14-12

表 B-13　長算術 14-13

表 B-14　顯示訊息 14-13

表 B-15　各式的工具常式 14-14

表 B-16　管理任務 14-14

範例目錄

例題 2-1　模組的別名 2-8

例題 2-2　非法的巢狀模組宣告 2-9

例題 2-3　漣波進位計數器 2-11

例題 2-4　T 型正反器 2-12

例題 2-5　D 型正反器 2-12

例題 2-6　觸發區塊 2-14

範例 3-3　顯示任務 3-15

範例 3-4　特殊字元 3-16

範例 3-5　Monitor statement 3-17

範例 3-6　中止和完成模擬運算 3-18

範例 3-7　`define 的用法 3-19

範例 3-8　`include 的用法 3-19

範例 4-1　SR 閂的各個部分 4-4

範例 4-2　輸出入埠的列表 4-7

範例 4-3　埠的宣告 4-7

範例 4-4　DFF 埠的宣告 4-8

範例 4-5　ANSI C 的宣告使用習慣 4-8

範例 4-6　非法的輸出入埠連接 4-10

範例 4-7　依照輸出入埠的列表順序連接 4-11

範例 4-8　階層化架構名稱 (Hierarchical Names) 4-14

範例 5-1　And/Or 閘的取別名 5-3

範例 5-2　Bur/Not 閘的取別名 5-5

範例 5-3　取別名 bufif/notif 閘 5-7

範例 5-4　別名陣列 5-7

範例 5-5　多工器的 Verilog 程式 5-9

範例 5-6　模擬程式 5-10

範例 5-7　一位元全加器的 Verilog 程式 5-12

範例 5-8　四位元漣波進位全加器 5-13

範例 5-9　模擬程式 5-14

範例 5-10　延遲設定的型態 5-16

範例 5-11　最大，典型，最小延遲數值 5-17

範例 5-12　用 Verilog 定義模組 D 5-19

範例 5-13　模擬 D 模組 5-19

範例 6-1　持續指定 6-4

範例 6-2　以邏輯方程式的方式設計的四對一多工器 6-22

範例 6-3　用條件運算子來設計一個四對一的加法器 6-23

範例 6-4　運用資料處理運算子設計的 4 位元全加器 6-24

範例 6-5　四位元進位預算全加器 6-25

範例 6-6　漣波進位計數器 6-29

範例 6-7　T 型正反器 6-29

範例 6-8　負緣觸發 D 型正反器 6-30

範例 6-9　漣波進位計數器的觸發模組 6-31

範例 7-1　initial 敘述 7-3

範例 7-2　初始值指定 7-5

範例 7-3　輸出入埠初始值指定 7-5

範例 7-4　初始值指定結合 ANSI C 標準的輸出入埠宣告方式 7-6

範例 7-5　always 敘述 7-6

範例 7-6　阻礙指定 7-8

範例 7-7　無限定指定 7-10

範例 7-8　無阻礙指定消除競爭情況 7-12

範例 7-9　使用阻礙指定來實現無阻礙指定 7-13

範例 7-10　　正規延遲控制 7-14

範例 7-11　　指定內部延遲 7-15

範例 7-12　　零延遲控制 7-17

範例 7-13　　正規事件控制 7-18

範例 7-14　　命名事件控制 7-18

範例 7-15　　事件或控制 7-19

範例 7-16　　事件或控制 7-19

範例 7-17　　使用@* 7-20

範例 7-18　　條件敘述 7-22

範例 7-19　　四對一多工器 7-24

範例 7-20　　包含 x 和 z 的 case 敘述 7-25

範例 7-21　　casex 7-27

範例 7-22　　while 迴圈 7-28

範例 7-23　　for 迴圈 7-29

範例 7-24　　Repeat 迴圈 7-31

範例 7-25　　forever 迴圈 7-32

範例 7-26　　循序區塊 7-34

範例 7-27　　平行區塊 7-35

範例 7-28　　巢狀區塊 7-36

範例 7-29　　命名區塊 7-37

範例 7-30　　禁能命名區塊 7-38

範例 7-31　　對 N 位元的匯流排做位元互斥運算 7-41

範例 7-32　　產生一個漣波型加法器 7-42

範例 7-33　　參數化乘法器 7-45

範例 7-34　　組合條件化產生 7-46

範例 7-35　　行為模型 4 對 1 的多工器 7-47

範例 7-36　　行為模型 4-bits 計數器 7-48

範例 7-37　紅綠燈控制器 7-51

範例 7-38　紅綠燈控制器的模擬 7-54

範例 8-1　宣告任務的語法 8-4

範例 8-2　任務中的 input 與 output 8-5

範例 8-3　利用 ANSI C 的慣用方式來定義任務 8-7

範例 8-4　直接作用於 reg 變數上的任務 8-7

範例 8-5　自動任務 8-9

範例 8-6　宣告函數的語法 8-10

範例 8-7　奇偶計數器 8-12

範例 8-8　使用 ANSI C 的方式來定義函數 8-13

範例 8-9　左／右移位器 8-13

範例 8-10　利用遞迴呼叫來做階乘 8-15

範例 8-11　常數函數 8-16

範例 8-12　有號函數 8-17

範例 9-1　程序持續指定 D 型正反器 9-3

範例 9-2　defparam 敘述 9-6

範例 9-3　ANSI C 形式的參數宣告 9-7

範例 9-4　模組別名參數數值 9-8

範例 9-5　有條件的編譯 9-10

範例 9-6　使用$test$plusargs 進行有條件的執行 9-11

範例 9-7　使用$value$plusargs 的條件執行 9-12

範例 9-8　時間刻度 9-13

範例 9-9　檔案描述符號 9-16

範例 9-10　顯示出階層 9-19

範例 9-11　閃控 9-20

範例 9-12　亂數產生 9-21

範例 9-13　利用$random 任務產生正整數以及負整數 9-21

範例 9-14　設定記憶體的初始值 9-22

範例 9-15　數值變化轉儲檔案的系統任務 9-24

範例 10-1　分散式延遲 10-3

範例 10-2　整組延遲模型 10-5

範例 10-3　接點到接點的延遲 10-7

範例 10-4　平行連接 10-9

範例 10-5　完全連接 10-10

範例 10-6　Specparam 10-12

範例 10-7　條件式路徑延遲 10-12

範例 10-8　上昇延遲，下降延遲與關閉延遲時間 10-14

範例 10-9　配合著最小值、最大值與標準值的路徑延遲 10-15

範例 11-1　NMOS 與 PMOS 開關的初始化 11-3

範例 11-2　使用 CMOS 開關 11-5

範例 11-3　使用雙向開關 11-6

範例 11-4　非或邏輯閘的 Verilog 描述 11-10

範例 11-5　以交換層次的寫法來描述一個多工器 11-12

範例 11-6　反相器 11-14

範例 11-7　互補式電晶體正反器 11-15

範例 12-1　名字與埠定義 12-5

範例 12-2　ANSI C 形式的組合邏輯閘宣告 12-5

範例 12-3　udp_or 12-6

範例 12-4　使用自定邏輯閘 12-8

範例 12-5　4 對 1 多工器的自訂邏輯閘 12-10

範例 12-6　4 對 1 多工器的測試模組 12-11

範例 12-7　訊號位準敏感循序自定邏輯 12-14

範例 12-8　ANSI C 形式的循序自定邏輯閘宣告 12-15

範例 12-9　有清除輸入的負緣觸發暫存器 12-16

範例 12-10　使用自定邏輯的 T 型暫存器 12-17

範例 12-11　水波型計數器 12-18

範例 13-1　2 對 1 多工器的 Verilog 程式 13-9

範例 13-2　存取所有的輸出入埠 13-14

範例 13-3　觀察連接線上邏輯值的變化 13-16

範例 13-4　自定的顯示函式 13-18

範例 13-5　用 C 語言寫的 my_stop_finish 13-22

範例 14-1　暫存器轉移層次的敘述 14-20

範例 14-2　比較器的邏輯閘層次的描述 14-22

範例 14-3　比較器的測試模組 14-24

範例 14-4　一個簡單的例子(並沒有時間的檢查)..14-25

範例 14-5　輸出波形圖 14-26

範例 14-6　報紙販賣機的暫存器移轉層次的敘述 14-36

範例 14-7　經過最佳化後的邏輯層次程式 14-40

範例 14-8　報紙販賣機的測試模組 14-43

範例 14-9　報紙販賣機的測試輸出 14-44

範例 F-1　可合成的 FIFO 模型 14-3

範例 F-2　Verilog 硬體描述語言程式碼列表..14-13

Part1 基本 Verilog 的使用

1 怎樣利用 Verilog 來作邏輯設計

CAD 的進展，硬體描述語言的重要，標準的硬體語言描述設計流程，什麼是 Verilog，硬體描述語言的進展。

2 系統的模型化技巧 (Modeling)

教導由上而下與由下而上的設計觀念，點出模組與模組別名的分別，基本的模擬技巧。

3 基本概念

運算子、系統函式、編譯命令。

4 模組與輸出入通道 (Modules and Ports)

模組的定義、輸出入埠的定義，連接埠、階層化的命名。

5 邏輯閘層次的模型 (Gate-level Modeling)

使用基本的邏輯閘來描述設計，定義出訊號上升、下降延遲、關閉延遲，最小、最大與標準延遲。

6 資料處理單元的模型 (Dataflow Modeling)

持續指定敘述的使用，延遲參數的指定，學習各種的運算子與運算元的使用。

7 低階開關層次的模型 (Switch-level Modeling)

結構化的程序，initial 與 always 的分別，限制與無限制程序指定，延遲時間基礎控制、事件基礎時間控制、位準感測時間控制，條件敘述、分支敘述、迴圈敘述、循序和平行區塊。

8 指定任務與函式的程式 (Tasks and Functions)

瞭解任務與函數不同之處。

9 有用的程式技巧

程序持續指定，使用 defparam 去覆寫參數，條件編譯和執行，有用的系統程序。

第 1 章

導論：運用 Verilog HDL 作邏輯設計
(Overview of Digital Design With Verilog HDL)

1.1 計算機輔助數位設計的發展

1.2 硬體描述語言(HDL)出場

1.3 標準設計流程

1.4 硬體描述語言的重要性

1.5 Verilog HDL 的普及

1.6 硬體描述語言未來的趨勢

VERILOG
Hardware Descriptive Language

1.1　計算機輔助數位設計的發展 (Evolution of Computer-Aided Digital Design)

過去二十五年來數位線路設計快速的發展，從最早用真空管或單一電晶體設計電路，到可將邏輯閘放入單一晶片中之積體電路技術，只有短短二十五年。第一代的積體電路晶片是小型積體電路 (SSI) 規模的晶片，其邏輯閘的數目相當的少。到了中型積體電路(MSI)時代，技術變得更加成熟，可以將數以百計的邏輯閘放入單一晶片中，而到了大型積體電路(LSI)時代，一個晶片中已經可以包含數以千計的邏輯閘。這時由於電路的設計開始變得非常複雜，電路設計自動化的需求也越顯著，因而促成了計算機輔助設計 (Computer Aided Design) 技術的發展。剛開始時，是用電路與邏輯模擬技術來驗證，包含大約一百個電晶體區塊其功能是否正確。然而實際電路的測試工作仍是在麵包板上進行，而電路的設計圖乃是以手繪或是用圖形的電腦終端機來描繪。

到了超大型積體電路 (VLSI) 時代，單一晶片中電晶體的個數已超過上萬個。因為線路太過複雜，在麵包板上作測試工作，已經是不可能的事。因此計算機輔助技術，變成可以驗證並設計超大型積體電路的唯一方法。此時用於自動編排與繞線的程式也變得普及，設計者可以在圖形介面的終端機上作電晶體層次 (Gate-Level) 的設計，這時的軟體也已經有了階層化的架構，可以用先前設計出來的小區塊電路組成大區塊電路，到合成整個設計為止。邏輯模擬器 (Logic Simulator) 的出現則負擔了在實際製造晶片前驗證區塊是否正常工作的任務。

隨著設計線路更加的巨大與複雜，而邏輯模擬將扮演著更重要的角色。未來設計者將藉由電腦輔助設計工具的幫助，在晶片設計之前即指出結構上功能的錯誤。

1.2　硬體描述語言(HDL)出場 (Emergence of HDLs)

　　長久以來，電腦程式語言如 FORTRAN、Pascal 和 C 都是用來設計電腦程式，都具有循序執行的性質。同樣的，在數位設計的領域中，我們同樣需要一個標準化用來描述數位線路的語言。因此硬體描述語言(Hardware Description Language (HDL)) 順應而生。硬體描述語言可以用來描述在硬體線路中同時執行的情形，硬體描述語言較普及的有 Verilog HDL 和 VHDL 兩種。Verilog HDL 發源自 Gateway Design Automation；VHDL 則是由 DARPA 發展出來的。兩者的模擬器在模擬大型電路的執行速度上，皆爲設計者所接受。

　　即使硬體描述語言在邏輯驗證上的使用相當普及，在把硬體描述語言的設計轉換成邏輯閘，與邏輯閘間連接線路的工作，仍必須以人工的方式進行。在 1980 年末，邏輯合成工具的出現，使得設計的方法出現巨大的變動。數位線路變成能用硬體描述語言，在一暫存器轉移層次(Register Transfer Level) 來描述，在這層次中我們只需要指明資料是在暫存器中如何傳送，以及設計上如何處理這些資料即可，其餘細部如邏輯閘間如何連結，則由邏輯合成工具，從暫存器轉移層次的描述中來轉換而得。

　　邏輯合成使硬體描述語言，在數位設計中的地位變得更加重要。設計者不需要再依靠人工的方式，使用邏輯閘來合成數位電路，他們只需要將電路的功能及資料傳送的情形，用硬體描述語言描述出來，邏輯合成工具就可以將所指定的功能用邏輯閘來實現整個電路。因此硬體描述語言也開始應用在系統層次方面的設計工作，包含系統板 (System Boards)、連結匯流排 (Interconnect Buses)、FPGAs (Field Programmable Gate Arrays) 和 PALs (Programmable Array Logic) 等等的設計工作。

　　自一九九五年開始，美國國家電機工程學會已經針對 Verilog HDL 訂定了標號 1364-1995 的標準，在二〇〇一年更進一步加入更多的功能，並訂定 1364-2001 的標準。

Chapter 1

1.3   標準設計流程 (Typical Design Flow)

圖 1-1 是一個標準的超大型積體電路晶片的設計流程圖。沒有陰影的區塊代表設計的層次，陰影的區塊則代表設計過程中處理的程序。

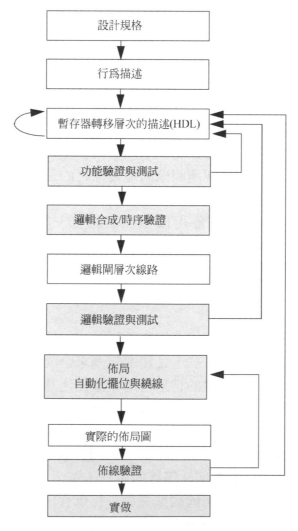

圖 1-1　標準設計流程

　　圖 1-1 是一個使用硬體描述語言設計的標準流程圖。在任何的設計中，首先是對於所設計晶片的要求，指定此晶片的功能、介面與整體線路大概的架構，在這時不需要考慮將如何完成此晶片等的細部問題。只需要將此晶片的功能，和其他一些大概的條件以硬體描述語言寫出一個符合標準的行為敘述即可。

　　再來用人工的方式，將行為的描述轉換成暫存器轉移層次的敘述，要注意的是需將資料傳送的情形詳細的描述出來，接下來的工作就交給計算機輔助設計工具 (CAD) 去做。

　　邏輯合成工具則將暫存器轉移層次 (RTL) 的描述，轉換成邏輯閘層次的線路圖，將此線路圖輸入自動擺位與繞線的工具，就可以產生佈局圖(Layout)。再將佈局圖 (Layout) 的功能加以驗證成功後，就可以送晶片做成一顆實際的 IC。

　　由上可知，最重要的工作是如何在暫存器轉移層次作最佳化，等暫存器轉移層次的結果確定後，計算機輔助設計工具就可以幫忙設計者做往後的工作。將設計的精力集中在暫存器轉移層次，可使設計所需的時間從數年減少到數月，並且可以在很短的時間內作重複的設計、驗證的工作，使設計能更趨近於最佳化。

　　最近行為層次的合成工具，已經逐漸的出現在市面上。這些工具能將在行為層次的描述，轉換成暫存器轉移層次的描述。當這個工具發展成熟後，晶片設計的工作，將會跟高階程式語言的寫作沒什麼不同，設計者只需要用硬體描述語言描述晶片的功能之後，其餘到真正晶片製造完成的工作，就交給計算機輔助設計工具即可。

　　有一點要特別強調的是，雖然計算機輔助設計工具可以自動化並省時的完成晶片設計的流程，但是工具表現的好壞，卻是操控在使用者的手上，如果你輸入的是一堆垃圾，相對的結果將也會是無用的輸出，這

Chapter 1

就是所謂的 GIGO（Garbage In Garbage Out)。所以身為一個設計者就必須要掌握正確的設計方法，有效的運用計算機輔助設計工具，以得到最佳化的設計結果。

1.4　硬體描述語言的重要性 (Importance of HDLs)

相較於傳統邏輯閘為基礎的設計，硬體描述語言具備有許多的優點：

- 設計者可以不需考慮實際製造晶片所用的製程技術，邏輯合成工具可將你的設計相對於不同的製程作不同的轉換，並作最佳化。當新的製程技術出現時，也不需要更改設計，只需要用邏輯合成工具，對於新的製程作轉換即可。

- 在硬體描述語言的設計中，功能的驗證可以在較高的層次就執行，如現在的暫存器轉移層次。設計者只需要在暫存器轉移層次，作修正以符合要求，因為大部分的錯誤在這時皆可被修正，而往下的電晶體層次，與實際的佈置圖發生錯誤的機率是相當的小，如此設計所需的時間就大大的減少。

- 用硬體描述語言設計線路，就好比撰寫電腦程式一樣，我們可以在程式中加入註解，來說明線路的詳細情況使人容易瞭解，利於線路的發展與除錯。相較之下，一個以邏輯閘設計的複雜線路，要讓人了解線路的實際情況，是相當困難甚至根本無法理解的。

隨著數位線路越來越複雜，與計算機輔助設計工具的更加成熟，硬體描述語言將有可能，成為未來設計數位線路的唯一方法，任何設計師皆無法忽視以硬體描述語言為基礎的設計工作。

1.5　Verilog HDL 的普及 (Popularity of Verilog HDL)

Verilog HDL 有許多關於硬體設計方面有用的特性：

- Verilog HDL 是個一般性的硬體描述語言，易學亦好用。他的語法與 C 語言相似，有撰寫 C 語言經驗的人可相當容易就學會 Verilog HDL。

- Verilog HDL 允許在同一個模組中，有不同層次的表示法共同存在，設計者可以在同一個模組中，使用電晶體、邏輯閘、暫存器轉移，行為模式等各種不同層次的表示法，來描述所設計的電路。

- 一般的邏輯合成工具，普遍都支援 Verilog HDL，這使得他為使用者所喜愛。

- 許多的製造商皆有提供 Verilog HDL 對應的元件資料庫，因此用 Verilog HDL 設計晶片在廠商方面可有較多的選擇。

- 程式語言介面 (Programming Language Interface，PLI) 允許使用者，可以用 C 語言撰寫屬於自己的 Verilog HDL 模擬器。

1.6　硬體描述語言未來的趨勢 (Trends in HDLs)

　　隨著數位電路的複雜性與速度與日遽增，設計者必須在高層次來設計電路才能符合市場的快速需求。在有了計算機輔助設計工具之後，設計者只需要考慮線路的功能，其餘細部的工作就交給計算機輔助設計工具執行。只要設計者使用恰當，計算機輔助設計工具已經相當成熟，能作很好的最佳化。因為邏輯合成可作暫存器轉移層次，到實際線路的轉換，所以現今的趨勢大部份是在暫存器轉移層次做設計的工作。

Chapter 1

　　行為層次的合成工具在最近逐漸的出現，等到工具成熟以後設計者將可以只在線路的功能與行為上作設計即可，其餘層次的工作就交給計算機輔助設計工具去執行並最佳化即可。隨著行為合成工具的越加成熟，用行為模組來設計的趨勢將會成為主流，在此之前暫存器轉移層次的設計將仍是主流。

　　正規的驗證技術也已出現，透過正規的數學方法，來驗證硬體描述語言的正確性，並建立暫存器轉移層次與邏輯閘層次的對等關係，這樣一來，利用 Verilog 做設計的方式將不會消失。此外，將推論式檢查 (Assertion Checker) 寫入暫存器轉移層次的 Verilog 設計裡，來檢查重要的設計區塊，已經是成熟的作法。

　　但是對於速度要求嚴格的線路而言，如微處理器，由邏輯合成的線路並不是最好的。在這種情況下，設計者通常混合邏輯閘層次，與 RTL 層次在同一個模組中，以達到最佳化的結果。這樣顯然與高階層次的趨勢相違背，但在對速度斤斤計較的線路設計裡，計算機輔助設計工具通常是不足以達到速度上需求的目標。

　　在系統層次上，另一個浮現的趨勢是一種混和了由下到上 (Bottom-Up)的方法，設計者可以使用已存在的 Verilog HDL 的模組、基本的區塊、或是廠商提供的區塊來迅速組成自己的系統模組，這種作法可減少發展所需的費用與時間。例如以一個 CPU 的系統而言，CPU 的設計師可以在 RTL 的層次設計下一代的 CPU，再加上由廠商提供的圖形晶片、I/O 晶片、系統匯流排……等行為層次的模組，即可在系統的層次來測試所設計的 CPU，而不需要等到週邊的設計都發展完成才可以作測試，使設計更有效率。

第 **2** 章

階層模組的觀念
(Hierarchical Modeling Concepts)

2.1 設計方法

2.2 4 位元漣波進位計數器

2.3 模　　組

2.4 別　　名

2.5 模　　擬

2.6 例　　題

2.7 總　　結

2.8 習　　題

VERILOG
Hardware Descriptive Language

　　在學習Verilog語言之前，我們必須先瞭解數位設計中階層結構化模組的觀念，它能夠使Verilog HDL在設計上更有效率。本章將討論數位設計的標準方法與觀念，並教導如何將這方法與觀念應用在 Verilog HDL 中。我們並將討論組成數位模擬中的各個部分，與它們之間相互連接的關係。

學習目標

- 瞭解在邏輯設計中由上而下(top-down)與由下而上(bottom-up)兩種不同的方法。
- 瞭解在 Verilog 中模組(module)與模組所創造出的別名(module instances)有何不同。
- 瞭解如何運用四種層次，行為(behavioral)層次、資料處理(data flow)層次、邏輯閘(gate-level)層次、低階交換(switch level)層次，這四個層次來表示一個模組。
- 瞭解數位模擬需要那些個部分，如何定義觸發區塊與設計區塊並瞭解觸發區塊的兩種不同的方式。

2.1　設計方法 (Design Methodologies)

　　在數位設計中有兩種基本的方法：由下而上(bottom-up)與由上而下(top-down)。由上而下是先定義設計最終的目標是什麼，在細部的分析構成最終目標所需的各個部分，再由各部分繼續細分下去，一直劃分到不能再劃分的最基本元件為止，圖 2-1 表示由上而下的流程。由下而上則是先找出可得到的基本元件，再由基本的元件一步步的組成更大的元件，直到完成設計的目標為止，圖 2-2 表示由下而上的設計流程。

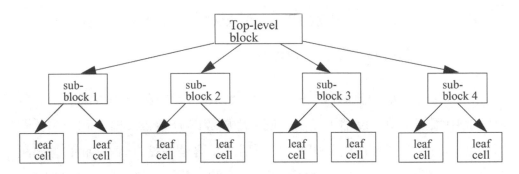

圖 2-1　上而下的設計方法

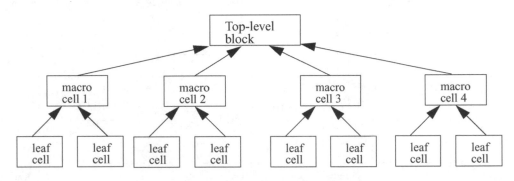

圖 2-2　下而上的設計方法

　　通常，在設計時是將這兩種方法混合使用。由設計師指定最終的目標，然後一方面做數位設計者，將最終的目標依照其功能細分成較小的部分，一直細分到基本的元件為止。另一方面做線路設計者，則設計基本元件的線路，並作最佳化的處理。這樣當邏輯設計者將細分的流程圖完成時，線路設計者也同時用電晶體，將基本元件的函數庫設計完成，稱其為兩個方法的交會點，這樣我們就可以用設計完成的基本元件來組成最終的元件。

　　接下來，在 2.2 節將藉由設計一個四位元負緣觸發的漣波進位計數器(4-bit Ripple Carry Counter)，來說明階層模組設計的觀念。

Chapter 2

2.2　4 位元漣波進位計數器 (4-bit Ripple Carry Counter)

圖 2-3 是一個由負緣觸發的 T 型正反器(T_FF)所組成的漣波進位計數器。其中每個 T 型正反器則是由一個負緣觸發的 D 型正反器,和一個反閘所組成,如圖 2-4 所示,這裡所用的 D 型正反器是假設沒有q_bar的輸出訊號,而漣波進位計數器就由這些已建立好的元件層層的組裝起來,如圖 2-5。

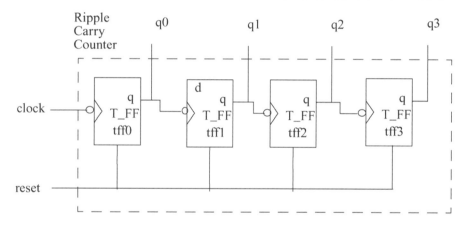

圖 2-3　漣波進位計數器

reset	q_n	q_{n+1}
1	1	0
1	0	0
0	0	1
0	1	0
0	0	0

圖 2-4　T 型正反器

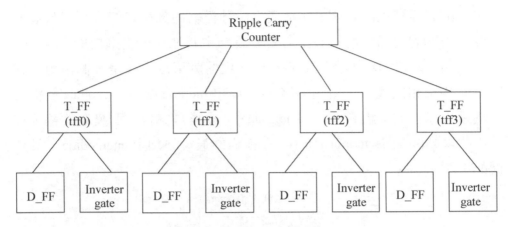

圖 2-5　連波進位計數器的階層化架構

　　由這例子可看出在由上而下的方法中，首先必須要先指明最上層所要建立的是什麼元件，如這例子中的連波進位計數器，再分析最上層元件是由什麼樣的元件所組成，如此例中的 T_FFs，再分析這些元件的內部組成元件，如例中的 D 型正反器和反閘，如此一直細分下去直到不能再細分為止。而由下至上的方法則正好相反，首先先以邏輯閘組成最小的元件，再由這些小元件組成較大元件，例如在本例中先用及閘和或閘或是電晶體組成 D 型正反器和反閘。因此當邏輯設計的人將線路細分到 D 型正反器時，同一時間線路設計的人也將 D 型正反器線路設計完成，參照前面所說的則 D 型正反器就是這兩種方法的交會處。

2.3　模　組 (Modules)

　　現在我們將這種階層的觀念放入 Verilog 中，在 Verilog 中提供一種模組(module)的架構。模組是 Verilog 的基本組成元件，一個模組可以是一個基本元件，或是由其他的模組組合而成。我們只需藉由連接模組間的介面、輸入與輸出，就可以設計所需要的元件，而不需要去考慮每個模組內部的詳細線路是什麼。這使得設計模組內部線路的人可以放心的修改其內部的電路,而不必擔心對於設計中其他部份所造成的影響。

　　在圖 2-5 中,D 型正反器或 T 型正反器就可以當成是一個模組。在 Verilog 中模組的宣告是用關鍵字 module 和 endmodule。在 module 後需加一個用以識別的模組名稱(module_name),然後是宣告一個模組的輸入與輸出的埠列(module_terminal_list),在模組的最後要加上 endmodule。其架構如下所示:

```
module <module_name> (<module_terminal_list>);
...
<module internals>
...
...
endmodule
```

　　以前面的 T 型正反器為例:

```
module T_FF(q,clock,reset);
.
.
<functionality of T-flipflop>
.
.
endmodule
```

　　Verilog 可以用描述功能,或是描述架構的方式來描述一個電路。因此對於一個模組其內部的描述,在 Verilog 中有四種不同的層次,設計的人可以依據不同的需要,而使用不同的層次來描述模組的功能或內部線路。然而一個模組外部所表現出來的功能,不受內部描述所用層次的影響,換句話說,對於一整個線路而言,每個模組內部的詳細構造,是隱藏而無法得知的,因此對於模組內部所使用的描述層次,我們可以任意的改變使用的層次而不會影響到整個線路。這些的層次將會在往後的幾章中詳細的介紹，以下只大概地敘述這四個層次：

● 行為或是演算法層次(Behavioral or algorithmic level)

　這是Verilog HDL中的最高層次，在這個層次中我們只需要考慮模組的功能或是演算法，不需要考慮硬體方面詳細的電路是如何。在這個層次的設計工作就好像寫C語言一樣。

● 資料處理層次(Dataflow level)

　在這個層次中我們必須要指明資料處理的方式，設計的人要說明資料如何在暫存器中儲存與傳送，以及資料在設計裡處理的方式。

● 邏輯閘層次(Gate level)

　在這層次中模組是由邏輯閘連接而成，在這層次的設計工作就好像以前用描繪邏輯閘來設計線路一樣。

● 低階交換層次(Switch level)

　這是 Verilog 最低階的層次，線路是由開關與儲存點組成。在這層次設計者須知道電晶體的元件特性。

在實際的設計中，我們可以四個層次混合使用。而結合了行為層次與資料處理層次，且能做合成處理的暫存器轉移層次(RTL)，則在業界中被廣泛的使用。雖說四種的層次能混合使用，但設計完成以後大部份的模組其描述層次，皆被邏輯閘層次所取代。一般而言，越是高階層次的描述，其修改的空間也就越大，且越無關於製程技術，越低階則相反。在低階的設計中，通常小部份的修改，所牽動的影響是可觀的。高階與低階的差別就好像C語言和組合語言的差別一樣，C語言為較高階的語言，有較大的可程式化與可攜性；組合語言就相反，它與機器的相關性就較C來得大。

Chapter 2

2.4　別　名 (Instances)

　　模組就如同一個模子一樣，我們能用這個模子來創造出所需要的物件。每個從模子中創造出來的物件都是獨立的，有其自己的名字、變數、參數與 I/O 介面。這種從模組創造出物件的過程，我們稱為模組取別名，而從模組中所造出的物件，則稱為這個模組的別名，在例題 2-1 最上層的區塊中，擁有四個從 T_FF 模子中創造出來的別名，每個 T_FF 的別名中，都有一個 D_FF 的別名與一個反相器。注意的是每個別名必須有自己獨立的名字，在例題 2-1 中 // 是用來告訴編譯器這是一個單行的註解。

例題 2-1　模組的別名

```
// 定義一個名為連波進位計數器的最上層模組，並在內部取用四個T型正反
// 器的別名，其連接方法如 2-2 節中所述。
module ripple_carry_counter(q,clk,reset);

output [3:0] q;      // 輸出與輸入訊號的宣告
input clk,reset;     // 輸出與輸入訊號的宣告

// 創造四個 T 型正反器的別名，並且每個都具有自己的名稱，並輸入一組
// 訊號，這四個別名都是從 T 型正反器的模組中建立出來的。
T_FF tff0(q[0],clk,reset);
T_FF tff1(q[1],q[0],reset);
T_FF tff2(q[2],q[1],reset);
T_FF tff3(q[3],q[2],reset);

endmodule

// 定義 T 型正反器模組，並在內部引用 D 型正反器模組的別名，其構造如
// 圖 2-4 所示。
module T_FF(q,clk,reset);
```

```
// 定義輸出與輸入訊號
output q;
input clk , reset;
wire d;
D_FF dff0(q, d, clk, reset); // 取用 D 型正反器模組的別名，
                             // 並取名為 dff0。
not n1(d, q); // 反閘是一個在 Verilog 中提供的基本的元件，這在
             // 往後會解釋。

endmodule
```

Verilog 不允許巢狀的模組宣告，也就是說不可以在定義一個模組時，內部包含有另一對 module 和 endmodule 的宣告。但是，Verilog 允許在一個模組的定義中，使用其他模組的別名。模組的定義與模組的別名是不同的，這個觀念相當重要，我們必須要清楚才行。模組的定義只是在描述一個模組如何運作，以及它的內部和介面，當我們在設計中要運用這個模組的功能時，就要借用它的別名才行。例題 2-2 是一個非法的模組宣告，他將 T 型正反器模組定義在連波進位計數器的模組中。

例題 2-2 非法的巢狀模組宣告

```
// 定義一個名為 ripple_carry_counter 的模組，並在內部非法的宣告
// 一個 T 型正反器的模組。
module ripple_carry_counter(q,clk,reset);
output [3:0] q;
input  clk, reset;

   module T_FF(q,clock,reset); // 非法的巢狀模組宣告
   ...
   <module T_FF internals>
   ...
   endmodule // 結尾

endmodule
```

2.5　模　擬 (Components of a Simulation)

　　設計區塊完成後，接下來就是測試的工作。在 Verilog 中測試的工作是用一個觸發區塊 (Stimulus Block) 來驅動設計區塊，並檢查輸出的結果是否符合要求，而將觸發區塊與設計區塊分開是較好的作法。觸發區塊又稱爲測試程式(test bench)，通常如要完整的測試設計區塊，需要有許多不同的測試程式才行。

　　觸發區塊較常見的有兩種：一種是在區塊內使用設計模組的別名，並直接驅動這些別名的輸入訊號，如圖 2-6 所示，一般測試區塊爲最上層的區塊，直接驅動設計區塊的輸入訊號 clk 與 reset，檢查輸出訊號 q 並將結果展示在螢幕上。第二種是將觸發區塊當成是訊號產生器一般，另建一個模組，在模組中使用設計模組及觸發模組的別名，並將觸發區塊的輸出訊號，如 d_clk 和 d_reset，輸入到設計區塊的輸入訊號，如 clk 和 reset：將設計區塊的輸出訊號，如 q：輸出到觸發區塊的輸入訊號，如 c_q：藉由觸發區塊將結果展示在螢幕或是以波形輸出，以供檢查。圖 2-7 表示的是第二種方法。

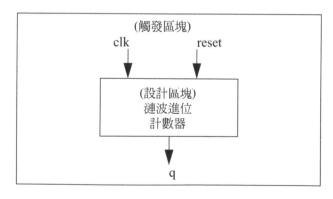

圖 2-6　引用設計區塊的模擬區塊

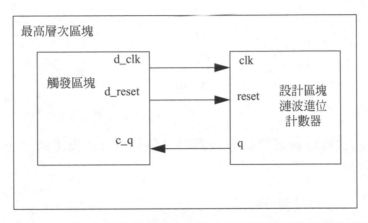

圖 2-7　在一個多餘的最高層次區塊中引用設計區塊與模擬區塊

2.6　例　題 (Example)

接下來我們就以前面所提的觀念，來設計一個漣波進位計數器，包含設計區塊與觸發區塊，語法的解釋留在往後的章節，本節中最重要的是要瞭解設計的流程。

2.6.1　設計區塊 (Design Block)

這裡用的是由上而下的方法，首先先用 Verilog 設計最上層的漣波進位計數區塊。

例題 2-3　漣波進位計數器

```
module ripple_carry_counter(q,      clk,      reset);

output   [3:0]   q;
input    clk,   reset;
```

// 創造四個正反器的別名，並且每個都有自己的名稱，並輸入一組訊號，
　　這四個別名都是從 T 型正反器的模組中建立出來的。

Chapter 2

```
T_FF tff0(q[0] , clk , reset);
 T_FF tff1(q[1] , q[0] , reset);
 T_FF tff2(q[2] , q[1] , reset);
 T FF tff3(q[3] , q[2] , reset);
endmodule
```

在漣波進位計數器模組中我們用了四個 T_FF 模組的別名，下面定義 T_FF 模組。

例題 2-4 T 型正反器

```
module T_FF(q, clk, reset);
output q;
input clk, reset;
wire d;
D_FF dff0(q, d, clk, reset);
not n1(d, q); // 反閘為 Verilog 中的主要元件
endmodule
```

因為 T_FF 模組中用了 D_FF 模組的別名，所以我們必須要定義 D_FF 模組。

例題 2-5 D 型正反器

```
// 這裡的 D 型正反器的 reset 訊號是同步的。
module D_FF(q, d, clk, reset);

output q;
input d, clk, reset;
reg q;

// 下面有許多不認識的指令，在這裡先不要管他，只要專心於如何建立上
// 到下的設計方塊即可。
always @(posedge reset or negedge clk)
```

```
if(reset)
    q = 1'b0;
// 有同步 reset 訊號的 D 型正反器模組
else
    q = d;

endmodule
```

至此，所需的基本區塊都設計完成。

2.6.2　觸發區塊 (Stimulus Block)

本節中我們將設計觸發區塊來檢驗，剛剛設計的漣波進位計數器是否正常工作，我們將控制輸入訊號 clk 與 reset 來檢驗計數器的計數功能與重置功能，clk 與 reset 的輸入波形如圖 2-8，其中 clk 的週期是 10 個時間單位，reset 在時間 0 到 15 與 195 到 205 為 1 其餘為 0，期望的輸出訊號 q 其值在圖 2-8 中。現在我們就開始設計符合圖 2-8 的觸發區塊，我們將用圖 2-6 所示的方法，並請注意在觸發區塊中如何使用前面設計區塊的別名。

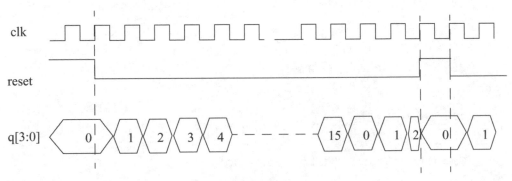

圖 2-8　觸發與輸出波形

例題 2-6　觸發區塊

```
module stimulus;

reg clk;
reg reset;
wire [3:0] q;

// 引用設計方塊
ripple_carry_counter r1(q, clk, reset);

// 控制驅動設計方塊的 clk 訊號週期為 10
initial
    clk = 1'b0;      // 將 clk 訊號設為 0
always
    #5 clk = ~clk; // clk 訊號每隔 5 個時間單位反相一次

// 控制驅動設計方塊的 reset 訊號，在時間 0-20 及 200-220 時，為 1 其
// 時段為 0。
initial
begin
  reset  =  1'b1;
  #15 reset = 1'b0;
  #180 reset = 1'b1;
  #10 reset = 1'b0;
  #20 $finish;   // 模擬結束
end

// 將結果輸出到螢幕上
initial
    $monitor($time,"Output q = %d",q);

endmodule
```

　　觸發區塊設計完成後，就可以交由 Verilog 跑模擬，來驗證設計區塊的功能是否符合要求。

　　底下為模擬結果：

模擬結果

```
      0   Output q =     0
     20   Output q =     1
     30   Output q =     2
     40   Output q =     3
     50   Output q =     4
     60   Output q =     5
     70   Output q =     6
     80   Output q =     7
     90   Output q =     8
    100   Output q =     9
    110   Output q =    10
    120   Output q =    11
    130   Output q =    12
    140   Output q =    13
    150   Output q =    14
    160   Output q =    15
    170   Output q =     0
    180   Output q =     1
    190   Output q =     2
    195   Output q =     0
    210   Output q =     1
    220   Output q =     2
```

Chapter 2

2.7　總　結 (Summary)

本章中共討論了下列的觀念：

● 由上而下與由下而上兩種數位設計的方法，以及在今日數位設計中如何將兩種方法混合使用，這種方法對於日漸複雜的設計是很重要的。

● 模組是 Verilog 的基本組成方塊。使用模組的方式是取其別名，任何一個別名都是一個模組其獨立的複製品，我們必須要清楚的分別模組與別名的不同之處。

● 模擬的過程會使用到兩種不同性質的區塊：設計區塊與觸發區塊，其中觸發區塊是用來測試設計區塊，本章亦介紹兩種使用觸發區塊的方法。

● 本章利用漣波進位計數器作例子，一步步說明數位設計的流程。

本章主要是在說明數位設計的流程，及如何依照這個流程來使用 Verilog，Verilog 語法的問題留待以下的章節再作說明。

2.8　習　題 (Summary)

1. 一個連結開關 (Interconnect Switch，IS) 擁有以下各個部份，一個共用的記憶體 (Memory，MEM)、一個系統控制器 (System Controller，SC)，與一個資料交錯處理器 (cross Lar，Xbar)。

　a. 用關鍵字 module 與 endmodule 定義 MEM、SC 與 Xbar，不需要定義模組的內容，並假設每個模組皆沒有輸出或是輸入埠。

　b. 用關鍵字module 與 endmodule定義模組IS，並在模組中引用模組MEM、SC與Xbar分別取其別名為mem1、sc1與xbar1。同樣的不需要定義模組IS的內部與埠列。

c. 用關鍵字 module 與 endmodule 定義一個觸發區塊，引用前面設計的模組 IS 取別名為 is1，這步驟是建立最上層的觸發環境。

2. 一個 4 位元的漣波進位加法器(Ripple_Add)，包含四個 1 位元的全加器(FA)。

a. 定義一個全加器模組，不需要定義其內部情況與埠列。

b. 定義一個漣波進位加法器的模組，在內部引用四個全加器模組的別名，分別取別名為 fa0、fa1、fa2 與 fa3，不需要定義其埠列。

Chapter 2

第 **3** 章

使用 Verilog 的基本概念

(Basic Concepts)

3.1 語法協定

3.2 資料型態

3.3 系統任務和編譯指令

3.4 總　結

3.5 習　題

VERILOG
Hardware Descriptive Language

在這一章節我們將介紹Verilog之基本結構與協定，這些結構與協定將會在後面章節中用到，這些協定提供 Verilog 必須的架構。

學習目標

● 瞭解空白 (Whitespace)、註解 (Comments)、運算子 (Operators)、數字 (Number)、字串 (Strings)、定義名稱 (Idntifers)、語法協定 (Lexical Conventions)。

● 定義數值組 (Value Set)、接線 (Nets)、暫存器 (Registers)、向量 (Vectors)、時間陣列 (Arrays)、記憶體 (Memories) 參數 (Parameters)、字串 (Strings) 的資料型態 (Data Types)。

● 說明有用的系統任務 (System Tasks)：資訊顯示 (Displaying Information)、資訊監視 (Monitoring Information)、中止 (Stopping) 和完成 (Finishing) 模擬。

● 說明簡單的組譯指令 (Compiler Directives)。

3.1　語法協定(Lexical Conventions)

Verilog 的語法協定，與 C 語言是非常類似的。Verilog 是由一串的標記(token)組成，這些標記可能是註解(Comments)、定義符號(Delimiters)、數值(Numbers)、字串(Strings)、定義名稱(Identifiers)和關鍵字(Keywords)。且標記之大小寫是不同的，所有的關鍵字皆由小寫所組成。

3.1.1　空白(Whitespace)

空白包含有: 空格(Blank spaces，\b)、欄位(Tabs，\t)，和換行(Newlines，\n)，除了分隔標記的空白和字串中的空白外，其他地方使用的空白皆會被 Verilog 忽略。

3.1.2　註解(Comments)

　　註解是爲了使程式易讀(Readability)或文件化(Documentation)。寫註解有兩種方法：以"//"開頭爲單行註解(One-line Comment)，以"/*"開頭、"*/"結尾爲多行註解(Multiple-Line)，多行註解不允許有巢狀結構。

```
a=b && c; // This is a cone-line comment. 這是一單行註解

/* This is a multiple line
   cooment   這是一個多行註解*/

/* This is /* an illegal comment   這是一個錯誤的註解寫法*/

/* This is // a legal comment   這是一個合語法的註解寫法*/
```

3.1.3　運算子(Operators)

　　運算元有三種形式：一元(Unary)、二元(Binary)，和三元(Ternary)。一元運算子放在運算元之前，二元運算子放在二個運算元之間，三元運算子有兩個運算子分隔三個運算元。

```
a=~b;        // ~是一元運算子， b是運算元。
a=b && c;    // &&是二元運算子， b和c是運算元。
a=b ? c : d; // ?:是三元運算子， b,c和d是運算元。
```

3.1.4　數字規格(Number Specification)

　　Verilog 有規定長度(Sized)，不定長度(Unsized)二種數字規格。

規定長度之數字(Sized numbers)

　　規定長度之數字以<size>'<base format><number>來表示。

　　<size>是以十進位來表示數字的位數(Bits)，<base format>是用以定義此數爲十進位('d或'D)、十六進位('h或'H)、二進位('b或'B)、八進位('o或'O)，數字亦可用大寫表示。

Chapter 3

```
 4'b1111// 這是一個 4-bit 二進位數
12'habc // 這是一個 12-bit 十六進位數
16'd255 // 這是一個 16-bit 十進位數
```

不定長度之數字(Unsized numbers)

　　不定長度之數字不使用<size>去規定數字之位元數大小，而是使用模擬器或硬體內定規格(必須大於 32 位元)。若無<base format> 則定義為十進制。

```
23456 // 定義為 32 bits 十進位數
'hc3  // 32 bits 十六進位數
'o21  // 32 bits 八進位數
```

x 或 z 值

　　x是代表不確定的值，z是代表高阻抗。一個x在十六進制代表四位元的不確定之值，八進制代表三位元的不確定之值。一個z在十六進制代表四位元的高阻抗，八進制代表三位元的高阻抗。當最大位元數為 0、x、z時，該數以該數值延伸至最高位元。若最大位元數為 1 時，該數以 0 延伸至最高位元。

```
12'h13x // 這是一 12-bit 十六進位數 ;最小四位元為不確定之值
6'hx    // 這是一 6-bit 十六進位數
32'bz   // 這是一 32-bit 高阻抗數
```

負數(Negative numbers)

　　將負號放在<size>之前即代表該數之負數。

```
-8'd3   // 用 8-bit 二補數表示負三
-6'sd3  // 用在有號整數(Signed Integer)的運算上
4'd-2   // 不正確的表示法
```

底線(Underscore characters)和問號(Question marks)

底線"_"的功用在於增加可讀性，並無特別的功用與功能。但是需要注意的是，第一個字元不能使用底線。

問號"?"與"z"是同義的，其目的是增加可讀性。

```
12'b1111_0000_1010 // 與12'b111100001010同
4'b10?? // 與4'b10zz同
```

3.1.5　字串(Strings)

字串之所有字元必須在同一行上。

```
"Hello Verilog World" //是一個字串
"a/b" // 是一個字串
```

3.1.6　定義名稱(Identifers)與關鍵字(Keywords)

關鍵字是一組特殊的定義名稱，其功用是為了定義程式語言架構。定義名稱是在程式語言中所給予物件的名稱。定義名稱可由字母、數字、底線和錢號($)所組成。定義名稱的大小寫是有分別的，且不能以錢號做開頭。

```
reg value; // reg是關鍵字value是定義名稱
input clk; // input是關鍵字clk是定義名稱
```

3.2　資料型態(Data Types)

3.2.1　數值組(Value Set)

Verilog 提供四種數值和八種強度(Strengths)。四種數值位準(Value Level)如表 3-1：

Chapter 3

表 3-1　數值位準

數值位準	實際電路狀態
0	邏輯 0，假(False)
1	邏輯 1，真(True)
x	不確定值(Unknown Value)
z	高阻抗(High Impedance)，懸接(Floating State)

數值位準為 0、1 有八種強度如表 3-2：

表 3-2　強度位準

強度位準	型態	程度
supply	Driving	最強
strong	Driving	
pull	Driving	↑
large	Storage	
weak	Driving	
medium	Storage	
small	Storage	
highz	High Impedance	最弱

　　其目的是為了解決在實際邏輯電路中，二個不同強度的驅動源(Driver)衝突(Conflicts)的問題。如果 strong1 和 weak0 接在同一條線上，結果會是 strong1。如果 strong1 和 strong0 接再一起，結果會是 x。只有三態暫存接線(Trireg Nets)有 large、medium、small 三種強度。

3.2.2　接線(Nets)

　　接線是連接硬體元素之點。在圖 3-1 接線 a 是及閘 g1 的輸出，其值為接線 b AND 接線 c 的結果。

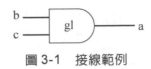

圖 3-1　接線範例

接線之最主要的關鍵字爲 wire，接線預設爲一個位元，除非特別宣告成一個向量(vector)接線。接線的預設值是 z(除了 trireg 接線，其預設值是x)，接線的值由它的驅動信號輸出而來。若接線沒有驅動信號，則其值爲x。在提及接線的時候，通常我們會交替的使用Net或Wire。不過要注意的是 wire 是 Verilog 的關鍵字，而 net 並不是。

```
wire a; // 宣告上面電路中一個接線 a
wire b,c; // 宣告上面電路中接線 b,c
wire d = 1'b0; //在宣告時設定接線 d 為一固定值 0
```

接線的關鍵字還有 wire、wand、wor、tri、trior、trireg……等。

3.2.3　暫存器(Registers)

暫存器用來表示資料儲存的元素，除非給定新的數值，否則暫存器內的數值會一直維持。別把 Verilog 的暫存器與硬體裡，用信號緣觸發正反器組成的暫存器互相混淆。Verilog中的暫存器，就是一個可以持留(Hold)數值的變數。暫存器不用像接線一樣需要驅動，Verilog暫存器也不像硬體暫存器一樣需要時脈。在模擬過程中可以在任意時間，指定新的數值給暫存器。

暫存器的關鍵字是 reg，其預設值是 x。

```
reg reset; // 宣告一個變數來持留 (hold)數值
initial // 這一個架構將於後面章節討論
begin
    reset = 1'b1; // 設定 reset 之初始值為 1 來重設電路
    #100 reset = 1'b0; // 在 100 個模擬時間後，設定 reset 為 0。
end
```

Chapter 3

此外，reg 也可以宣告一個有號數，用來做有號數的算數運算使用，可以在底下的範例中看到。

```
reg signed [63:0] m; //宣告一個 64 位元的有號數
integer i; // 一個 32 位元的有號整數
```

3.2.4　向量(Vectors)

接線和暫存器皆可定義為向量，若無定義位元長度，則以一個位元(純量)計。

```
wire a; //定義為純量接線變數
wire [7:0] bus; // 8-bit 匯流排
wire [31:0] busA,busB,busC; //3 個 32-bit 寬度的匯流排
reg clock; //定義為純量暫存器變數
reg [0:40] virtual_addr; //向量暫存器變數，41 bits 寬度虛擬位址。
```

向量可定義為[high#:low#] or [low#:high#]，但是中括號左邊者為最大位元(領先位元 Most Significant Bit)。

向量子集合選取

針對上面例子，選取其中的一部份子集合，可以是某幾個位元或是某一部份，如下所示。

```
busA[7] // 匯流排 A 之第七個位元
bus[2:0] // 匯流排之最末三個位元，若使用 bus[0:2]是不合法的。
virtual_addr[0:1] // 虛位址之最高二個位元
```

固定寬度向量子集合選取

另一種選取向量子集合的方式，便是利用指定位元寬度的方式。使用的格式如下：

[<starting_bit>+:width]由指定的starting_bit位元開始，遞增選取 width寬的向量子集合。

[<starting_bit>-:width]由指定的starting_bit位元開始，遞減選取 width寬的向量子集合。

開始的位元可以是變數，但是指定寬度的欄位內必須是常數。這種 方式經常應用於迴圈內位元的讀寫。

底下可以看到應用的範例。

```
reg [255:0] data1; // Little endian notation
reg [0:255] data2; // Big endian notation
reg [7:0] byte;
//利用上面宣告好的向量變數，來做固定寬度向量子集合選取。
byte = data1[31-:8]; // 由第31位元開始，遞減選取8位元。所以
                     //     等同於 data1[31:24]。
byte = data1[24+:8]; // 由第24位元開始，遞增選取8位元。所以
                     // 等同於 data1[31:24]。
byte = data2[31-:8]; // 由第31位元開始，遞減選取8位元。所以
                     // 等同於 data2[24:31]。
byte = data2[24+:8]; // 由第24位元開始，遞增選取8位元。所以
                     // 等同於 data2[24:31]。
                     // 套用到迴圈的應用
for(j=0; j<=31; j=j+1)
byte = data1[(j*8)+:8]; // 選取到的結果如同 [7:0]、[15:8]...
                        // [255:248]用來初始化向量。
data1[(byteNum*8)+:8] = 8'b0; // 如果byteNum = 1,清除[15:8]
                              // 的8位元。
```

Chapter 3

3.2.5　整數、實數、和時間暫存資料型態(Integer、Real、and Time Register Data Types)

整數

整數是以關鍵字 integer 做宣告，雖然我們可以用 reg 來做一般變數的宣告，但是一些整數變數以 integer 做宣告是較便利的，如計數(counting)。整數是以主機的內定長度為其內定長度，但最少要大於 32 位元。reg 是宣告無號(Unsigned)數，integer 是宣告有號(Signed)數。

```
integer counter; // 一般用途的變數
initial
    counter = -1; // 將負 1 存在 counter 中
```

實數

實數是以關鍵字 real 做宣告，其可以是科學記號(例如 3e6，表示 3×10⁶)，或者十進位數(例如 3.14)，內定值是 0，當實數指定給一整數時，會取最接近該數之整數值。

```
real delta; // 宣告一實數變數 delta
inital
begin
    delta = 4e10; // delta 被指定一科學表示式
    delta = 2.13; // delta  被指定一數值 2.13
end
integer i; // 宣告一整數變數 i
initial
    i = delat; // i 的數值為 2(rounded value of 2.13)
```

時間

時間是以關鍵字 time 做宣告，其功用是儲存模擬時間(Simulation Time)，最少要為 64bits 的資料。$time 是系統函數，其功用是取得目前的模擬時間。

```
time save_sim_time; // 定義時間變數 save_sim_time
initial
    save_sim_time = $time; // 儲存目前模擬時間
```

3.2.6　陣列(Arrays)

　　陣列之內容可以是整數、暫存器、時間、實數和向量，陣列的維度不限。陣列的表示法為<array_name>[<subscript>]，不論使用單維陣列或是多維陣列，每一個維度的大小都必須是指定好的常數。

```
integer count[0:7]; // 8 個整數組成的陣列
reg bool[31:0]; // 32 個一位元布林暫存器變數組成的陣列
time chk_point[1:100]; // 100 個時間變數組成的陣列
reg [4:0] port_id[0:7];// 8 個 5 位元組成的陣列
integer matrix[4:0][0:255];// 二維陣列
reg [63:0] array_4d [15:0][7:0][7:0][255:0]; // 四維陣列
wire [7:0] w_array2 [5:0]; // 六個八位元接線組成的陣列
wire w_array1[7:0][5:0];    // 一個 48 個元素組成的二維陣列，每
                            // 一個元素是一個接線。
```

　　向量與陣列是不相同的，向量是一個多位元的元素(Element)，陣列是多個一位元或多個位元的元素。

```
count[5] = 0; // 清除 count 陣列中第五個元素
chk_point[100] = 0; // 清除 chk_point 陣列中第一百個元素
port_id[3] = 0; // 清除 port_id 陣列中第三個元素 (內含五個位元)

matrix[1][0] = 33559; // 設定 matix 陣列中 [1][0] 的元素為 33559
array_4d[0][0][0][0][15:0] = 0; // 清除四維度的 array_4d 陣
                // 列中，[0][0][0][0]元素的十六位元[15:0]。

port_id = 0;    // 錯誤的用法，意圖清除整個陣列。
```

Chapter 3

```
matrix [1] = 0; // 錯誤的用法，想要將二維陣列中，[1][0]到[1]
                //  [255]的元素都設定為零。
```

3.2.7　記憶體(Memories)

在 Verilog 中，記憶體像是一個暫存器的陣列，在陣列中的每一個物件，就像是個字元(Word)，每個字元可以是一個 Bit 或多個 Bits。n 個 1Bit 的暫存器和一個 n Bits 的暫存器是不相同的。陣列中的註標(Subscript)就像是記憶體中的位址，可以指定我們想要的字元。

```
reg mem1bit[0:1023]; // 記憶體 mem1bit 是 1k 個一位元的字元
reg [7:0] membyte[0:1023]; // 記憶體 membyte，是 1k 個八位元的
                          //  字元。
membyte[511] // 提取位址為 511 的一位元組的字元
```

3.2.8　參數(Parameters)

在 Verilog 中，可在模組中利用參數關鍵字 parameter 來定義一個固定常數。參數並不能當作變數使用，但是可以在初始化模組的時候重新定義。透過參數的變化，就可以提供客制化的彈性模組，有利於重複使用的模組設計，這一部份後面進一步說明。參數的型態或是位元數都可以在宣告時設定，例如底下的例子。

```
parameter port_id - 5; // 宣告一常數 port_id，值為 5。
parameter cache_line_width = 256;
  // 宣告一個常數 calche_line_width，值為 256。
parameter signed [15:0] WIDTH;
  // 宣告一個參數 WIDTH 為一個十六位元有號數
```

在第九章中，我們將會看到利用 defparam 的方式，在模組宣告的時候變化模組內的參數值。所以盡量不要在設計中使用固定值，盡可能利用參數化的變數方式，透過參數的變化，將可以得到高度彈性化的設計。

在 Verilog 2001 年版的標準中，新增了 localparam 這一個關鍵字，這一個關鍵字所定義的參數，將不能透過 defparam 的方式來修改。它的功用主要針對於一些最好不能被修改到的設計值，例如底下例子有限狀態機器中的狀態定義。

```
localparam state1 = 4'b0001,
           state2 = 4'b0010,
           state3 = 4'b0100,
           state4 = 4'b1000;
```

3.2.9　字串(Strings)

字串可以指定給暫存器(reg)，如果字串長度大於暫存器長度，則左邊的位元會被去除，如果字串小於暫存器長度，則左邊位元補零。

```
reg [8*18:1] string_value; // 宣告一變數 18 個位元組的寬度
initial
   string_value = "Hello Verilog World"; // 將字串存於變數中
```

表 3-3 是一些為了顯示用的特殊字元。

表 3-3　特殊字元

特殊字元	顯示字元
\n	換行
\t	跳欄
%%	%
\\	\
\"	"
\ooo	1-3 個八位元數

Chapter 3

3.3　系統任務(System Tasks)和編譯指令 (Compiler Directives)

本節中，將會介紹兩個Verilog的觀念，一個是系統任務，另一個是編譯命令。

3.3.1　系統任務 (System Tasks)

系統任務包含有顯示、監視數值、模擬暫停、工作完成等等，其皆以$<keyword>的格式作表示。在 IEEE 1364-2001 的標準中，有定義非常多種的系統任務，在這邊我們只挑選最重要常用的幾種作介紹。

資訊顯示(Displaying information)

$display是最有用的系統任務，主要用來顯示變數值或是字串內容。

格式: $display(p1,p2,p3,....,pn);

參數 p1、p2、p3、....、pn 可以是字串、變數、或說明。基本上$display 的功能，很類似於 C 程式語言中的 printf 的功能，不過每一個$display 命令後會自動換行，如果$display後面沒有接任何參數，就會輸出 一個空行。

所有合理的格式內容都列在格式定義表(Format Specifications List)表 3-4 中，如果需要更詳細的內容，請參考 1364-2001 標準文件中的內容。

表 3-4　格式定義表

格式	顯示
%d or %D	十進制變數
%b or %B	二進制變數
%s or %S	字串
%h or %H	十六進制變數
%c or %C	ASCII 字元
%m or %M	階層名(不需引數)
%v or %V	強度
%o or %O	八進制變數
%t or %T	目前時間
%e or %E	實數科學記號
%f or %F	十進制實數變數
%g or %G	選擇實數科學記號和十進制實數變數較短者

範例 3-3　顯示任務

```
// 顯示雙引號中之字串
%display("Hello Verilog World");
--Hello Verilog World

// 顯示目前時間
%display($time);
--230

// 顯示虛擬位址為 1fe0000001c 的值和目前時間 200
reg [0:40] virtual;
$display("At time %d virtual adderess is %h", $time, vir-
    tual_adder);

--At time 200 virtual address is 1fe0000001c
```

```
// 使用二進制顯示 port_id 其值為 5
reg [4:0] port_id;
 $display("ID of the port is %b", port_id);
-- ID of the port is 00101

// 顯示 x 特性
// 使用二進制顯示四位元匯流排其值為 10xx
reg [3:0] bus;
$display("Bus value is %b",bus);
--Bus value is 10xx

// 顯示較高層次模組 top 的別名 p1 的階層名，不需任何引數。
$display("This string is displayed from %m level of hier-
    archy")
--This string is displayed from top.p1 level of hierarchy
```

　　特殊字元的表示方法在 3.2.9 節字串那段已經有說明，底下便是利用特殊字元的範例。

範例 3-4　特殊字元

```
// 跳行及顯示特殊字元%
$display("This is a \n multiline string with a %% sign")
--This is a
--multinline string with a % sign

// 顯示其他特殊字元
```

資訊監視(Monitoring information)

　　Verilog 有提供一個監控訊號變化的系統任務，只要監控訊號有變化，便會輸出新的值，這一個系統任務便是$monitor。

格式:$monitor(p1,p2,p3,....,pn);

　　參數 p1、 p2、…、pn 可以是字串、變數或說明，與 $display 的參數格式相同，但是 $monitor 不僅僅是顯示一次而已，而是每一次信號變化都顯示一次。在需要一直顯示某個訊號直的情況下，$monitor 只需要寫一次，而使用 $display 的話便需要寫好幾遍。

　　每一次僅允許有一個 $monitor 可以執行，如果有多次 $monitor 的使用，只有最後一個有效，前面的其他 $monitor 將不會作用。

　　不同的 $monitor 工作可以利用 $monitoron 與 $monitoroff 來做切換。

格式：$monitoron;

　　　$monitoroff;

　　$monitoron 會讓最近的 $monitor 工作開始，而 $monitoroff 會讓執行中的 $monitor 工作關閉。一般來說，只要開始執行模擬，系統自動會執行 $monitoron，在執行中再利用 $monitoron 與 $monitoroff 系統任務來控制。底下的範例可以看到 $monitor 的作用，請注意時間與訊號的關係，進一步瞭解 $monitor 與 $time 的用法。

範例 3-5 　監視敘述(Monitor statement)

```
// 監視信號 clock 與 reset 的值和時間
// Clock 每 5 時間單位觸發一次而 reset 在 10 時間單位轉為低電位
initial
begin
    $monitor($time, "Value of signals clock = %b reset = %
    b, click, reset);
end

Partial output of the monitor statement:
-- 0 Value of signals clock = 0 reset = 1
-- 5 Value of signals clock = 1 reset = 1
-- 10 Value of signals clock = 0 reset = 0
```

Chapter **3**

中止(Stopping)和 完成(Finishing)模擬

格式: $stop;

可以暫時中止模擬運算的進行，並進入交談模式。設計者可以利用
交談模式，來檢驗當時信號的值是否正確。$stop 可以用在設計者
任何一個想要停的時刻來做觀察除錯的工作。

格式: $finish;

結束模擬運算。

範例 3-6　中止和完成模擬運算

```
// 中止模擬在 100 時間單位並檢驗結果
// 在 1000 時間單位完成模擬
initial // 模擬時間為 0
begin
clock = 0;
reset = 1;
#100 $stop; // 中止模擬在 100 時間單位
#900 $finish; // 在 1000 時間單位完成模擬
end
```

3.3.2　編譯命令(Compiler Directives)

Verilog 一樣也有編譯命令，編譯命令皆以`<keyword>來表示，在這
邊只介紹兩種最常用的語法，一個是`define 另一個是`include。

`define

`define 可以用來定義文字巨集(text macro)，如同 C 程式語言中的#define。
每次編譯 Verilog 檔案的時候，編譯器會針對定義好的文字巨集，搜尋代
換使用到的程式片段。

範例 3-7 　`define 的用法

```
// 用文字巨集定義字的寬度
// 在程式碼中使用`WORD_SIZE
`difine WORD_SIZE 32

// 定義一個別名，當`s 出現時用$stop 取代
`define s $stop;

// 定義一個經常使用的文字字串
`define WORD_REG reg [31:0]
// 然後可以用`WORD_REG reg32; 定義一個 32-bit 暫存器變數
```

`include

include 可以帶入其他檔案的內容，插入到 include 使用的位置，與 C 程式語言中的 #include 用法相當。通常利用這一個語法，將通用的宣告與程式片段加入目前的檔案中，可以提供一個簡潔的使用方式。

範例 3-8 　`include 的用法

```
//包含 header.v 檔案，其包含一些在主程式 design.v 檔案中之宣告。
`include header.v
...
...
<Verilog code in file design.v>
...
...
```

3.4　　總　結 (Summary)

● 　Verilog 語法極類似 C 語言。
● 　說明空白、註解、運算子、數字、字串、定義名稱、語法協定。

Chapter 3

● 在 Verilog 中有數種有用的資料型態可以使用。有四種邏輯值，八種強度。可以使用資料型態、接線、暫存器、向量、時間、陣列、記憶體、參數、字串、資料型態。

● Verilog 提供有用的系統任務 : 資訊顯示、資訊監視、中止和完成模擬。

● 編譯指令 `define 是用來定義一個文字巨集，`include 是用來包含其他的 Verilog 檔案。

3.5　　習　題 (Exercises)

1. 練習寫出下列數字 :

   a. 用八位元二進制表示十進位 123，使用_增加可讀性。

   b. 一個十六位元十六進制的不確定值。

   c. 使用四位元二補數表示十進制−2。

   d. 一個不規定長度的十六進制表示 1234。

2. 下列是否為合法的字串？如果不是，請修改之。

   a. "This is a string displaying the % sign"

   b. "out=in1+in2"

   c. "Please ring a bell \007"

   d. "This is a backslash\ character \n"

3. 下列是否為合法的定義名稱？

   a. system1

   b. 1reg

   c. $latch

   d. exec$

4. 在 Verilog 中宣告下列變數。

    a. 一個八位元向量接線 "a_in"。

    b. 一個 32 位元儲存暫存器 "address"，位元 31 為最大位元，設定其值為十進制 3。

    c. 一個整數 "count"。

    d. 一個陣列 "delays"，包含 20 個整數元素。

    e. 一個 64 位元 256 個字(words)的記憶體 "MEM"。

    f. 一個時間變數 "snap_shot"。

    g. 參數 "cache_size" 為 512。

5. 下列敘述之輸出或結果為何？

    a. latch=4'd12;

        $display("The current value of latch = %b\n",latch);

    b. in_reg = 3'd2;

        $monitor($time, "In register value = %b\n", in_reg[2:0]);

    c. `define MEM_SIZE 1024

        $display("The maximum memory size is %h", `MEM_SIZE);

Chapter 3

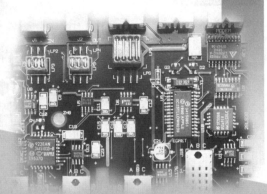

第 4 章

模組與輸出入埠
(Modules and Ports)

4.1 模　組

4.2 輸出入埠

4.3 階層化的取名方法

4.4 總　結

4.5 習　題

VERILOG

Hardware Descriptive Language

在上一章節中我們瞭解了階層化模組的基本架構，本章將詳細的討論在 Verilog 中模組與輸出入埠 (Port) 的觀念與用法。

學習目標

● 瞭解 Verilog 中模組的定義，如模組的名稱、輸出入埠的列表 (PortList)、參數、變數的宣告，陳述資料的處理程序，行為模式的陳述，取用低階模組的別名，任務 (Tasks) 與函數 (Functions)。

● 瞭解在 Verilog 中如何定義一個模組的輸出入埠的列表。

● 瞭解在一個模組的別名與另一個別名，埠與埠之間相互連接的規則。

● 瞭解如何藉由依照順序或是指定名稱的方式，來連接不與外部的輸入訊號。

● 解釋在 Verilog 中階層化名稱的架構。

4.1　模　組 (Modules)

在第二章中我們瞭解到在階層化的模組架構觀念中，模組如何扮演一個基本架構方塊的角色。在第二章中我們只專注於解釋模組的定義，與引用的方法，在本節中我們將詳細的講解模組內部的架構。

在 Verilog 中一個模組其架構與組成如圖 4-1 所示。

一個模組定義的開頭，一定是關鍵字 module，接下來是模組的名稱、輸出入埠的列表、輸出入埠的型態宣告，接著可能是選擇性使用的參數列表 (parameter)。只有在當模組需要與外界相互連接時，才有埠的列表與埠的型態宣告，圖 4-1 其他的五個部分包括：變數的宣告、資料處理的敘述、取用低階層次模組的別名、行為模式方塊，與任務或是函數。這些部分沒有一定的編排順序，可以出現在一個模組的任一個地方，模組的定義最後是以一個關鍵字 endmodule 來表示一個模組定義完結。模組的定義除了關鍵字module、endmodule與模組的名稱一定要有之外，其餘的部分都是視情況需要而定。在Verilog中一個檔案可以擁有許多的模組，且每個模組在檔案中，並沒有像C語言一樣要先有副程式，才有主程式的順序規定，模組宣告的順序可以是任意的，不受限於引用層次的高低。

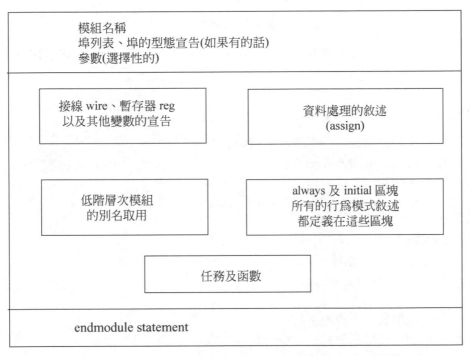

模組名稱
埠列表、埠的型態宣告(如果有的話)
參數(選擇性的)

| 接線 wire、暫存器 reg 以及其他變數的宣告 | 資料處理的敘述 (assign) |

| 低階層次模組 的別名取用 | always 及 initial 區塊 所有的行為模式敘述 都定義在這些區塊 |

任務及函數

endmodule statement

圖 4-1　Verilog 模組的組成元件

底下以如圖 4-2 的 SR 閂 (SR latch)，來說明圖 4-1 中各個部分。

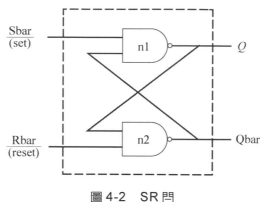

圖 4-2　SR 閂

　　SR 閂有 S 與 R 兩個輸入埠,和 Q 與 Qbar 兩個輸出埠,SR 閂與模擬模組如下的範例 4-1

範例 4-1　　SR 閂的各個部分

```verilog
// 這個範例主要是在說明一個模組中的不同元件
// 模組名稱與輸出入埠的列表
// 模組名稱為 SR_latch
module SR_latch(Q,Qbar,Sbar,Rbar) ;

// 埠的宣告
output      Q,Qbar;
input       Sbar,Rbar;

// 取用低階層次模組的別名
// 在本例中引用的是 Verilog 提供的主要元件反及閘
// 注意訊號線連接的方式
nand n1(Q,Sbar,Qbar) ;
nand n2(Qbar,Rbar,Q) ;

// 關鍵字 endmodule
endmodule
```

```
// 模組名稱與輸出入埠的列表
// 觸發模組
module Top;
// 宣告 wire reg 與其他變數
wire    q,qbar;
reg     set,reset;

// 取用低階層次模組的別名
// 在本例中引用的是 SR_latch
// 將 set 與 reset 的反向訊號輸入到 SR_latch 的別名中
SR_latch m1(q,qbar,set,reset) ;

// 行為處理模式 initial
initial
begin
        $monitor($time,"set = %b,reset = %b,q = %b\n",
                set,reset,q) ;
        set = 0 ; reset = 0 ;
        #5 reset = 1 ;
        #5 reset = 0 ;
        #5 set = 1 ;
end
// 關鍵字 endmodule
endmodule
```

以上的範例有幾點特徵要注意：

● 圖 4-1 中的方塊，並未全部出現在 SR_latch 模組中，包含變數宣告、資料處理、行為模式，都沒有出現在 SR_latch 模組中。

● 然而在 SR_latch 的模擬方塊中，包含有模組名稱、接線 (wire)、暫存器(reg)與變數宣告，引用低階層次模組、行為區塊 (initial) 與 endmodule，但卻沒有包含輸出入埠的列表、埠的型態宣告與指定 (assign) 方塊等。

Chapter 4

● 由上面兩點可以知道，除了module、endmodule與模組名稱外，圖4-1的其餘方塊，皆可視設計的需要可有可無。

4.2　輸出入埠 (Ports)

輸出入埠提供一個模組與外界溝通的介面，好比一個晶片的輸出、輸入腳一樣。外界僅能由輸出入埠來跟一個模組溝通，而一個模組內部的詳細情況外界是無法得知的，這點提供設計者在不影響整個系統的情況下(即不修改介面的情況)，而能夠修改模組的內部。通常輸出入埠也被稱為終端 (Terminals)。

4.2.1　輸出入埠的列表 (List of Ports)

一個模組通常經由一系列的輸出入埠來與外界溝通，相反若一個模組不需要與外界溝通自然就沒有輸出入埠。圖 4-3 所顯示是一個在 Top 模組中定義一個取用四位元加法器模組的別名，從圖中可看出它有 a、b、cin、sum、c_out 等輸出或是輸入埠，而 Top 模組是用來模擬用的，不需要與外界輸入或是輸出訊號，所以由圖可看出，他沒有如 4-bit 加法器模組有使用輸出入埠。

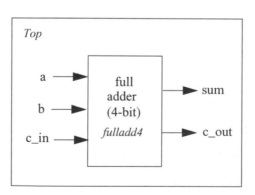

圖 4-3　Top 與全加器模組別名的輸出與輸入埠

在 Verilog 中模組名稱與埠的宣告如底下的範例 4-2。

範例 4-2　輸出入埠的列表

```
module fulladd4(sum,c_out, a,b,c_in) ; // 有輸出入埠列表
                                        // 的模組
module  Top; // 沒有輸出入埠的列表的模組，通常用在模擬區塊。
```

4.2.2　埠的宣告 (Port Declaration)

輸出入埠的列表中的埠都必須要在模組中宣告，埠的宣告有以下幾種類別：

Verilog 關鍵字	埠的類別(依方向來分別)
input	輸入埠
ouput	輸出埠
inout	雙向輸出入埠

在輸出入埠的列表中依據訊號的方向，分別宣告為 input、output、inout。在範例 4-2 4-bit 加法器的輸出入埠宣告如範例 4-3 中所示：

範例 4-3　埠的宣告

```
module   fulladd4(sum,c_out,a,b,c_in) ;
// 開始宣告埠
output [ 3: 0]     sum ;
output c_cout ;

input   [3:0]   a,   b;
input   c_in ;
// 結束埠的宣告
...
<module internals>
...
endmodule
```

Chapter 4

　　在 Verilog 中內定的輸出入埠的宣告種類為 wire，因此假若在埠的宣告中只有宣告 output、input 或是 inout，則皆將其資料型態視為接線型態 (wire)，假如需要將訊號的值儲存起來，就要將輸出入埠的種類宣告為 reg，如同範例 2-5 中的 DFF 宣告，因為我們希望能維持輸出訊號 q 到下一個 clock，就必須將 q 宣告為 reg，在底下範例 4-4 可以看到這一個用法：

範例 4-4　DFF 埠的宣告

```
module   DFF(q,d,clk,reset) ;
output   q ;
reg   q ;   // 輸出埠 q 需要儲存資料，所以宣告成 reg 型態的變數。
input   d,   clk,   reset ;
...
...
endmodule
```

　　注意 input 與 inout 型態的埠不能被宣告為 reg，因為 reg 的作用主要在儲存訊號值，然而輸入訊號只是代表外來訊號的情況，所以不應該使用 reg 的型態。

　　在底下的範例中可以看到，如何將利用程式語言 ANSI C 的習慣用法來宣告一個模組。可以看到直接將輸出埠的定義，與 reg/wire 的定義直接結合在一起，這樣子可以避免宣告在不同兩個地方時，可能會出現的人工錯誤，例如：重複宣告、忘了宣告、或是宣告為錯誤型態。沒有特別指定的型態狀況下，系統都會設定為 wire 型態。

範例 4-5　ANSI C 的宣告使用習慣

```
module fulladd4(output reg [3:0] sum,
                output reg c_out,
                input [3:0] a, b, //寫入一個預設值
```

```
            input c_in); //預設值線路
...
<module internals>
...
endmodule
```

4.2.3　輸出入埠的連接規定 (Port Connection Rules)

　　我們可以將一個輸出入埠，視為在模組內外相互連接的兩部分，在 Verilog 中輸出入埠的內部與外部連接，則必須要遵守某些規定，若是違反規定，則 Verilog 模擬器將會發出錯誤的訊息，這些規定如圖 4-4 所示：

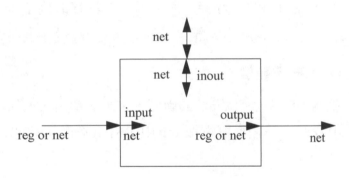

圖 4-4　輸出入埠的相連規定

輸入

　　在模組的內部，輸入埠永遠只是一個接線 (net)。由外部來看，輸入埠的訊號可以接到暫存器 (reg)，或是一個接線的訊號。

輸出

　　在模組的內部輸出訊號，可以宣告為暫存器或是接線的型態。由外部來看，必須接到一個接線，不可以連接到暫存器型態的訊號。

雙向

雙向埠不管是在模組內，或外都必須連接到接線的型態。

輸出入埠的寬度

在 Verilog 中允許輸出入埠的內外連接寬度不同的訊號，但模擬器應該發出警告的訊號。

浮接的輸出入埠

Verilog 允許輸出入埠可以浮接，例如應用來除錯的時候，不需要接到任何的訊號，就可以將它浮接。底下是一個浮接的例子：

```
    fulladd4    fa0(SUM,    ,A,B,C_IN) ;    // 輸出埠 c_out 浮接
```

非法的輸出入埠連接範例

底下在範例 4-6 將以一個非法的範例，來說明輸出入埠的連接規定，在範例 4-5 中我們在一個模擬方塊 Top 中，引用範例 4-3 fulladd4 模組的別名。如下所示：

範例 4-6　　非法的輸出入埠連接

```
module    Top;

// 宣告連接用的變數
reg   [3:0] A,B ;
reg   C_IN ;
reg   [3:0] SUM ;
wire  C_OUT ;

// 引用模組 fulladd4 並取別名為 fa0
fulladd4 fa0(SUM,C_OUT,A,B,C_IN);
```

```
// 這是一個非法的連結，因為模組 fulladd4 的輸出埠連接到一個
// 型態為 reg 的 SUM 變數上。
  .
  .
  < stimulus >
  .
  .
endmodule
```

在這範例中我們可以看到 fa0 的輸出埠 sum，輸出到一個暫存器 SUM 是錯誤的，因此必須要把 SUM 的型態改成接線(wire)。

4.2.4　輸出入埠與外部訊號連接的方法 (Connecting Ports to External Signals)

將一個模組的輸出入埠，與外部訊號連接的方法有兩種，這兩種方法需要分開使用，而且不可以在同一個引用模組的別名中使用。

依照定義模組時輸出入埠的列表順序來連接

這個方法對於初學者而言是最直覺的方法，依照定義這個模組時的輸出入埠列表順序，將外部訊號接到引用這個模組的別名上。範例 4-7 再次引用範例 4-3 定義的 fulladd4 模組的別名，在 Top 方塊中，外部的訊號 SUM、C_OUT、A、B 與 C_IN，連接到別名 fa_ordered 的順序是照著 fulladd4 模組定義的輸出入埠的列表順序 sum、c_out、a、b 與 c_in 的順序。

範例 4-7　依照輸出入埠的列表順序連接

```
module  Top;

// 宣告用來連接的變數
reg  [3:0] A,B;
```

Chapter 4

```
reg  C_IN;
wire [3:0] SUM;
wire C_OUT;

  // 引用模組 fulladd4 並取別名為 fa_ordered/
  // 訊號依照輸出入埠的列表宣告的順序連接
  fulladd4 fa_ordered(SUM,C_OUT,A,B,C_IN);
  ...
  < stimulus >
  ...
endmodule

module fulladd4(sum, c_out, a, b, c_in);
output [3:0] sum;
output c_cout;
input [3:0] a, b;
input c_in;
  ...
  < module internals >
  ...
endmodule
```

用指定名稱的方法 (Connecting ports by name)

　　對一個大的設計而言，一個模組擁有超過 50 個輸出入埠是經常有的事，此時要詳記輸出入埠列表的順序，就非常的困難而容易出錯。Verilog 為此提供了一個，藉由指定輸出入埠的名稱，將外界訊號連接到輸出入埠的方法，使用這個方法就不需要考慮到輸入訊號，需要對應輸出入埠的列表順序的問題。範例 4-7 可用這個方法改寫如下，注意這裡連接的順序並沒有依照模組定義時的輸出入埠的列表順序。

```
// 訊號依照指定埠的名稱的方式連接
fulladd4 fa_byname(.c_out(C_OUT), .sum(SUM), .b(B), .c_in
   (C_IN), .a(A),);
```

注意，只有需要與外部連接的輸出入埠，才被指定名稱連接，其餘不需要連接的埠的名稱，就可以不用寫出，如上面例子中若埠 c_out 不想與外面的訊號相連，只要不寫出來即可，如下面所示。

```
// 訊號依照指定埠的名稱的方式連接
fulladd4 fa_byname(.sum(SUM),.b(B),.c_in(C_IN),.a(A),);
```

這種方法最大的好處，就是不需要記憶輸出入埠的列表順序，但相對的需要記住埠的名稱。

4.3　階層化的取名方法 (Hierarchical Names)

在前面我們曾經說過 Verilog 支援階層化的設計方法，而對於每個模組的別名、變數、訊號都賦予一個名字來作區別，階層化的取名方法允許對於設計中的每個需要辨別的識別物，如別名、變數、訊號等都有一個單一且能代表所屬階層的名字。階層化的名稱架構是由一連串所屬階層的名字，加上本身的名字所組成，名字與名字中間用點 (".") 分開。首先我們把最上層，沒有被其他模組引用的模組稱為 root 模組，從這為起始點，依照整個架構的樹狀圖來搜尋，用前面範例 4-1 的 SR 閂模擬來作例子，就如下圖一般。

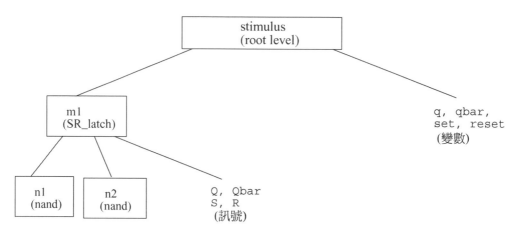

圖 4-5　SR 閂模擬模組的階層化架構圖

在這例子中觸發 (stimulus) 模組，因沒有被其他的模組所引用，所以稱為 root 模組，在這模組中的識別物有 q、qbar、set 與 reset。在 root 模組中有一個 SR_latch 的模組別名叫做 m1，m1 中包含有兩個 nand 閘 n1 與 n2，與 Q、Qbar、S 與 R 的訊號名稱，由此搜尋下來並在每個名稱中以點 (".")隔開就可得如範例 4-8 的結果。

範例 4-8　階層化架構名稱 (Hierarchical Names)

```
stimulus                  stimulus.q
stimulus.qbar             stimulus.set
stimulus.reset            stimulus.m1
stimulus.m1.Q             stimulus.m1.Qbar
stimulus.m1.S             stimulus.m1.R
stimulus.n1               stimulus.n2
```

要顯示階層的階數，只需要在 $display 中加入 %m 即可，詳細可參考表 3-4。

4.4　總　結 (Summary)

● 模組定義包含以下各個部份，其中關鍵字 module 與 endmodule 和模組名稱是一定要的，其餘的部份包含有：輸出入埠的列表 (Port List)、埠的宣告 (Port Declarations)、變數與訊號的宣告 (Variable and Signal Declarations)、資料處理敘述 (Dataflow Statments)、行為模式區塊 (Behavioral blocks)、低階層次模組的引用 (Lower-Level Module Instantiations)、任務 (Task) 或是函數 (Functions)，這些部份是視設計的需要再加入即可。

● 埠提供一個模組與周遭環境的溝通介面。一個需要與外界訊號溝通的模組皆有一個輸出入埠的列表，在輸出入埠列表中的每個埠依照其方向分別宣告為 input、output 或是 inout，當引用一個模組時對於埠與訊號的連接必須遵守 Verilog 的規定。

● 埠的連接方法有依照輸出入埠的列表的順序，與指定名稱兩種方式。

● 在設計中任何一個變數、訊號或是別名都有一個單一階層化名稱，藉由這個階層化的名稱，我們可以在其他的階層等級，定位到這個我們所需要的別名、訊號或是變數。

4.5　習　題 (Exercises)

1. 模組中基本的元件是什麼？又有那些個元件是必要的？

2. 一個不需要與外界溝通的模組是否需要輸出、輸入輸出入埠的列表？在宣告這樣的模組的時候需要宣告輸出入埠的列表嗎？

3. 一個四位元的平行移位暫存器，其輸出入腳如下圖所示，請以 shift_reg 為模組名稱，寫出這個模組的定義，包括輸出入埠的列

Chapter 4

表部分,但不需要寫出內埠的詳細描述。

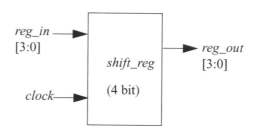

4. 以 stimulus 為模組名稱,宣告一個高層次的模組,並以 reg 定義 REG_IN (四位元)、CLK (一位元),以 wire 定義 REG_OUT (四位元),引用模組 shift_reg 取別名為 sr1,依照 shift_reg 輸出入埠的列表的順序,將輸出與輸入連接起來。

5. 如習題 4 將輸出入埠的列表,以指定名稱的方法連接起來。

6. 寫出變數 REG_IN、CLK 與 REG_OUT 的階層化架構名稱。

7. 寫出別名 sr1 的階層化架構名稱,並寫出其埠 clock 與 reg_in 的階層化架構名稱。

第 **5** 章

邏輯閘層次模型
(Gate-level Modeling)

5.1 閘的種類

5.2 閘的延遲

5.3 總　結

5.4 習　題

VERILOG

Hardware Descriptive Language

　　這一章我們將使用Verilog做實際電路模型。我們曾經提過有四種抽象層次可以描述硬體，這一章將說明如何使用較低層次的邏輯閘層次，現在大部份邏輯設計，大多採用邏輯閘層次或更高層次。邏輯閘層次是用閘 (Gate) 來描述電路，所以在邏輯閘層次設計電路，必須懂得基本的邏輯設計。在後續幾章中，我們將說明如何使用更高層次模型。而最低層次之開關層次 (Switch-Level)，在設計上較為低階繁瑣，並不在一般 Verilog 做高階設計時所使用，一般會應用在元件庫 (Cell Library) 部分，我們將於第十一章再行討論。

學習目標

- 說明 Verilog 事先定義好的邏輯閘。
- 瞭解 and、or、buf 和 not 閘的別名化、符號及真值表。
- 說明如何使用 Verilog 描述邏輯電路圖。
- 敘述邏輯閘層次設計中上升、下降和關閉延遲。
- 說明邏輯閘層次設計中 Min/Typ/Max 延遲。

5.1　閘的種類 (Gate Type)

　　Verilog 提供了兩種事先定義好的 (Primitive) 邏輯模型類別：And/Or 閘和 Buf/Not 閘。

5.1.1　And/Or 閘

And/Or

　　閘有一個純量輸出和多個純量輸入，而且閘的第一項為輸出，其他項皆為輸入。輸出會隨著輸入改變產生不同的結果，下列為 Verilog 可使用的 And/Or 閘。

```
and or xor
nand nor xnor
```

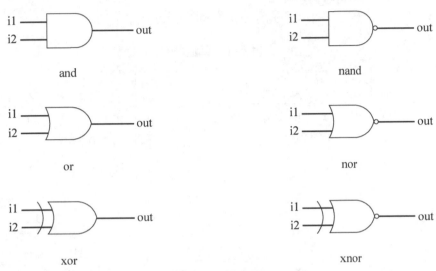

圖 5-1　基本閘

　　這些閘可以不用別名名稱 (instance name)。若輸入多於兩個以上時，可直接加上這些輸出入埠，Verilog 會自動找到相符的閘。

範例 5-1　And/Or 閘的取別名

```
wire OUT, IN1, IN2;

// 基本閘的取別名
and a1(OUT, IN1, IN2);
nand na1(OUT, IN1, IN2);
or or1(OUT, IN1, IN2);
nor nor1(OUT, IN1, IN2);
xor x1(OUT, IN1, IN2);
xnor nx1(OUT, IN1, IN2);
// 輸入多於二、三個輸入的及閘。
```

Chapter 5

```
nand na1_3inp(OUT, IN1, IN2, IN3);

// 閘的取別名不需別名名稱
and (OUT, IN1, IN2); // 合法閘的取別名
```

表 5-1　真值表

and		i1				nand		i1		
		0	1	x	z			0	1	x	z
	0	0	0	0	0		0	1	1	1	1
i2	1	0	1	x	x	i2	1	1	0	x	x
	x	0	x	x	x		x	1	x	x	x
	z	0	x	x	x		z	1	x	x	x

or		i1				nor		i1		
		0	1	x	z			0	1	x	z
	0	0	1	x	x		0	1	0	x	x
i2	1	1	1	1	1	i2	1	0	0	0	0
	x	x	1	x	x		x	x	0	x	x
	z	x	1	x	x		z	x	0	x	x

xnr		i1				xnor		i1		
		0	1	x	z			0	1	x	z
	0	0	1	x	x		0	1	0	x	x
i2	1	1	0	x	x	i2	1	0	1	x	x
	x	x	x	x	x		x	x	x	x	x
	z	x	x	x	x		z	x	x	x	x

5.1.2　Buf/Not 閘

　　Buf/Not 閘有一個純量輸入和多個純量輸出，且閘的最末項為輸入，其他項皆為輸出。下列為 Verilog 可使用的 Buf/Not 閘。

```
buf not
```

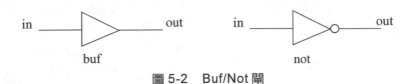

圖 5-2　Buf/Not 閘

範例 5-2　Bur/Not 閘的取別名

```
// 基本閘的取別名
buf b1(OUT1, IN);
not n1(OUT1, IN);
// 輸出多於二
buf b1_2out(OUT1, OUT2, IN);
// 閘的取別名不需別名名稱
not (OUT1, IN); // 合法閘的取別名
```

表 5-2　真值表

buf	in	out		not	in	out
	0	0			0	1
	1	1			1	0
	x	x			x	x
	z	x			z	x

Bufif/notif 閘

　　Bufif/notif 閘是 Buf/Not 閘加上一控制信號。

Chapter 5

```
bufif1    notif1
bufif0    notif0
```

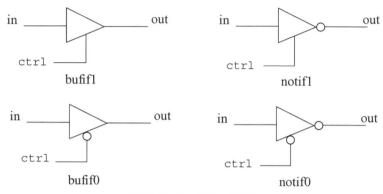

圖 5-3　Bufif/notif 閘

表 5-3　真值表

	bufif1	ctrl 0	1	x	z
in	0	z	0	L	L
	1	z	1	H	H
	x	z	x	x	x
	z	z	x	x	x

	bufif0	ctrl 0	1	x	z
in	0	0	z	L	L
	1	1	z	H	H
	x	x	z	x	x
	z	x	z	x	x

	notif1	ctrl 0	1	x	z
in	0	z	1	H	H
	1	z	0	L	L
	x	z	x	x	x
	z	z	x	x	x

	notif0	ctrl 0	1	x	z
in	0	1	z	H	H
	1	0	z	L	L
	x	x	z	x	x
	z	x	z	x	x

範例 5-3　取別名 bufif/notif 閘

```
// 取別名 bufif 閘
bufif1 b1 (out, in, ctrl);
bufif0 b0 (out, in, ctrl);

// 取別名 notif 閘
notif1 n1 (out, in, ctrl);
notif0 n0 (out, in, ctrl);
```

5.1.3　別名陣列 (Array of Instances)

　　當有重複的模組需要重複一再使用時，以往需要一個個地宣告，數量一多便容易出現人工輸入的錯誤。在新的 Verilog 2001 的標準裡，可以利用別名陣列來做宣告，一次宣告多個模組別名，個別的輸出入埠利用向量的定址來做區分。在底下的例子中，可以看到如何善用別名陣列。

範例 5-4　別名陣列

```
wire [7:0] OUT, IN1, IN2;

// basic gate instantiations.
nand n_gate[7:0](OUT, IN1, IN2);

// 上面的敘述相當於一次宣告八個模組別名，特別注意輸出入埠的定址關係。
nand n_gate0(OUT[0], IN1[0], IN2[0]);
nand n_gate1(OUT[1], IN1[1], IN2[1]);
nand n_gate2(OUT[2], IN1[2], IN2[2]);
nand n_gate3(OUT[3], IN1[3], IN2[3]);
nand n_gate4(OUT[4], IN1[4], IN2[4]);
nand n_gate5(OUT[5], IN1[5], IN2[5]);
nand n_gate6(OUT[6], IN1[6], IN2[6]);
nand n_gate7(OUT[7], IN1[7], IN2[7]);
```

5.1.4 範例 (Examples)

邏輯閘層次多工器

我們將設計一個四對一的多工器,假設其 s1 和 s0 不可能出現 x 或 z 的信號。

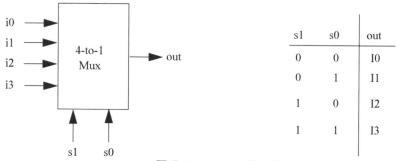

s1	s0	out
0	0	I0
0	1	I1
1	0	I2
1	1	I3

圖 5-4　4-to-1 多工器

圖 5-5 是一個多工器的邏輯電路,範例 5-5 是相對的 Verilog 程式。

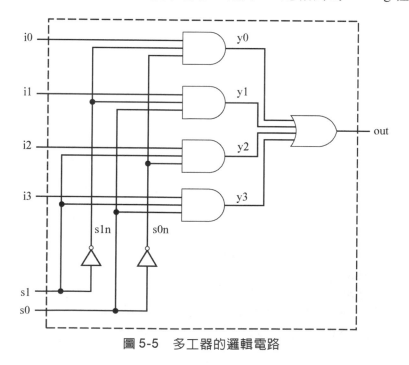

圖 5-5　多工器的邏輯電路

範例 5-5　多工器的 Verilog 程式

```verilog
// 從 I/O 圖示中輸出入埠表示，建立 4-to-1 多工器的模組。
module mux4_to_1 (out, i0, i1, i2, i3, s1, s0);

// 宣告輸出入埠
output out;
input i0, i1, i2, i3;
input s1, s0;

// 宣告內部接線
wire s1n, s0n;
wire y0, y1, y2, y3;

// 閘的取別名

// 產生 s1n 和 s0n 信號
not(s1n, s1);
not(s0n, s0);

// 三輸入及閘之取別名
and (y0, i0, s1n, s0n);
and (y1, i1, s1n, s0);
and (y2, i2, s1, s0n);
and (y3, i3, s1, s0);

// 四輸入或閘之取別名
or (out, y0, y1, y2, y3);

endmodule
```

Chapter 5

　　範例 5-6 是這一個 Verilog 程式的模擬程式，其功能會核對每一組選擇信號 (s1, s0)。

範例 5-6　模擬程式

```
// 定義模擬模組(無輸出入埠)
module stimulus;

// 宣告連接輸入之變數
reg IN0, IN2, IN3;
reg S1, S0;

// 宣告輸出接線
wire OUTPUT;

// 多工器的取別名
mux4_to_1 mymux(OUTPUT, IN0, IN1, IN2, IN3, S1, S0);

// 定義模擬模組 (無輸出入埠)

// 輸入模擬
initial
begin
// 設定輸入
IN0 = 1; IN1 = 0; IN2 = 1; IN3 = 0;
#1 $display("IN0 = %b, IN1 = %b, IN2 = %b, IN3 = %b\n",
    IN0, IN1, IN2, IN3);

// 選擇 IN0
S1 = 0; S0 = 0;
#1 $display("S1 = %b, S0 = %b, OUTPUT = %b \n", S1, S0,
    OUTPUT);
```

```
// 選擇 IN1
S1 = 0; S0 = 1;
#1 $display("S1 = %b, S0 = %b, OUTPUT = %b \n", S1, S0,
   OUTPUT);

// 選擇 IN2
S1 = 1; S0 = 0;
#1 $display("S1 = %b, S0 = %b, OUTPUT = %b \n", S1, S0,
   OUTPUT);

// 選擇 IN3
S1 = 1; S0 = 1;
#1 $display("S1 = %b, S0 = %b, OUTPUT = %b \n", S1, S0,
   OUTPUT);
end

endmodule
```

輸出結果如下：

```
IN0 = 1, IN1 = 0, IN2 = 1, IN3 = 0
S1 = 0, S0 = 0, OUTPUT = 1
S1 = 0, S0 = 1, OUTPUT = 0
S1 = 1, S0 = 0, OUTPUT = 1
S1 = 1, S0 = 1, OUTPUT = 0
```

4-bit 全加器

圖 5-6 是一個一位元的全加器邏輯電路。

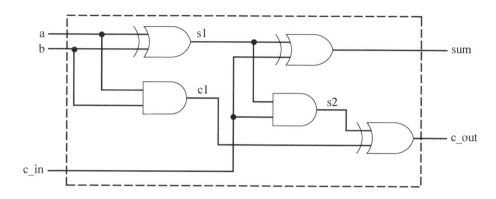

圖 5-6　一位元全加器

範例 5-7 是相對於圖 5-6 的 Verilog 程式。

範例 5-7　一位元全加器的 Verilog 程式

```
// 定義一位元全加器
module fulladd(sum, c_out, a, b, c_in)

// 宣告輸出入埠
output sum, c_out;
input a, b, c_in;

// 宣告內部接線
wire s1, c1, c2;

// 閘的取別名
xor(s1, a, b);
and (c1, a, b);

xor (sum, s1, c_in);
and (c2, s1, c_in);
```

```
xor (c_out, c2, c1);
endmodule
```

範例 5-7 是由一位元的全加器組成四位元漣波進位全加器。

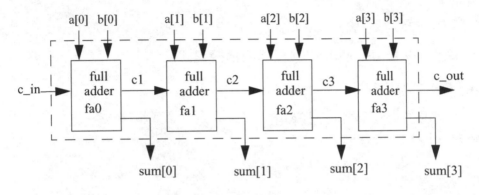

圖 5-7　四位元全加器

範例 5-8 是相對於圖 5-7 的 Verilog 程式。

範例 5-8　四位元漣波進位全加器

```
// 定義四位元全加器
module fulladd4(sum, c_out, a, b, c_in);

// 宣告輸出入埠
output [3:0] sum;
output c_out;
input [3:0] a, b;
input c_in;

// 宣告內部接線
wire c1, c2, c3;
```

Chapter 5

```
// 四個一位元全加器的取別名
fulladd fa0(sum[0], c1, a[0], b[0], c_in);
fulladd fa1(sum[1], c2, a[1], b[1], c1);
fulladd fa2(sum[2], c3, a[2], b[2], c2);
fulladd fa3(sum[3], c_out, a[3], b[3], c3);

endmodule
```

範例 5-9 是這一個 Verilog 程式的模擬程式。

範例 5-9　模擬程式

```
// 定義模擬模組（最高階層模組）
module stimulus;

// 設定變數
reg [3:0] A, B;
reg C_IN;
wire [3:0] SUM;
wire C_OUT;

// 四位元全加器的取別名，命名為 FA1_4。
fulladd4 FA1_4(SUM, C_OUT, A, B, C_IN);

// 設定監視信號
initial
begin
$monitor($time, "A= %b, B= %b, C_IN = %b, --- C_OUT= %b,
    SUM = %b\n", A, B, C_IN,
C_OUT, SUM);
end
```

```
// 模擬輸入
initial
begin
  A = 4'd0; B = 4'd0; C_IN = 1'b0;
  #5 A = 4'd3; B = 4'd4;
  #5 A = 4'd2; B = 4'd5;
  #5 A = 4'd9; B = 4'd9;
  #5 A = 4'd10; B = 4'd15;
  #5 A = 4'd10; B = 4'd5; C_IN = 1'b1;
end

endmodule
```

模擬結果如下：

```
0 A = 0000, B = 0000, C_IN = 0, --- C_OUT = 0, SUM = 0000
5 A = 0011, B = 0100, C_IN = 0, --- C_OUT = 0, SUM = 0111
10 A = 0010, B = 0101, C_IN = 0, --- C_OUT = 0, SUM = 0111
15 A = 1001, B = 1001, C_IN = 0, --- C_OUT = 1, SUM = 0010
20 A = 1010, B = 1111, C_IN = 0, --- C_OUT = 1, SUM = 1001
25 A = 1010, B = 0101, C_IN = 1, --- C_OUT = 1, SUM = 0000
```

5.2　閘的延遲 (Gate Delays)

5.2.1　上昇、下降，和關閉延遲 (Rise、Fall，and Turn-off Delays)

上昇延遲

是指輸出由其他值上昇至 1 所經過的延遲。

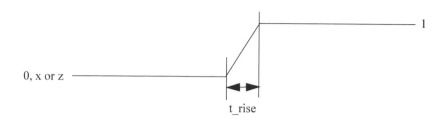

下降延遲

是指輸出由其他值降至 0 的延遲。

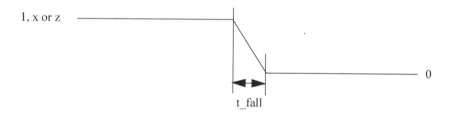

關閉延遲

關閉延遲是指輸出由其他值轉至 z 的延遲。

如果是轉至 x 的延遲，則取上述延遲中之最小值。如果有二個延遲被設定，則分別爲上昇延遲和下降延遲，而關閉延遲是二者中之最小值。若只有一個延遲被設定，則三個延遲皆爲同值。若無設定則皆爲零。

範例 5-10 延遲設定的型態

```
// 所有轉換延遲 delay_time 時間
and #(delay_time) a1(out, i1, i2);

// 上昇和下降延遲的設定
and #(rise_val, fall_val) a2(out, i1, i2);

// 上昇，下降和關閉延遲的設定
```

```
bufif0 #(rise_val, fall_val, turnoff_val) b1(out, in, con-
   trol);
```

```
and #(5) a1(out, i1, i2); // 所有轉換延遲 5 單位時間
and #(4,6) a2(out, i1, i2); // 上升 = 4、下降 = 6。
bufif0 #(3,4,5) b1(out, in, control); // 上升 = 3、下降 = 4、
   // 關閉 = 5。
```

5.2.2　Min/Typ/Max 數值

每一種型態的延遲皆有三種數值：

Min

設計者所期望的最小延遲數值。

Typ

設計者所期望的典型延遲數值。

Max

設計者所期望的最大延遲數值。

這三個數值是在 Verilog 執行時用+maxdelays、+typdelays、+mindelays 去控制，內定值是 typdelays。

範例 5-11 最大，典型，最小延遲數值

```
// 一個延遲參數
// if +mindelays, delay=4
// if +typdelays, delay= 5
// if +maxdelays, delay=6
and #(4:5:6) a1(out, i1, i2);
```

Chapter 5

```
// 二個延遲參數
// if +mindelays, rise=3, fall=5, turn-off = min(3,5)
// if +typdelays, rise=4, fall=6, turn-off = min(4,6)
// if +maxdelays, rise=5, fall=7, turn-off=min(5,7)
and #(3:4:5, 5:6:7) a2(out, i1, i2);

// 三個延遲參數
// if +mindelays, rise=2, fall=3, turn-off=4
// if +typdelays, rise=3, fall=4, turn-off=5
// if +maxdelays, rise=4, fall=5, turn-off=6
and #(2:3:4, 3:4:5, 4:5:6) a3(out, i1, i2);
```

假設含有延遲模組的檔案為 test.v。

```
// 用最大延遲模擬
verilog test.v +maxdelays

// 用最小延遲模擬
verilog test.v +mindelays

// 用典型延遲模擬
verilog test.v +typdelays
```

5.2.3 延遲的範例 (Delay Example)

D是一個簡單的模組，其功能為 out＝(a · b)＋c，邏輯閘圖為圖 5-8，範例 5-12 是相對的程式。

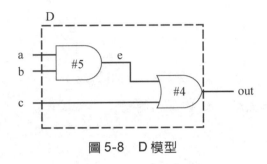

圖 5-8　D 模型

範例 5-12 用 Verilog 定義模組 D

```
// 定義一簡單組合邏輯模組 D
module D (out, a, b, c);

// 宣告輸出入埠
output out;
input a, b, c;

// 宣告內部接線
wire e;

// 使用基本閘的取別名架構電路
and #(5) a1(e, a, b); // 閘 a1 延遲 5
or #(4) o1(out, e,c); // 閘 o1 延遲 4
endmodule
```

範例 5-13 模擬 D 模組

```
// 模擬 (最高階層模組)
module stimulus;

// 宣告變數
reg A, B, C;
```

```
wire OUT;

// 取別名 module D
D d1 (OUT, A, B, C);

// 輸入模擬，模擬結束於 40 單位時間。
initial
begin
  A= 1'b0; B= 1'b0; C= 1'b0;
  #10A= 1'b1; B= 1'b1; C= 1'b1;
  #10A= 1'b1; B= 1'b0; C= 1'b0;
  #20 $finish;
end

endmodule
```

圖 5-9 是模擬得到的波形圖。

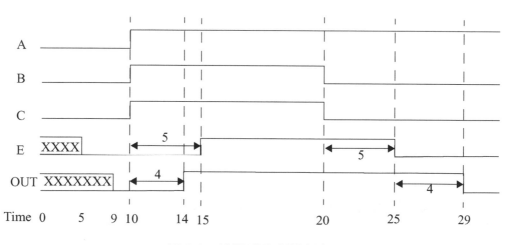

圖 5-9　模擬延遲時間波形圖

5.3　總　結 (Summary)

本章中我們討論了如何建立邏輯閘層次的模型，並深入瞭解其中的細節。

○ 說明 Verilog 事先定義好的邏輯閘，and、or、buf 和 not 閘的別名化、符號及真值表。當輸入有變化時，輸出亦會有變化。

○ 可以利用陣列的方式一次定義多個使用者定義好的模組或是系統所提供的模組。

○ 邏輯閘層次的設計一般都由於邏輯電路圖開始做，使用定義好的邏輯閘撰寫 Verilog 程式，提供一個測試圖樣 (stimulus)，並觀察輸出的正確性。

○ 三種型態的延遲：上昇、下降和關閉延遲，在每一個閘可以定義一個、二個或三個延遲。

○ 每一個型態的延遲皆能定義最小、典型、最大延遲數值，使用者可在模擬時決定使用何種值。

○ 若閘的延遲時間為 t，則在輸入改變後 t，輸出才會改變。

5.4　習　題 (Exercises)

1. 用二輸入及閘架構自己的二輸入邏輯閘：my-or，my-and 和 my-not，並測試其功能。

2. 用 my_or，my_and 和 my_not 架構一個 xor 閘。

3. 一位元的加法器布林函數如下：

    sum= a.b.c_in+a'.b.c_in'+a'.b'.c_in+a'.b'.c_in'

    c_out=a.b+b.c_in+a.c_in

    使用 and，or (其最大輸入為 4) 和 not 架構這一個加法器，並驗證其功能。

4. 一個 RS 閂的邏輯電路如下，使用 Verilog 架構這一個電路，並用下面的真值表驗證其功能。

Chapter 5

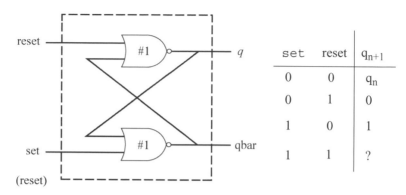

set	reset	q_{n+1}
0	0	q_n
0	1	0
1	0	1
1	1	?

5. 中文說明沒有：(設計一個 2-to-1 多工器，使用 bufif0 和 bufif1 邏輯閘如下圖所示)

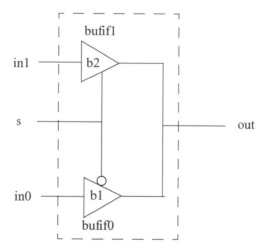

閘極 b1 與 b2，延遲規格如下：

應用測試輸出值

	Min	Typ	Max
Rise	1	2	3
Fall	3	4	5
Turnoff	5	6	7

第 6 章

資料處理模型
(Dataflow Modeling)

6.1 持續指定的描述

6.2 延　遲

6.3 運算式、運算子與算元

6.4 運算子的種類

6.5 例　題

6.6 總　結

6.7 習　題

VERILOG
Hardware Descriptive Language

　　前面第五章所述邏輯閘模型的設計方法，只適用於較小的電路設計，因為在小電路中邏輯閘的數目有限，設計者可以分別的引用，並連接各個邏輯閘。同時以邏輯閘設計電路的方法，對於學習邏輯設計的人而言，是較直接且熟悉的，但是通常一個大型的電路，常常包含數以百萬計的邏輯閘，此時邏輯閘模型的方法，就顯得相當的不方便與不切實際。目前也少有公司能夠傾全力以手動的方式，用邏輯閘來"組成"整個設計。因此讓設計者在比邏輯閘層次更高的抽象層次上，專注於功能的實現是比較有效率的作法。對此 Verilog 提供了一個資料處理模型的方法來幫助我們，使設計工作能更有效率，而邏輯合成(Logic Syhthesis)的工具，則能幫助我們將資料處理層次的設計，轉成相對應的邏輯閘線路。由於邏輯合成工具日益精細成熟，資料處理模型已成最常用的設計方法。

　　此外，為使設計更有效率，Verilog 可將不同層次的描述方法(如邏輯閘層次、資料處理及行為描述層次)在同一個模組中摻雜使用 。其中在數位設計的領域裡，又以結合了資料處理層次，與行為描述層次的暫存器轉移層次(Register Transfer Level)最常被使用。

學習目標

- 瞭解關鍵字持續指定(assign)的使用方式、限制與隱含式持續指定的用法。
- 瞭解指定延遲、隱含指定延遲與接線宣告延遲等三種不同描述線路中延遲的用法。
- 定義描述、運算子與運算元。
- 列出所有可能用到的運算子—算術、邏輯、關係、相等、位元、簡化、移位、連結與條件等運算子。
- 利用 Verilog 資料處理方式來練習設計一些數位電路。

6.1 持續指定的描述(Continuous Assignments)

持續指定(Continuous Assignment)是在資料處理的層次中，對一條接線指定其邏輯值的最基本用法。這種指定的方式以較高的抽象層次取代了電路裡邏輯閘的描述。與邏輯閘描述的設計方式相較之下，持續指定的方式不僅較簡潔，且更有效率。持續指定的方式在Verilog中使用關鍵字 assign 來描述，其格式如下：

```
// 指定描述的語法
 continuous_assign::= assign [drive_strength] [delay]
   list_of_assignments ;
list_Of_net_assignments ::=net_assignment{,net_assign-
   ment}
net_assignment ::=net_lvalue = expression
```

其中驅動強度(drive_strength)在 3.2.1 節中，對於接線的驅動強度已有詳細的說明，這裡不再重複的解說。若無特別指定，則在Verilog中的預設值為 strong1 與 strong0。延遲(Delay)則描述一條線的值，發生變化所需要的時間，如同在前一章中邏輯閘的延遲時間一樣。持續指定的特性有以下幾點：

1. 在指定敘述的左邊，必須是純量接線(scalar net)的單一條線，或是一個向量接線(vector net)，也可以是兩者的集合，但不能是一個純量暫存器或是向量暫存器。

2. 持續指定永遠處於活動的狀態，一旦敘述符號右邊的運算元的值發生變化時，其左邊指定那條線的值也會相對隨即改變。

Chapter 6

3. 在敘述右邊的運算元，可以是暫存器、接線或是一個函數呼叫，暫存器或接線可以是純量或是向量。

4. 延遲(Delay)是用來控制當指定敘述，需要更動等號左邊的接線值時，所需經過的延遲時間。其數值是以單位時間來計量，這與指定邏輯閘的延遲十分類似，這個方法在模擬實際電路的時序上非常有用。

以下的例子是用來說明持續指定敘述，裡頭所用的運算子在 6.4 節會有詳細的說明。此處的重點是 assign 敘述的用法。

範例 6-1 持續指定

```
// 持續指定。out、i1 及 i2 皆為接線型態之變數。
assign out = i1 & i2 ;


// 矩陣形式的持續指定，其中變數 addr 為一個 16 位元向量接線，
// addr1_bits 與 addr2_bits 為 16 位元向量暫存器。
assign  addr[15:0] = addr1_bits[15:0] ^ addr2_bits[15:0] ;


// 連結運算運用在持續指定。左手邊是一個純量接線變數，與一個 4 位元
   的向量接線向量變數之連結。
assign  {c_out , sum[3:0]}  = a[3:0] + b[3:0] + c_in;
```

以下我們討論接線持續指定的速寫法。

6.1.1　隱含式的持續指定(Implicit Continuous Assignment)

除了前面用關鍵字 assign 的方式外，我們也可以在宣告接線的時候，一併加上持續指定的敘述，效果是一樣的。每個接線只能有一個隱含式的持續指定，因為一個接線只能被宣告一次。如以下所示：

```
// 正規式的持續指定
wire out;
assign out = in1 & in2 ;

// 隱含式的持續指定，與上面正規式的持續指定描述，有相同的效果。
wire out = in1 & in2 ;
```

6.1.2　隱含式的接線宣告(Implicit Net Declaration)

在對一條未經宣告的訊號使用隱藏式的持續指定時，該訊號會自動被宣告為接線。如果該接線連接到模組的埠上，接線的寬度會等同於由該輸出入埠的寬度。這一部份的自動化宣告功能，依照不同Verilog模擬器的設計略有不同，使用前務必確認模擬器的這項功能。

```
// 持續指定：out 為一個接線。
wire i1, i2;
assign out = i1 & i2; // 訊號 out 並未被宣告為接線。不過因為隱
                      // 含持續指定的緣故，模擬器會自動完成這
                      // 項宣告。
```

6.2　延　遲(Delays)

這裡延遲的意思，是指一個 assign 右邊的值發生變化到相對應左邊的值，發生變化所需的時間。在Verilog中指定延遲的方法有三種：正規指定延遲(Regular Assignment Delay)、隱含式指定延遲(Implicit Continuous Assignment Delay)與接線宣告延遲(Net Declaration Delay)。

6.2.1　正規指定延遲(Regular Assignment Delay)

第一種方法是直接在關鍵字 assign 後面加上延遲的描述，如下面的例子：

```
assign #10 out = in1 & in2; // 在一個持續指定中描述延遲的方法
```

上例中，當 in1 或是 in2 的值發生變化時，相對應到 out 值發生變化所需的時間為十個時間單位，即當 in1 或 in2 發生變化，到十個時間單位後 in1 & in2 的結果才會傳到 out。這樣的延遲我們稱之為慣性延遲(InertialD Delay)，而當輸入突波(Pulse)的時間寬度小於延遲的時候，則輸入所引發的變化將不會傳到輸出。上例中，其模擬的波形如下圖 6-1 所示：

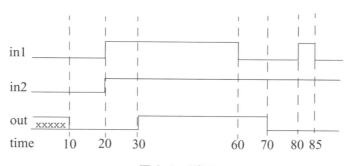

圖 6-1　延遲

在圖 6-1 中注意以下幾個變化：

● 當 in1 與 in2 在時間等於 20 時變為邏輯 1，相對的 out 延遲了 10 個時間單位，在時間等於 30 的時候才變為邏輯 1。

● 當 in1 在時間等於 60 變為邏輯 0 時，相對的 out 在時間等於 70 的時候變為邏輯 0。

● 然在，對於在時間等於 80，in1 變為邏輯 1，等到時間等於 85 時 in1 變為邏輯 0 這一段，因為時間間隔等於 5，小於延遲值(10)，所以相對應的變化就沒有傳到 out。

這種慣性延遲的特性，也適用在邏輯閘的延遲特性，詳細的情形已經在第五章中討論過了，這裡不再詳加說明。

6.2.2 隱含式連續指定延遲(Implicit Continuous Assignment Delay)

第二種方法是配合前面所提的隱含式的指定敘述，我們可以在宣告一條接線時，同時立即指定這條接線的輸入敘述，和輸入到輸出的延遲，如下面所提的例子：

```
// 隱含式持續指定描述延遲的方法
wire #10 out = in1 & in2;


// 相同於
wire out;
assign #10 out = in1 & in2 ;
```

這種方法與第一種方法的效果是相同的，並沒有什麼樣的差別。

6.2.3 接線宣告延遲(Net Declaration Delay)

第三種方法則是在一條接線宣告的時候，只指定這條接線的延遲，這條接線的敘述則用關鍵字 assign 來指定，如下面的例子：

```
// 宣告一個 net 變數 out 的延遲時間為 10 個時間單位
wire #10 out;
assign out = in1 & in2;


// 上面的寫法與下面的寫法有相同的效果
wire out;
assign #10 out = in1 & in2;
```

Chapter 6

接線宣告延遲也可以用在邏輯閘層次的模型中。

在討論了持續指定與延遲描述的方法後，我們再來就是要詳細的說明運算式、運算子與運算元的關係。

6.3　運算式、運算子與運算元(Expressions、Operators and Operands)

資料處理模型藉由不同的運算來描述電路設計，而非用Verilog提供的主要邏輯閘來描述。因此資料處理模型主要由運算式(Expressions)、運算子(Operators)以及運算元(Operands)構造。

6.3.1　運算式(Expressions)

運算式結合運算元與運算子而產生一個結果，如下例所示：

```
// 結合運算元與運算子的運算式範例
a^b
addr1[20:17] + addr2[20:17]
in1 | in2
```

6.3.2　運算元(Operands)

運算元的資料型態可以是 3.2 節中，所提的任何一種資料型態，有些指定只能接受某些個特殊的運算元。運算元的資料型態包括常數(Constants)、整數(Integers)、實數(Real Numbers)、接線(Nets)、暫存器(Registers)、時間(Times)、位元選擇(Bit-Select)(指定向量接線或向量暫存器中的特定位元)、部分向量選擇(Part-Select)(選擇向量接線或向量暫存器的多個位元)、記憶體(Memories)或是函數的回傳值(Function Calls)等等。

```
integer count, final_count;
final_count = count + 1; // count 是一個整數運算元
real a, b, c;
c = a - b; // a 與 b 是實數

reg[15:0] reg1, reg2;
reg[3:0] reg_out;
reg_out = reg1[3:0] ^ reg2[3:0]; // reg[3:0]與 reg2[3:0]是
                                 // 一個向量暫存器的一部份

reg ret_value;
ret_value = calculate_parity(A, B); // calculate_parity是
                                    // 一個函數型態的運算元
```

6.3.3　運算子 (Operators)

運算子作用在運算元上，以得到想要的結果。Verilog 提供各式各樣的運算子，這在 6.4 節中會詳細說明。

```
d1 && d2 // &&是一個運算子，作用在 d1 及 d2 上。
!a[0]    // ! 是一個運算子，作用在 a[0]上。
B1>>1    // >> 是一個運算子，作用在 B 及 1 上。
```

6.4　運算子的種類 (Operator Types)

Verilog 提供各式不同的運算子，包括算術運算(Arithmetic)、邏輯運算(Logical)、比較運算(Relational)、相等運算(Equality)、位元運算(Bitwise，逐位元運算)、化簡運算(Reduction)、移位運算(Shift)、連結運算(Concatenation)以及條件運算(Conditional)。

Chapter 6

　　有些運算子與 C 程式所使用的運算子類似，每一個運算子都有相對應的符號。

　　表 6-1 所列的是 Verilog 所支援的各種運算符號，依不同型態分類：

表 6-1　運算子的種類與符號

運算子種類	符號	運算功能	所需的運算元數目
算術運算符號	*	乘法	2
	/	除法	2
	+	加法	2
	−	減法	2
	%	取餘數	2
	**	指數	2
邏輯運算符號	!	邏輯上的 "NOT"	1
	&&	邏輯上的 "AND"	2
	||	邏輯上的 "OR"	2
比較運算符號	>	大於	2
	<	小於	2
	>=	大於或等於	2
	<=	小於或等於	2
相等運算符號	==	等於	2
	!=	不等於	2
	===	事件上的等於	2
	!==	事件上的不等於	2
位元運算符號	~	逐位元反相(取 1 的補數)	1
	&	對相對位元作 "AND"	2
	|	對相對位元作 "OR"	2
	^	對相對位元作 "XOR"	2
	^~或~^	對相對位元作 "XNOR"	2

表 6-1　運算子的種類與符號(續)

運算子種類	符號	運算功能	所需的運算元數目
化簡的位元運算符號	&	化簡的 "AND"	1
	~&	化簡的 "NAND"	1
	|	化簡的 "OR"	1
	~|	化簡的 "NOR"	1
	^	化簡的 "XOR"	1
	^~或~^	化簡的 "XNOR"	1
移位運算符號	>>	向右移位	2
	<<	向左移位	2
	>>>	向右算術移位	2
	<<<	向左算術移位	2
連結運算符號	{}	連結	任意數目皆可
	{{}}	複製	任意數目皆可
條件運算符號	?:	做條件運算	3

6.4.1　算術運算子 (Arithmetic Operators)

在算術運算子，包含有兩種：二元運算子 (Binary Operator) 與一元運算子 (Unary Operator)。

二元運算子(Binary Operator)

二元的運算符號有乘(*)、除(/)、加(+)、減(-)、指數運算(**)與取餘數(%)，需要兩個運算元。

```
A = 4'b0011; B = 4'b0100; // A 與 B 是暫存器向量變數
D = 6; E = 4; F = 2; // D、E 與 F 是整數

A * B // 將 A 與 B 相乘，結果是 4'b1100。
D/E // D 除以 E，結果是 1。小數部份被捨棄。
A+B // 將 A 與 B 相加，結果是 4'b0111。
B-A // B 減掉 A，結果是 4'b0001。
F=E**F; // E 的 F 次方，結果是 16。
```

Chapter 6

　　如果任一個運算元，有不確定值(x)的位元時，則其結果為不確定值
(x)。這是相當直覺的，因為運算元的值既然是不確定的，其結果當然也
是不確定的。

```
in1 = 4'b101x;
in2 = 4'b1010;
sum = in1 + in2; // sum 的結果是 4'bx
```

　　取餘數運算子為求取兩個運算元相除所得之餘數，功用跟C語言中
的取餘數運算一樣。

```
13 % 3 // 結果為1
16 % 4 // 結果為0
-7 % 2 // 結果為-1，正負符號要跟第一個運算元相同。
7 % -2 // 結果為+1，正負符號要跟第一個運算元相同。
```

一元運算子

　　正號(+)與負號(−)可當做一元運算子來使用。他們是用來表示一個
運算元的正負號，一元的正負號運算較二元的加減法要有較高的優先執
行順序。

```
-4 // 負4
+5 // 正5
```

　　要注意的是在 Verilog 中負數皆是以二的補數來表示，因此在 Verilog
中負數的型態，最好是整數或是實數，避免使用 <sss>'<base><nnn> 型態
的負數，因為他們會被轉換成無號的二的補數，而經常產生無法預期的
結果。

```
// 建議使用正數或是實數
-10 / 5 // 結果為-2
```

```
// 不要使用 <sss> '<base><nnn> 的型態來表示一個數
-'d10 / 5 // 相等於(10 的二補數)/ 5 = (2³² - 10)/5,
// 其中 32 代表預設的字元(word)的長度,
// 這將會導致一個不正確且不可預期的結果。
```

6.4.2　邏輯運算子(Logical Operators)

在邏輯運算子中有邏輯及(logic-and，&&)、邏輯或(logic-or，‖)與邏輯反(logic-not，！)，其中及(&&)與或(‖)為二元運算符號，反(!)為一元運算符號。對於邏輯運算符號有以下三點說明:

● 邏輯運算的結果會產生一個一位元的值，其中 1 代表真(True)、0 代表假(False)、x 代表不確定(Ambiguous)。

● 如果運算元不等於 0 則傳回邏輯 1，表示所得結果為真。所等於 0 則傳回邏輯 0，表示所得結果為假。如果運算元中有 x 或是 z 的位元時則傳回 x，這種情況在模擬器中通常被視為其結果為假。

● 邏輯運算子的運算元可以是一個變數，或者是一個運算式。

在此，我們建議在邏輯運算中，為了使人容易瞭解運算的相對關係與先後順序，使用刮號()是一個好方法。

```
// 邏輯運算
A = 3; B = 0;
A && B // 結果為 0，相同於(邏輯 1 && 邏輯 0)。
A || B // 結果為 1，相同於(邏輯 1 || 邏輯 0)。
!A     // 結果為 0，相同於 not(邏輯 1)。
!B     // 結果為 1，相同於 not(邏輯 0)。

// 不確定值
A = 2'b0x; B = 2'b10;
A && B // 結果為 x，相同於(x && 邏輯 1)，
// 運算式
```

Chapter 6

```
(a == 2)&&(b == 3)// 若是 a == 2，而且 b == 3 則結果為 1，
// 若其中一個為非，則結果為 0。
```

6.4.3　比較運算子 (Rational Operators)

　　比較運算子有大於(>)、小於(<)、大於或等於(>=) =、小於或等於(<
=) 四種。相比較的結果為真傳回 1，為假則傳回 0。當相互比較的兩個
運算元有一個其值，包含 x 或是 z 的位元時，則傳回 x 代表無法比較大
小。這裡的比較運算子，與在C語言中的比較運算子，在功能上是完全
一樣的。

```
// A = 4, B = 3
// X = 4'b1010, Y = 4'b1101, Z = 4'b1xxx
A <= B // 結果為邏輯 0
A > B　　// 結果為邏輯 1
Y >= X　// 結果為邏輯 1
Y < Z　// 結果為 x
```

6.4.4　相等運算子(Equality Operators)

　　相等運算有兩類：邏輯上的相等運算(相等==與不相等!=)與事件上
的相等運算(相等===與不相等!==)。當將此相等運算子運用在運算式時，
當結果為真則傳回 1，結果為假則傳回 0。在比較的時候，是將兩個運
算元逐一位元的相互比較，假使兩個相比較的運算元長度不一的時候，
較短的那個運算元就填0。事件上的相等運算較邏輯上的相等運算嚴格，
說明如表 6-2：

表 6-2　相等運算子

運算式	說明	可能傳回值
a==b	a 跟 b 相等，若是 a、b 中有 x 或是 z 的值的話則傳回 x。	0,1,x
a!=b	a 跟 b 不相等，若是 a、b 中有 x 或是 z 的值的話則傳回 x。	0,1,x
a===b	a 跟 b 相等，包括 x 和 z 的比較。	0,1
a!==b	a 跟 b 不相等，包括 x 和 z 的比較。	0,1

　　注意兩種相等運算不同之處。在邏輯相等運算上，如果任一個運算元內部有 x 或是 z 值的時候則傳回 x 值。在事件相等的運算上，若 a 內部含有 x 或是 z，則在 b 內相對應的位元位置，也需要是 x 或是 z 值，才表示兩個運算元是相等的。事件相等的運算上，其結果不會有 x 值。下面舉個例子來說明：

```
// A = 4, B = 3
// X = 4'b1010, Y = 4'b1101
// Z = 4'b1xxz, M = 4'b1xxz, N = 4'b1xxx

A == B  // 結果為邏輯 0
X != Y  // 結果為邏輯 1
X == Z  // 結果為 x
Z === M // 結果為邏輯 1(所有相對應的位元值，包括 x 與 z 皆相同)
Z === N // 結果為邏輯 0(最小位元值不相同)
M !== N // 結果為 1
```

6.4.5　位元運算子(Bitwise Operators)

　　位元運算子有反(Negation，~)、及(And，&)、或(or，|)、互斥或(xor，^)、反互斥或(xnor，^~ 或 ~^)，其運算是將兩個運算元作相對應逐一位元的

邏輯運算，假若兩個運算元的長度不一，則較短的那個運算元所欠缺的相對位元部分就補 0，以和長度較長的運算元長度相等。位元運算子的詳細運算情形如表 6-3 所示，其中 z 值的運算跟 x 值一樣。反運算只需要一個運算元，這是它跟其他的位元運算不同的地方。

表 6-3　位元運算子的真值表

bitwise and	0	1	x
0	0	0	0
1	0	1	x
x	0	x	x

bitwise or	0	1	x
0	0	1	x
1	1	1	1
x	x	1	x

bitwise xor	0	1	x
0	0	1	x
1	1	0	x
x	x	x	x

bitwise xnor	0	1	x
0	1	0	x
1	0	1	x
x	x	x	x

bitwise negation	result
0	1
1	0
x	x

位元運算子的例子如下：

```
// X = 4'b1010, Y = 4'b1101
// Z = 4'b10x1

~x      // 反運算，結果為 4'b0101。
X & Y // 位元及運算，結果為 4'b1000。
X | Y // 位元或運算，結果為 4'b1111。
```

```
X ^ Y // 位元互斥或運算，結果為 4'b0111。
X ^~Y // 位元反互斥或運算，結果為 4'b1000。
X & Z // 結果為 4'b10x0
```

位元運算子(~,＆與|)與邏輯運算子(!,&&與||)不同之處在於邏輯運算子，是針對兩個運算元的真假情況作運算，相對的位元運算子只是針對兩個運算元相對應的位元做運算。邏輯運算子只產生邏輯 0、1 或 x 值，而位元運算子則視運算元的寬度產生純量或向量，下面舉例說明：

```
// X = 4'b1010, Y = 4'b0000

X | Y  // 位元運算，結果為 4'b1010。
X || Y // 邏輯運算，相同於 1||0，結果為 1。
```

6.4.6 化簡運算子(Reduction Operators)

化簡運算子有及(&)、反及(~&)、或(|)、反或(~|)、互斥或(^)、反互斥或(^,~^)。化簡運算子與位元運算子相同，但是只有一個運算元，其運算是針對單一運算元的所有位元做邏輯上的運算，並輸出一個位元的結果。其符號與功能與在 6.4.5 節中的邏輯運算子一樣，不同的是他是針對單一運算元從右到左逐一位元的作運算，其中反及、反或、反互斥或是由及、或與互斥或的運算結果取邏輯反運算得到的。舉例說明如下：

```
// X = 4'b1010

&X // 相同於 1&0&1&0，結果為 1'b0。
| X // 相同於 1|0|1|0，結果為 1'b1。
^X// 相同於 1^0^1^0，結果為 1'b0。
// 化簡運算中的互斥或與反互斥或運算，可以用來計算一個向量變數的奇偶
// 性質(Odd or Even Parity)。
```

Chapter 6

　　邏輯運算、位元運算與化簡運算由於使用相似的運算子符號，因此十分容易混淆。這三類運算子主要的區別是運算元的數目，與產生的結果不同。

6.4.7　移位運算子(Shift Operators)

　　移位運算子包含有右移(>>)與左移(<<)，還有算術運算的右移(>>>)與算術運算的左移(<<<)。一般的左右移位乃是將一個向量運算元往右，或是往左移動特定的位元數，其中因移位空出的位元則是補 0。這裡的移位運算並不是環狀的移位運算，此類運算的運算元包括一個向量與要移位的位元數。如果是算數運算的左右移，會依照被移動的內容值，來決定空出的位元該補 0 或是 1。

```
// X = 4'b1100

Y = X >> 1; // 向右移位一位元，並在最高位元填 0 得 Y 值為 4'b0110。
Y = X << 1; // 向左移位一位元，並在最低位元填 0 得 Y 值為 4'b1000。
Y = X << 2; // 向左移位兩個位元得 Y 值為 4'b0000

integer a, b, c; // 有號整數宣告
a = 0;
b = -10; // 00111...10110 二的補數二進位表示法
c = a +(b >>> 3); // 結果為十進位-2，使用算術移位運算。
```

　　移位運算子是一個相當有用的運算子，因為在一般的乘法及其他的運算中，移位後相加是相當普遍的運算。

6.4.8　連結運算子 (Concatenation Operator)

　　連結運算子({,})，可以將不同的運算元連結成單一個運算元，其中欲連結的運算元其位元數必須要說明清楚，一個位元個數沒有說明清楚

的運算元是不可以連結的。序連運算是用一個大括號括起來，中間欲連結的運算原則彼此用逗號分開，其中運算元可以是單一條線、單一個暫存器，或是向量的接線、向量的暫存器，或是只是向量接線的一部份或是向量暫存器的一部份。舉例如下：

```
// A = 1'b1, B = 2'b00, C = 2'b10, D = 3'b110

Y = { B , C } // Y值為 4'b0010
Y = { A , B , C , D , 3'b001 } // Y值為 11'b10010110001
Y = { A , B[0] , C[1] } // Y值為 3'b101
```

6.4.9　複製運算子(Replication Operator)

複製運算子是將一個運算元複製指定的次數。其形式是一個複製次數的常數，值加上以大括號括住的欲複製的訊號，說明如下：

```
reg A;
reg [1:0] B, C;
reg [2:0] D;
A = 1'b1; B = 2'b00; C = 2'b10; D = 3'b110;

Y = {4{A} } // Y值為 4'b1111
Y = {4{A},2{B}} // Y值為 8'b11110000
Y = {4{A},2{B}, C } // Y值為 8'b1111000010
```

6.4.10　條件運算子(Conditional Operator)

條件運算子(？:)要有三個運算元，其格式如下：

條件運算式？真值運算式：假值運算式；

(Condition_expr？ture_expr：false_expr；)

Chapter 6

首先計算條件運算式，如果其結果爲眞(邏輯 1)，則傳回眞值運算式 (true_expr)的計算結果。如果條件運算的結果爲假，則傳回假值運算式 (false_expr)的計算結果。當條件運算的結果爲x(不確定值)時，眞值與假值運算式的兩個結果，會被拿來做逐位元的比較。當兩個結果某一位元相異時，最後輸出值的相對位元爲 x 值，反之若相同時則輸出該位元值。

整個條件運算子可看成是一個多工器，或是一個 if-else 運算式，如下圖所示：

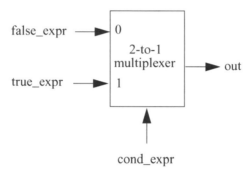

條件運算子在資料處理模型中，經常用來描述條件指定(Condirtional Assignments)，其中條件運算式就像是一個開關的控制。

```
// 利用條件運算子寫出一個三態緩衝器
assign addr_bus = drive_enable ? addr_out : 36'bz;


// 二對一多工器
assign out = control ? in1 :in0;
```

條件運算子也可以用在巢狀的架構。每個眞值運算式與假值運算式，都可以是另一個條件運算式。下面舉一個四對一的多工器來說明，其中以(A == 3)與 control 爲兩個控制訊號，以 n、m、y、x 爲輸入訊號，以 out 爲輸出訊號。

```
assign out =(A == 3)?(control ? x : y):(control ? m : n);
```

6.4.11　運算子的優先順序(Operator Precedence)

在分別討論完運算子的種類後，接下來要討論的是優先順序，假如運算式中沒有括號來表示特定的優先順序，則在Verilog中內定的運算優先順序，由最高到最低列在表 6-4 中。

表 6-4　運算子的優先順序

種類	運算子	優先順序
一元運算 乘法、除法、取餘數	+ − ! ~ * / %	最高
加法、減法 移位	+ − << >>	
比較運算 相等運算	< <= > >= == != === !==	
化簡運算	& , ~& ^　^~ | ,　~|	
邏輯運算	&& ||	
條件運算	?:	最低

雖然各種運算有其優先順序，但我們要推薦的是為了使運算式能更加的容易瞭解，避免設計時的混淆，使用括號()是一個很好的方法(除了在使用一元運算子而不會產生混淆的情形)。

6.5　例　題 (Examples)

在 Verilog 中，我們可以用邏輯閘、資料處理以及行為模式等方式來描述一個電路。在前面 5.1.4 節中我們以邏輯閘的方式設計了兩個電路：

Chapter 6

四對一的多工器與四位元的加法器,在這節中我們換用資料處理模式的方式來設計這兩個電路。另外我們再增加兩個例題:四位元的前瞻進位(Carry Lookhead)加法器,以及用負緣觸發的 D 型正反器來設計的四位元計數器。

6.5.1　四對一的多工器 (4-to-1 Mutiplexer)

在前面 5.1.4 節中我們用邏輯閘的模型設計了一個四對一的多工器,其線路如圖 5-5,Verilog 邏輯閘模型的描述在例題 5-4 中。相較於前面,在本節中我們將重新用兩種不同的方法,但同屬於資料處理模型的方法來設計這個多工器,跟前面的邏輯閘模型作個比較。

方法一:邏輯方程式

在這個方法中,我們用連續指定的方式,取代前面用模組的方式來描述多工器的邏輯運算(見範例 6-2)。跟前面的方式作一個比較我們可以發現,兩邊的邏輯運算都相同,所不同的是 5.1.4 節中是以一個個邏輯閘透過輸出、輸入埠相互連接的方式,來達到所想要的邏輯運算,本節中則是以連續指定,與邏輯方程式的方式,來描述設計所需的邏輯運算。因此除了四對一模組內部描述,改以邏輯方程式的方式描述之外,模組的輸出、輸入埠並沒有改變。在下例中你將可以看到這樣的方式,比前面所用的邏輯閘模式簡潔了許多。

範例 6-2　以邏輯方程式的方式設計的四對一多工器

```
// 運用資料處理模型來描寫一個四對一的多工器
// 與運用邏輯閘的方式作比較
module mux4_to_1(out, i0, i1, i2, i3, s1, s0);

// 宣告輸出與輸入埠
```

```
output out;
input i0, i1, i2, i3;
input s1, s0;

// out 輸出訊號的邏輯方程式
assign out =  (~s1 & ~s0 & i0)|
              (~s1 & s0 & i1)|
              (s1 & ~s0 & i2)|
              (s1 & s0 & i3);

endmodule
```

方法二：運用條件運算子的方式

我們將運用 6.4.10 節中，所提及的條件運算子來設計一個四對一的多工器(見範例 6-3)。你將可以發現，它比方法一更加的簡潔。

範例 6-3　用條件運算子來設計一個四對一的加法器

```
// 運用資料處理模型來描寫一個四對一的多工器
// 與運用邏輯閘的方式作比較
module multiplexer4_to_1(out, i0, i1, i2, i3, s1, s0);

// 宣告輸出與輸入埠
output out;
input i0, i1, i2, i3;
input s1, s0;

// 利用條件運算子來描述四對一多工器
assign out = s1 ?(s0 ? i3 : i2):(s0 ?i1 : i0);

endmodule
```

Chapter **6**

在模擬方面，我們可以使用與邏輯閘設計時相同的觸發模組，只需要將用邏輯閘設計的多工器模組，換成用資料處理模型設計的模組即可。而你將發現模擬的結果，與用邏輯閘設計的多工器是相同的，即兩個模組的功能完全相同，由外界分辨不出來。因此在 Verilog 中，我們可以任意的替換模組內部的設計層次，從邏輯閘到行為模式，而不影響一個模組所表現出來的功能，這是 Verilog 對設計者而言，一個相當強大的特性。

6.5.2　四位元加法器 (4-bit Full Adder)

在前面 5.1.4 節中，我們使用邏輯閘來設計一個加法器，如圖 5-6、5-7。本節則用資料處理的方法來設計一個加法器，跟前面不同的是，在用邏輯閘設計的時候，我們必須先設計一個一位元的加法器，再用一位元的加法器，組成一個四位元的加法器。在這裡，同樣的我們也提出了兩種運用資料處理模型的方法來設計加法器。

方法一：運用加法運算子與連結運算子設計的加法器

在這裡我們運用的是算術運算符號中的加法運算子(+)，與連結運算子({})來設計一個簡潔的 4 位元加法器。

範例 6-4　運用資料處理運算子設計的 4 位元全加器

```
// 運用資料處理模型來描述一個四位元的加法器
module fulladder4(sum, c_out, a, b, c_in);

// 宣告輸出與輸入埠列
output [3:0] sum;
output c_out;
input [3:0] a, b;
```

```
input c_in;

// 定義全加器的方程式
assign { c_out, sum } = a + b + c_in;

endmodule
```

同樣的，這個用資料處理模型設計出來的四位元全加器，與前面第五章中用邏輯閘設計出來的全加器功能上完全相同，運用相同的觸發模組模擬出來的結果也是一樣的。

設計二：進位預算四位元全加器

在漣波進位加法器中，要知道每個位元的和(sum)，就必須要先知道每個位元的相對進位值(Carry)是多少。又因爲漣波進位加法器的進位方式，是一級一級的進位，因此最高位元的和在一個n位元的加法器，就需要 2n 個的邏輯閘的運算時間方可算出來。所以進位的延遲造成漣波進位加法器速度上的瓶頸，爲了改善加法器的速度，就有人提出了進位預算(Carry Loodahead)的方法，來改善進位的問題，關於進位預算加法器的邏輯運算式，已在各個邏輯設計的書中都有提到，這裡不再贅述。在進位預算加法器中，最高位元的進位值，不論是多少位元的加法器，皆只需要四個邏輯閘的運算時間就可以算出。下面舉一個運用邏輯運算子設計一個計算機，算術中提及用於加快加法運算速度的進位預算全加器的例子。同樣的這個四位元的加法器，也可以用前面第五章中的觸發模組來模擬，得到與之前相同的模擬結果。

範例 6-5　四位元進位預算全加器

```
module fulladd4(sum, c_out, a, b, c_in);
// 輸出與輸入
```

```verilog
output[3:0]sum;
output  c_out;
input[3:0]  a, b;
input  c_in;

// 內部接線
wire p0, g0, p1, g1, p2, g2, p3, g3;
wire c4, c3, c2, c1;

// 計算每階段的 p 訊號
assign p0 = a[0] ^ b[0],
       p1 = a[1] ^ b[1],
       p2 = a[2] ^ b[2],
       p3 = a[3] ^ b[3];

// 計算每階段的 g 訊號
assign g0 = a[0] & b[0],
       g1 = a[1] & b[1],
       g2 = a[2] & b[2],
       g3 = a[3] & b[3];

// 計算每階段的進位值
// 注意方程式中的 c0 訊號等於 c_in 訊號
assign c1 = g0 |(p0 & c_in),
       c2 = g1 |(p1 & g0)|(p1 & p0 & c_in),
       c3 = g2 |(p2 & g1)|(p2 & p1 & g0)|(p2 & p1 & p0 &
               c_in),
     c4 = g3 |(p3 & g2)|(p3 & p2 & g1)|(p3 & p2 & p1 &
             g0)|(p3 & p2 & p1 & p0 & c_in);

// 計算和
assign sum[0] = p0 ^ c_in,
```

```
      sum[1] = p1 ^ c1,
      sum[2] = p2 ^ c2,
      sum[3] = p3 ^ c3;
// 指定輸出的進位值
assign c_out = c4;

endmodule
```

6.5.3 漣波進位計數器(Ripple Counter)

下面我們討論一個利用負緣觸發正反器，來設計一個四位元的漣波進位計數器的例子，應用第二章中提及的階層化的設計概念，由上到下依照圖 6-2 到圖 6-4 的順序，依序用資料處理模型的方法描述每一個模組。圖 6-2 所示的是以 4 個 T 型正反器組成的計數器區塊圖。

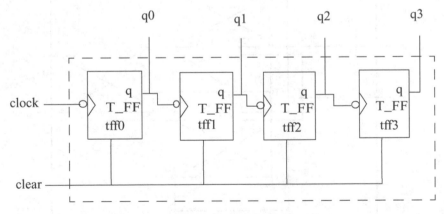

圖 6-2　四位元的漣波進位計數器

圖 6-3 所示的是一個利用 D 型正反器與反閘所設計的 T 型正反器。

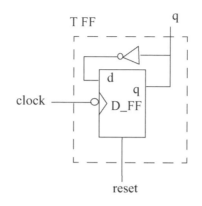

圖 6-3 T 型正反器

最後圖 6-4 所示的是用基本邏輯閘所設計的一個 D 型正反器。

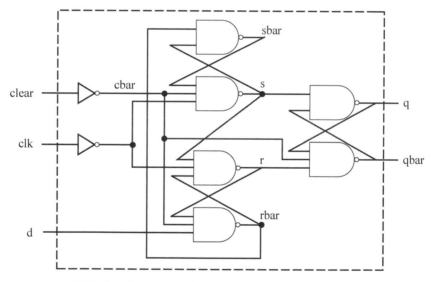

圖 6-4 有 clear 訊號且負緣觸發的 D 型正反器

由上述的區塊圖，我們可以用資料處理敘述，由上而下的進行設計。首先設計 Counter 這個模組，如範例 6-6 所示裡頭，包括了四個 T 型正反器的引用別名。

範例 6-6　漣波進位計數器

```
// 漣波進位計數器
module counter(Q , clock , clear);

// 輸出與輸入埠
output [3:0] Q;
input clock, clear;

// 引用 T 型正反器模組
T_FF tff0(Q[0], clock, clear);
T_FF tff1(Q[1], Q[0], clear);
T_FF tff2(Q[2], Q[1], clear);
T_FF tff3(Q[3], Q[2], clear);

endmodule
```

接下來是 T 型正反器的例子。這裡對於輸出訊號 q 的負迴授，不用第五章提及的反閘，而用運算符號～。

範例 6-7　T 型正反器

```
// 負緣觸發的 T 型正反器，並在每個時脈(clk)週期反相一次
module T_FF(q, clk, clear);

// 輸出與輸入埠
output q;
input clk, clear;
wire qbar

// 引用負緣觸發的 D 型正反器
// 並經輸出訊號 q 負迴授到輸入
// 注意到因為沒有用到 qbar 所以 qbar 浮接
```

```
edge_dff ff1(q, qbar, ~q, clk, clear);

endmodule
```

　　最後是構成整個計數器的基本元件，即運用資料處理模型的方法設計而成的負緣觸發的 D 型正反器，其相對的邏輯閘線路如圖 6-4。這裡宣告的接線與區塊圖中標示的接線完全一致。

範例 6-8　　負緣觸發 D 型正反器

```
// 負緣觸發的 D 型正反器
module edge_dff(q, qbar, d, clk, clear);

// 輸出與輸入埠
output q, qbar;
input d, clk, clear;

// 內部變數
wire s, sbar, r, rbar, cbar;

// 運用資料處理敘述
// 建立訊號 clear 的互補訊號 cbar
assign cbar =~clear;

// 輸入門；其中門是位準敏感，一個邊緣敏感的正反器是用三個 SR 門組成。
assign sbar = ~(rbar & s),
       s = ~(sbar & cbar & ~clk),
       r = ~(rbar & ~clk & s),
       rbar = ~(r & cbar & d);

// 輸出門
assign q = ~(s & qbar),
```

```
qbar = ~(q & r & cbar);

endmodule
```

　　現在我們寫出一個引用漣波進位計數器模組的觸發模組，其時脈訊號的週期為 20，工作週期為 50%(見範例 6-9)。

範例 6-9　漣波進位計數器的觸發模組

```
// 最高階層的觸發模組
module stimulus;

// 宣告觸發輸入訊號
reg CLOCK , CLEAR ;
wire [3:0] Q ;

initial
      $monitor($time," Count Q= %b Clear= %b",Q[3:0],CLEAR);

// 引用設計的計數器模組
counter c1(Q , CLOCK, CLEAR);

// 模擬 Clear 訊號
initial
begin
        CLEAR = 1'b1 ;
        #34 CLEAR = 1'b0 ;
        #200 CLEAR = 1'b1 ;
        #50 CLEAR = 1'b0 ;
end
// 設定 CLOCK 訊號每十個時間單位反相一次
initial
begin
```

Chapter 6

```
        CLOCK = 1'b0;
        forever #10 CLOCK =~CLOCK;
end

// 在時間 400 的時候結束模擬
initial
begin
        #400 $finish ;
end

endmodule
```

模擬結果如下，注意使用 clear 訊號可以重設計數器為零。

```
  0 Count Q = 0000 Clear= 1
 34 Count Q = 0000 Clear= 0
 40 Count Q = 0001 Clear= 0
 60 Count Q = 0010 Clear= 0
 80 Count Q = 0011 Clear= 0
100 Count Q = 0100 Clear= 0
120 Count Q = 0101 Clear= 0
140 Count Q = 0110 Clear= 0
160 Count Q = 0111 Clear= 0
180 Count Q = 1000 Clear= 0
200 Count Q = 1001 Clear= 0
220 Count Q = 1010 Clear= 0
234 Count Q = 0000 Clear= 1
284 Count Q = 0000 Clear= 0
300 Count Q = 0001 Clear= 0
320 Count Q = 0010 Clear= 0
340 Count Q = 0011 Clear= 0
360 Count Q = 0100 Clear= 0
380 Count Q = 0101 Clear= 0
```

6.6　總　結 (Summary)

● 在資料處理模型的設計中，持續指定是一個相當基本且主要的指令，持續指定就是當等號右手邊的變數變動時，左手邊的變數也會跟著變動，持續指定左手邊的變數型態一定是接線，任何邏輯函數都可用持續指定實現。

● 在持續指定中，延遲的值描述的是當等號右手邊的值改變時，影響到等號左手邊的變數，所需要花費的時間。在本章中，對於延遲的描述有三種定義方法，在assign陳述中定義、在隱含式的持續指定中定義，以及在宣告接線的時候定義。

● 持續指定的描述有三個部份：運算式、運算子與運算元。

● 運算子共有算術、邏輯、比較、相等、位元、化簡、移位、連結、複製與條件等不同型態，其中一元運算子只需要一個運算元，二元運算子要兩個運算元，三元運算子要三個運算元，而連結與複製運算子則不限定運算元的個數。

● 條件運算子，其功能相當於硬體上的多工器，或是程式語言上的if-then-else的敘述。

● 由本章所舉的例題與前章的例題相互比較，可以發現用資料處理模型來描述一個線路，較用邏輯閘模型來得簡潔與方便許多。

6.7　習　題 (Exercises)

1. 一個全減器(Full Subtractor)有三個一位元的輸入分別為 x、y 與 z，z 是代表下一位的借位值。有兩個一位元的輸出，分別是差 D (Difference)與借位 B(Borrow)，其邏輯運算式如下：

$$D = x'.y'.z + x'.y.z' + x.y'.z' + x.y.z$$

$$B = x'.y + x'.z + y.z$$

Chapter 6

上面式子中，加法符號代表的是邏輯運算的或，乘法代表的邏輯運算的及。請用 Verilog 寫出這個全減器的模組，並在一個觸發方塊中引用這個模組，以下表中的各種可能的輸入情況來測試這個全減器。

x	y	z	B	D
0	0	0	0	0
0	0	1	1	1
0	1	0	1	1
0	1	1	1	0
1	0	0	0	1
1	0	1	0	0
1	1	0	0	0
1	1	1	1	1

2. 大小比較器是用來比較兩個數之間是大於、小於或是等於。一個四位元的大小比較器，有兩個四位元的輸入 A 與 B，將 A、B 表示成下列的形式：

$A = A(3)A(2)A(1)A(0)$

$B = B(3)B(2)B(1)B(0)$

其中 A(3) 與 B(3) 為最高位元，比較的方法就是從最高的位元一路下來，一個位元一個位元的比較，當兩個位元的值不相同時，位元值為 0 的那個數就是較小的那個數，寫成邏輯運算式就是如下所示：

$x(i) = A(i).B(i) + A(i)'.B(i)'$

x(i) 是一個暫時性的變數，看的出來這個邏輯運算式是一個反互斥或(xnor)的關係。因為 A 與 B 之間有三種關係，所以相對的就有三個輸出，分別為 A_gt_B、A_eq_B 與 A_lt_B。其邏輯運算式如下所示：

A_gt_B = A(3).B(3)' + x(3).A(2).B(2)' + x(3).x(2).A(1).B(1)' + x(3).x(2).x(1).A(0).B(0)'

A_lt_B = A(3)'.B(3)+ x(3).A(2)'.B(2)+ x(3).x(2).A(1)'.B(1)+ x(3).x(2).x(1).A(0)'.B(0)

A_eq_B = x(3).x(2).x(1).x(0)

請用Verilog寫出這個magnitude_comparator模組，並模擬及驗證。

3. 我們可以用主從式 JK 正反器來組成一個同步計數器。請運用主從式 JK 正反器，來設計一個四位元的同步計數器，其中同步計數器與 JK 正反器的架構如下圖所示，在正常工作的時候，clear 訊號爲 0，JK 正反器在 clock 爲正緣時將資料讀入，在 clock 爲負緣時將資料輸出，當訊號 count_enable 爲 0 時，計數器不工作，請用資料處理模型，寫出這個同步計數器，並模擬與驗證。

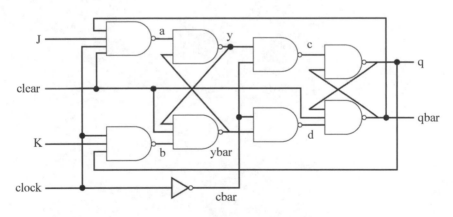

圖 6-5　主從式 JK 正反器

Chapter 6

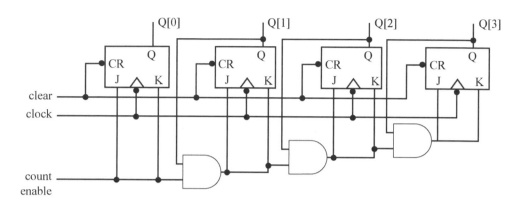

圖 6-6　有 clear 與 count_enable 訊號的四位元同步計數器

第 7 章

行為模型
(Behavioral Modeling)

7.1 結構化程序

7.2 程序指定

7.3 時序控制

7.4 條件敘述

7.5 多路徑分支

7.6 迴　圈

7.7 循序和平行區塊

7.8 產生區塊

7.9 範　例

7.10 總　結

7.11 習　題

VERILOG

Hardware Descriptive Language

　　在日益複雜的數位電路設計，能及早決定良好的設計是重要的。一個設計者要在不同的架構，與演算法決定一最適宜的選擇，來完成硬體電路。所以為了做好設計架構的評估工作，在演算法層次，設計者將重心放在要完成硬體電路的演算法行為和效能，而非邏輯閘和資料處理流程的設計。在完成高階架構與演算法後，設計者才開始將重心放在電路的完成。

　　Verilog可以讓設計者用演算法來描述設計的功能，也就是描述電路的行為 (behavior)。因此，行為模型是用高階抽象的方式來描述電路。其較類似於C語言，而較不像數位電路設計。Verilog 提供了許多行為模式的敘述，給予設計者極大的發揮空間。

學習目標

- 說明在行為模型中，結構程序 (Structured Procedures)always 和 initial 的意義。
- 定義阻礙 (blocking) 與無阻礙 (nonblocking) 程序指定。
- 瞭解延遲基礎時序控制，使用正規延遲、零延遲和內定延遲控制。
- 敘述事件基礎時序控制，使用正規事件、命名事件和事件或控制。
- 使用位準感測時序控制。
- 說明條件敘述 if 和 else。
- 敘述多個分支，使用 case、casex、casez 敘述。
- 瞭解迴圈敘述 while、for、repeat 和 forever。
- 定義循序和平行區塊。
- 瞭解命名 (Named) 區塊和禁能 (disabling) 命名區塊。
- 使用行為模型敘述實際電路。

7.1　結構化程序 (Structured Procedures)

在Verilog中有兩個結構化程序：always和initial這兩個敘述(Statement)，在行為模型中是最基本的敘述，其他行為模式敘述皆必須在這兩個敘述之中。Verilog是一個並行程式語言 (Concurrent Programming Language) 而不像C程式語言的本質是循序的，在 Verilog 中，執行流 (Activity Flows) 是並行執行的，而每一個 always 和 initial 敘述代表一個執行流，其皆起始於模擬時間零，且不能有巢狀結構。

以下為 always 和 initial 敘述之詳細介紹。

7.1.1　initial 敘述

將一些予以執行的敘述置於 initial 敘述中，形成 initial 區塊。一個 initial 區塊啟動於模擬時間零，且僅執行一次。如有多個initial區塊，將同時啟動於模擬時間零，但各自結束執行。如果在 initial 區塊中有多個敘述，則需用關鍵字 begin 與 end 做群聚 (Grouping)，若只有一個敘述則不需要。這就如同Pascal程式語言中的begin-end區塊與C程式語言中的{}。

範例 7-1　initial 敘述

```
module stimulus;

reg x,y, a,b, m;

initial
    m = 1'b0; // 單一敘述，不需要被群聚。
initial


begin
```

```
    #5 a = 1'b1; // 多個敘述，需要被群聚。、
    #25 b = 1'b0;
end

initial
begin
    #10 x = 1'b0;
    #25 y = 1'b1;
end

initial
    #50 $finish;
endmodule
```

　　在上面範例中，三個 initial 敘述並行起始於模擬時間零。如果敘述前有一個延遲 #<delay>，則這個敘述會在比目前的模擬時間晚 <delay> 個單位，範例 7-1 之結果如下：

時間	被執行的敘述
0	m = 1'b0;
5	a = 1'b1;
10	x = 1'b0;
30	b = 1'b0;
35	y = 1'b1;
50	$finish;

　　以 initial 區塊通常是用在初始化，監控邏輯值的變化，顯示波形與其他需要在整個模擬中，只執行一次的動作。底下的小章節將會介紹另一種在宣告型態時的初始化方式，這種方式等同於變數宣告加上 intial 區塊的效果。

組合變數宣告與初始化的方式

變數在宣告的時候，也可以做初始值的指定工作，如同底下的範例 7-2 所示。

範例 7-2　初始值指定

```
// 宣告一個時脈變數
reg clock;
// 指定時脈的初始值為零
initial clock = 0;

// 除了以上的方式，可以在宣告的時候來指定初始值，
// 如此一來，便可以在模組宣告的時候使用。
reg clock = 0;
```

組合輸出入埠宣告與初始化的方式

不但是變數，輸出入埠在宣告的時後，也可以做初始值的指定工作，如同底下的範例 7-3 所示。

範例 7-3　輸出入埠初始值指定

```
module adder (sum, co, a, b, ci);
output reg [7:0] sum = 0; //輸出埠總和的初始值為 8 bit
output reg co = 0; //輸出埠 co 的初始值為 1 bit
input [7:0] a, b;
input ci;

--
--
endmodule
```

Chapter 7

組合 ANSIC 標準的輸出入埠宣告與初始化的方式

　　輸出埠也可以依照 ANSI C 常用的宣告習慣來定義，同時也可以做初始值的指定工作，如同底下的範例 7-4 所示。

範例 7-4　初始值指定結合 ANSI C 標準的輸出入埠宣告方式

```
module adder (output reg [7:0] sum = 0, // 輸出埠的初始值
                                             為 8 bit
              output reg co = 0, // 輸出埠 co 的初始值為
                                             // 1 bit
              input [7:0] a, b,
              input ci
              );

--
--
endmodule
```

7.1.2　always 敘述

　　將一些行為模式敘述，置於 always 敘述中，形成一個 always 區塊。always 區塊啟始於模擬時間零，然後以迴圈的形式持續重複執行。若 always 敘述是用來描述一個持續重複工作的數位邏輯電路，如時脈產生器。時脈產生器每半個時脈週期會反轉一次，並且由時間零點一直持續到供電結束。範例 7-5 舉例說明用 Verilog 描述時脈產生器的方法。

範例 7-5　always 敘述

```
module clock_gen(output reg clock);

// 在模擬時間 0，設定 clock 初始值。
```

```
initial
        clock = 1'b0;

// 每半個週期觸發 clock (時間週期 = 20)
always
        #10 clock =~clock;

initial
        #1000 $finish;

endmodule
```

在這個範例中always敘述起始於模擬時間零，而且每10個時間單位執行 clock =~clock 敘述。注意的 clock 初始設定，是放在一個獨立 initial 區塊。如果我們將初始設定放在 always 區塊內，則每次進入 always 區塊皆要設定初始值。此外 initial 內必須有$finish 是來停止模擬，若程式中沒有$stop 或$finish 敘述，程式將不停的執行下去。

C 程式語言中的無窮迴圈，可以類比於 always 區塊。可是對硬體設計來說它，是一個持續動作的數位電路，自供電後即啟動，直到供電中止 ($finish) 或是遭到中斷 ($stop)。

7.2　程序指定 (Procedural Assignments)

程序指定可用來更新暫存器 (reg)、整數 (integer)、實數 (real)或時間 (time) 變數的值，變數上被指定的值，將被保持到被新的程序指定更新為止，這是與第 6 章中所討論的持續指定 (Continous Assigmnents) 是大不相同的。最簡單的程序指定如下：

```
assignment ::= variable_lvalue = [delay_or_event_control]
              expression
```

程序指定的左邊<lvalue>可以是：

● 一個暫存器、整數、實數或時間變數，或者一個記憶元件 (Memory Element)。

● 這些變數的一個特定位元(如 addr[0])。

● 這些變數的部份向量(如 addr[31:16])。

● 上述項之連結。

等號右手邊可以是任何一個可求出值的運算式，在行為模型中所有列在表 6-1 的運算子，皆能用來當作行為模型的運算式。

程序指定有兩種型態：阻礙指定 (Blocking) 與無阻礙指定 (Nonblocking)。

7.2.1　阻礙指定 (Blocking Assignments)

阻礙指定敘述會依照其在循序區塊中的位置，依序執行。平行區塊中的阻礙指定，並不會互相限制。所謂的循序區塊和平行區塊在 7.7 節中，將有詳盡介紹。阻礙指定的運算符號是"="。

範例 7-6　阻礙指定

```
regx, y, z;
reg [15:0] reg_a, reg_b;
integer count;

// 所有行為模型敘述，必須在 initial 或 always 區塊內。
initial
begin
```

```
            x = 0; y =1; z =1; // 純量指定
            count = 0; // 指定至整數變數
            reg_a = 16'b0; reg_b = reg_a; // 設定向量初始

            #15 reg_a[2] =1'b1; // 在延遲後選擇位元指定
            #10 reg_b[15:13] = {x, y, z} // 指定連結的結果至
                                        // 向量部份指定

            count = count + 1; // 指定至一個整數 (遞增)
end
```

在範例 7-6 中，敘述 y=1 是要在敘述 x=0 之後執行，因為在以 begin-end 界定範圍的循序區塊中，所有的阻礙指定敘述僅能依序執行，敘述 count = count + 1 將最後執行。每一個敘述執行的模擬時間如下：

● 從 x=0 到 reg_b = reg_a 的敘述，都是在模擬時間零執行。

● reg_a[2] = 0 在模擬時間 15 單位執行。

● reg_b[15:13] = {x, y, z} 在模擬時間 25 單位執行。

● count = count + 1 在模擬時間 25 單位執行，因為在之前敘述中各有延遲為 15 及 10 單位時間的指定存在。

如指定敘述裡，如果等號右邊的位元數，較左邊的暫存變數的位元數要多時，較低位元的部份會被存取，多出的較高位元則被捨棄。反之若暫存變數位元數較多，則多出的較高位元數補零。

7.2.2　無阻礙指定(Nonblocking Assignment)

在循序區塊裡一個無阻礙指定，能安排執行順序不受敘述位置前後的影響，其運算符號為"<="。在運算式裡，"<="會被視為小於或等於的運算子，而在指定敘述中則是代表無阻礙指定。在範例 7-4 中，將同時使用阻礙指定，與無阻礙指定來觀察其不同行為模型。

範例 7-7　無限定指定

```
reg x, y ,z;
reg [15:0] reg_a, reg_b;
integer count;

// 所有行為模型敘述，必須在 initial 或 always 區塊。
initial
begin


    x = 0;y = 1; z=1; // 純量指定
    count = 0; //指定至整數變數
    reg_a = 16'b0; reg_b = reg_a; // 設定向量初始
    reg_a[2] <= #15 1'b1; // 在延遲後選擇位元指定
    reg_b[15:13] <=#10 {x, y, z}; // 指定連結的結果，至向
                                      量部份指定。
    count <= count + 1; // 指定至一個整數(遞增)
end
```

　　上面的範例中x=0 到 reg_b=reg_a 是在模擬時間零執行。接著三個無阻礙指定分別依序在下列模擬時間執行：

1.　reg_a[2] = 1 是在第 15 個模擬時間單位執行。

2.　reg_b[15:13] = {x, y, z} 是在第 10 個模擬時間單位執行。

3.　count = count + 1 是在第 0 個模擬時間單位執行。

　　由上面範例可知，模擬器對於數個無阻礙指定敘述的執行時間排程，並不受同一區塊的其它阻礙指定敘述的影響。通常如果在某個特定時間點上，同時有多個敘述排定要執行，阻礙指定敘述會先執行，而後才是無阻礙指定。這個範例雖然為了說明而在同一區塊混用了阻礙指定與無阻礙指定，實際在電路設計的時候這是相當不好的作法。

無阻礙指定的運用

　　無阻礙指定敘述在描述數位電路設計的行為相當重要，無阻礙指定是運用在共同事件驅動下，數個同時資料轉換發生的情形。下面三個例子描述在正緣觸發後，三個資料同時轉換。

```
always @(posedge clock)
begin
    reg1 <= #1 in1;
    reg2 <= @(negedge clock) in2 ^ in3;
    reg3 <= #1 reg1; //reg1 舊的值
end
```

　　在每一個正緣觸發，無阻礙指定依序發生如下：

1.　在 clock 正緣觸發後讀取等號右邊變數 in1、in2、in3 與 reg1 之值。右邊的運算式亦會被計算，結果會被暫存在模擬器內部。

2.　依排定的延遲時間寫入左邊變數。在一個時間單位後，reg1 被寫入；下一個負緣觸發後，reg2 被寫入；一個時間單位後 reg3 被寫入。

3.　寫入動作皆在被排定時間後執行，與敘述的位置無關。因為等號右邊的值，會先暫存在模擬器內部，再指定給左邊的變數。例如，即使 reg1 被指定新值的敘述先被執行，reg3 仍會被指定為 reg1 的舊值。

　　因此 reg1、reg2、reg3 最後的值，與各個敘述的先後次序無關。

　　為了更進一步了解讀出、寫入的操作，我們來看範例 7-8。這裡用兩個同時發生的 always 區塊，去交換暫存器變數 a、b 的值。

Chapter 7

範例 7-8　　無阻礙指定消除競爭情況

```
//說明 1：二個同時且使用阻礙指定的 always 區塊
always @(posedge clock)
        a = b;

always @(posedge clock)
        b = a;

//說明 2：二個同時且使用無阻礙指定的 always 區塊
always @(posedge clock)
        a <= b;

always @(poesdge clock)
        b <= a;
```

在範例 7-8 中，說明 1 因為使用阻礙指定敘述，而會有競爭情況 (Race Condition) 產生。雖然觸發這兩個 always 區塊的事件相同，a ＝ b 與 b ＝ a 是循序執行的。其先後依據不同的 Verilog 模擬器的設計，而各不相同。如果 a ＝ b 先執行，最後 a 與 b 都是舊的 b 值，反之會都是舊的 a 值。但並不會完成原先的交換動作。

說明 2 的無阻礙指定則不會有競爭情況。在 clock 正緣觸發時，等號右邊的變數值會被讀取，同時這些運算式計算的結果，會先寫到暫時變數內。在寫入動作時，這些暫時變數的值，會被指定到等號左邊的變數。這樣將讀取與寫入動作分開的作法，確保 a 與 b 值可以正確的交換，而不受讀取或寫入的順序影響。範例 7-9 則說明如何用阻礙指定敘述，來模仿無阻礙指定敘述。

範例 7-9　使用阻礙指定來實現無阻礙指定

```
// 使用暫時變數與阻礙指定來實現無阻礙指定
always @(posedge clock)
begin
    // 讀取
    // 儲存右邊表示式的值至暫時變數
    temp_a = a;
    temp_b = b;
    // 寫入
    // 指定暫時變數的值至左邊變數
    a = temp_b;
    b = temp_a;
end
```

　　在數位設計中，在一個共同的事件下，有多個資料同時轉換時，大多使用無阻礙指定，因阻礙指定可能執行的先後次序造成競爭情況。相較之下，阻礙指定並不因敘述執行的前後關係，而影響結果的正確性。一般來說，無阻礙指定常使用在管線 (pipline) 模型，或有數個資料交換的模型，但無阻礙指定，有可能造成模擬效能降低，及增加記憶體使用空間。

7.3　　時序控制 (Timing Controls)

　　在 Verilog 中有數種時序控制的結構可供使用，時序控制主要是設定某一程序敘述在特定時間被執行。若無時序控制敘述，模擬時間將不會往前進。共有三種時序控制的方法可使用：延遲基礎時序控制 (Delay-Based Timing Control)、事件基礎時序控制 (Event-Based Timing Control) 和位準感測時序控制 (Level-Sensitive Timing Control)。

Chapter 7

7.3.1　延遲基礎時序控制 (Delay-Based Timing Control)

延遲基礎時序控制是用來指定遇到某個運算式，到實際執行它之間所需的時間。前面的例子裡我們已經用到了延遲基礎時序控制，卻並沒有詳加說明。延遲是以符號"#"來表示，其語法如下：

```
delay3 ::= # delay_value | # (delay_value [,delay_value [,
delay_value ] ] )
delay2 ::= # delay_value | # (delay_value [,delay_value] )
delay_value ::=
             unsigned_number
           | parameter_identifier
           | specparam_identifier
           | mintypmax_expression
```

延遲基礎時序控制可以藉由數值 (Number)、識別字 (Identifier) 或是最大典型最小表示法 (mintyemax_expression) 來描述。

程序指定一共有三種型態的延遲控制：正規遲控制(Regular Delay Control)、指定內部延遲控制 (Intra Assignment Delay Control) 和零延遲控制 (Zero Delay Control)。

正規遲延遲控制 (Regular Delay Control)

正規延遲控制是在延遲時間非零的時候，使用在程序指定敘述的左邊。範例 7-7 是說明正規延遲的用法。

範例 7-10　正規延遲控制

```
// 定義參數
parameter latency = 20;
```

```
parameter delta = 2;
// 定義暫存器變數
reg x, y, z, p, q;


initial
begin
    x = 0; // 無延遲
    #10 y = 1;           // 使用數值控制延遲,延遲執行 y = 1
                            10 個時間單位。
    #latency z = 0; // 使用識別字控制延遲,延遲 20 個時間單位。
    #(latency + delta) p = 1; //使用一個運算式控制延遲
    #y x=x+1;            // 使用識別字控制延遲,從變數 y 取得延遲值。
    # (4:5:6) q =0; // 最大、典型、最小延遲值。
                        // 這在邏輯閘層次模型的章節裡討論過了
end
```

　　在範例 7-10 中,程序指定被延遲至指定的時間才執行。在 begin-end 的群組 (Groups) 中,遲延時間是相對於敘述被遇到的時間,因此 y=1 是在這敘述遇到時間後 10 個單位時間才執行。

指定內部延遲控制 (Intra-Assignment Delay Control)

　　不同於正規延遲控制,指定內部延遲控制是用在指定程序中,指定運算子 (Assignment Operator) 右邊的延遲時間。這種延遲敘述改變了執行流程 (Flow of Activity),在範例 7-11 中將正規控制,和指定內部延遲控制作一個比較。

範例 7-11　指定內部延遲

```
// 定義暫存器變數
reg x, y, z;
// 指定內部延遲
```

Chapter 7

```
initial
begin

        x = 0; z = 0;
        y = #5 x+z ; // 在 time =0 讀取 x 和 z 的值並執行 x+z，
                     // 直到時間單位 5 再指定至 y。


end

// 使用暫時變數與正規延遲得到相同的結果
initial
begin
    x=0; z=0;
    temp_xz = x+z;
    #5 y=temp_xz; // 在目前的時間讀取 x+z 的值，並儲存至暫時
                  // 變數。即使時間 0 至 5 間 x 和 z 的值改變了，
                  // 也不影響單位時間 5 被指定至 y 的值。
end
```

　　這兩種延遲控制的不同，在於正規延遲控制延緩整個指定執行，而指定內部延遲控制，先算好指定之等號右邊的運算，延緩把這運算結果特定的時間量，再放至左邊變數。指定內部延遲控制就像正規延遲控制加了暫時變數，來暫存等號右邊計算好之值。

零延遲控制 (Zero delay control)

　　不同的 always-initial 區塊程序敘述，可能會排在同一個時間點執行，這些在不同區塊程序敘述的實際執行順序是不可確定的。零延遲控制可以確使程序敘述在其他敘述執行完之後才執行。這是為了要消除競爭情況，但是如果有多個零延遲控制敘述，這些敘述的順序仍然是不可確定的，範例 7-12 將說明零延遲控制。

範例 7-12 零延遲控制

```
initial
begin
    x=0;
    y=0;
end

initial
begin
    #0 x =1; // 零延遲控制
    #0 y= 1;
end
```

　　在範例 7-12 中，x=0、y=0、x=1、y=1 在模擬時間零時執行。但是因為有零延遲控制，所以x=1、y=1 會在最後執行。所以，在時間零結束時x的值是 1、y的值也是 1，但x=1 和y=1 的執行順序是不可確定的。上面的例子只是做個說明，在實用上並不建議使用這種機制。

7.3.2　事件基礎時序控制 (Event-Based Timing Control)

　　當一個接線 (Net) 或暫存器 (Register) 改變時，就產生一個事件。事件可以拿來觸發執行一個敘述，或一個多敘述的區塊。Verilog 中有四種型態的事件基礎時間控制：正規事件控制 (Regular Event Control)、命名事件控制(Named Event Control)、事件或控制 (Event OR Control)、位準感測時序控制(Level-Sensitive Timing Control)。

正規事件控制

　　事件控制的符號是@，當信號產生正緣、負緣的轉換，或者數值的改變時，敘述會被執行。表示正緣轉換的關鍵字是posedge，如範例 7-13 所示。

範例 7-13　正規事件控制

```
@(clock) q=d; //當 clock 的值改變，q=d 被執行。
@(posedge clock) q=d; // 當 clock 正緣觸發(0 to 1, x or z, x
                      // to 1, z to 1)，q=d 被執行。
@(negedge clock) q=d; // 當 clock 負緣觸發(1 to 0, x or z, x
                      // to 0, z to 0)，q=d 被執行。
q= @(posedge clock)d; // d 立刻被執行，等到 clock 正緣觸發再指
                      // 定至 q。
```

命名事件控制

　　Verilog 可以宣告一個事件，然後觸發和識別這個事件 (見範例 7-14)，事件並不會包含任何資料。一個被命名的事件是用關鍵字 event 來宣告，並使用符號"->"來觸發，一個觸發的事件是用"@"來識別。

範例 7-14　命名事件控制

```
//當最後的封裝 packet 資料被接收時，儲存四個封裝資料至資料緩衝器。

event recieved_data; // 定義一個事件 recieved_data

always @(posedge clock) // 在正緣觸發時做檢查
begin
    if(last_data_packet) // 如果是最後的封裝資料
        -> received_data; // 觸發事件 received_data
end
```

```
always @(received_data)   // 直到 received_data 事件被觸發，
                          // 儲存四個封裝資料至資料緩衝器。
   data_buf = {data_pkt[0], data_pkt[1],data_pkt[2],data_
   pkt[3]};
```

事件或控制

當有多個訊號或事件中，任一個都能觸發某個敘述或多敘述區塊執行，就好像這些訊號或事件做或 (OR) 的邏輯運算。這些事件或訊號的列表，也稱為感測列表 (Sensitivity List)，這多個觸發是用關鍵字 or 來區隔 (範例 7-15)。

範例 7-15 事件或控制

```
// 非同步重設位準感測門
always @(reset or clock or d) // 等待 reset、clock 或 d 的數
                             // 值改變。
begin
        if (reset)           // 如果 reset 是高電位，設定 q 為 0。
            q=1'b0;
        else if(clock)       // 如果 clock 是高電位，鎖住輸入資料。
            q=d;
end
```

除了可以使用 or 這個運算子，來區隔多個觸發的關係，也可以利用逗號 "," 運算子來達到這一個功能。範例 7-16 示範逗號的使用方式，這個運算子也可用在訊號緣觸發的感測列表中。

範例 7-16 感測列表中逗點運算子

```
// 非同步重設位準感測門
always @(reset, clock, d)
```

```
                    // 等候 reset，clock 或是 d 的值有變化。
begin
    if (reset) // 如果 reset 是高電位，設定 q 為 0。
        q = 1'b0;
    else if(clock) // 如果 clock 是高電位，鎖住輸入資料。
        q = d;
end

// 非同步重設正緣觸發 D 型正反器
always @(posedge clk, negedge reset) // 注意這邊逗號的使用
if(! reset)
    q <=0;
else
    q <=d;
```

　　當觸發的訊號數目一多，將容易造成感測列表描述上撰寫的失誤。一旦發生人為失誤 (如在感測列表裡漏寫了某個該有的訊號)，將會造成組合邏輯的區塊動作錯誤。為了要解決這一個問題，Verilog 中提供了兩組萬用字元的描述方式：@* 或是 @(*)，來代表所有可能的觸發訊號。範例 7-17 中可以看到使用的場所。

範例 7-17　使用 @*

```
// 一般組合邏輯電路使用 always 區塊描述的方式，
// 需要一一將觸發訊號列出。
always @(a or b or c or d or e or f or g or h or p or m)

begin
out1 = a ? b+c : d+e;
out2 = f ? g+h : p+m;
end
```

```
// 使用萬用字元的方式@(*)
// 所有的可能觸發訊號自動會被加入，不用擔心漏寫的狀況。
always @(*)
begin
out1 = a ? b+c : d+e;
out2 = f ? g+h : p+m;
end
```

7.3.3 位準感測時序控制 (Level-Sensitive Timing Control)

除了上述所討論的可由訊號緣的變化，或事件的觸發進行事件控制，Verilog 也允許位準感測時序控制，亦即等到某一個條件變成真(true)值，才執行某個敘述或區塊。位準感測時序控制用關鍵字 wait 做指定。

```
always
    wait (count_enable) #20 count = count + 1;
```

在上面範例中，count_enable 的值是一直被監控的。如果 count_enable 是 0，這個敘述將不會被執行。如果是 1，敘述將在 20 個時間單位後執行。如果 count_enable 停在 1 的位準，則每隔 20 個間，單位 count 都會加 1。

7.4　條件敘述(Conditional Statements)

條件敘述依照條件成立與否，決定是否執行某敘述或執行其他敘述，其關鍵字為 if 和 else。有三種條件敘述將在範例中說明。正式的語法詳見附錄 D。

```
// 型 1 條件敘述，無 else 敘述，
// 敘述可能被執行，或不被執行。
if (<expression), true_statement ;


// 型 2 條件敘述，一個 else 敘述，
// true_statement 或 false_statement 其中一個會被執行。
if(<expression), true_statement ; else false_statement;


// 型 3 條件敘述，巢狀 if-else-if。
// 多個敘述擇一，僅有一個敘述被執行。
if (<expression1) true_statement1;
else if (<expression2>) true_statement2;
else if (<expression3>) true_statement3;
else default_statement;
```

　　在上例中<expression>是要評估的條件運算式，如果是真 (1 或非 0) 值，則true_statement將被執行，如果是假 (0 或者 x,z) 值，則false_statement 將被執行。<expression>可以是在 Table 6-1 中的任意運算子，而 true_statement 或 false_statement 可以是一個敘述或一個多敘述區塊。區塊必須是群聚 的，一般是使用關鍵字begin和and來定義，單一的敘述則不需被群聚。

範例 7-18 條件敘述

```
// 型 1 條件敘述
it(! lock) buffer = data;
if(enable) out = in;


// 型 2 條件敘述
if (number_queued < MAX_Q_DEPTH)
begin
        data_queue = data;
```

```
            number_queued = number_queued + 1;
end
else
        $display("Queue Full. Try again");

// 型 3 條件敘述
// 依 ALU 控制信號執行敘述
if (alu_control == 0)
        y = x+z;
else if (alu_control == 1)
        y = x-z;
else if (alu_control == 2)
        y = x*z;
else
        $display("Invalid ALU control signal");
```

7.5　多路徑分支 (Multiway Branching)

在 7.4 節中討論的型 3 條件敘述，有許多選項可供選擇其中一項。這種巢狀結構的 if-else-if，在有過多的選擇時會變的很難處理。此時可以用 case 敘述來完成相同的結果。

7.5.1　case 敘述 (case Statements)

其關鍵字為 case、endcase 和 default。

```
case (expression)
    alternative1: statement1;
    alternative2: statement2;
    alternative3: statement3;

    ....
```

Chapter 7

```
    ....
    default: default_statement;
endcase
```

　　在 case 敘述中 statement1、statement2、…、default_statement 皆可以為一個敘述或一個多敘述區塊，區塊必須用 begin 和 end 群聚起來。條件運算式 (expression) 會用來跟所有的選擇 (alternative) 依書寫的順序一一比較，當遇到第一個符合的選擇，則相對的敘述或區塊將被執行。如果沒有相符的選擇則 default_statement 將被執行，在此 default_statement 的使用是非必要的 (Optional)。一個 case 敘述不能有多個 default_statement，case 敘述可以是巢狀結構。下例是將範例 7-18 中條件敘述用 case 敘述來完成。

```
// 依 ALU 控制信號執行敘述
reg [1:0] alu_control;
...
...
case (alu_control)
  2'd0: y= x + z ;
  2'd1: y= x - z ;
  2'd2: y = x * z ;
  default: $display("Invalid ALU control signal");
endcase
```

　　case 敘述就好像一個多對一的多工器。範例 7-19 是一個四對一的多工器，在 6.5 節我們曾討論過，用相同的方式可以很容易的描述 8 對 1 或 16 對 1 的多工器。

範例 7-19　四對一多工器

```
module mux4_to_1 (out, i0,i1,i2,i3,s1,s0);
```

```
// 宣告輸出入埠
output out;
input i0,i1,i2,i3;
input s1,s0;
reg out;

always @(s1 or s0 or i0 or i1 or i2 or i3)
case ({s1,s0}) //依連結控制信號選擇執行敘述
        2'd0 : out = i0;
        2'd1 : out = i1;
        2'd2 : out = i2;
        2'd3 : out = i3;
        default : $dispaly("Invalid control signals");
endcase

endmodule
```

　　case 敘述是一個位元一個位元去比較 0，1，x 和 z，如果條件運算式 (Expression) 和選擇 (Alternative) 的位元寬度不符，則寬度較短的會自動補零與最寬的值相符。在範例 7-20 中將定義一個一對四解多工器。此範例也考慮到了當選擇訊號 (Select Signal) 有 x 或 z 值的情況。

範例 7-20 包含 x 和 z 的 case 敘述

```
module demultiplexer1_to_4 (out0, out1, out2, out3, in,
    s1, s0);
// 宣告輸出入埠
output out0, out1, out2, out3;
reg out0, out1, out2, out3;
input in;
input s1, s0;
```

Chapter 7

```
always @(s1 or s0 or in)
case ({s1, s0}) // 依控制訊號選擇開關位置。
   2'b00: begin out0=in; out1=1'bz; out2=1'bz; out3=1'bz;
   end
   2'b01: begin out0=1'bz; out1=in; out2=1'bz; out3=1'bz;
   end
   2'b10: begin out0=1'bz; out1=1'bz; out2=in; out3=1'bz;
   end
   2'b11: begin out0=1'bz; out1=1'bz; out2=1'bz; out3=in;
   end

   // 如果選擇訊號有 x 則輸出 x，
   // 如果選擇訊號有 z 則輸出 z，
   // 如果僅有一個 x，其他皆為 z，則 x 有較高的優先順序。
   2'bx0, 2'bx1, 2'bxz, 2'bxx, 2'b0x, 2'b1x, 2'bzx :
       begin
           out0 = 1'bx;out1 = 1'bx;out2 = 1'bx;out3=1'bx;
       end
   2'bz0, 2'bz1, 2'bzz, 2'b0z, 2'b1z :
       begin
           out0 = 1'bz;out1 = 1'bz;out2 = 1'bz;out3=1'bz;
       end
   default : $display("Unspecified control signals");
endcase

endmodule
```

　　在上例中，有多個輸入的組合如 2'bz0、2'bz1、2b'zz、2'b0z 和 2'b1z 都對應到同一個敘述或區塊，則只需用逗點 (,) 來分隔。

7.5.2 　關鍵字 casex, casez

在 case 敘述中有兩種變化，其關鍵字爲 casex、casez。

在 casez 中，不管是在條件運算式或選擇中，所有的 z 值就像隨意 (don't care) 值一樣，可用?替代之。 在 casex 中，對所有x與z值皆視爲隨意值。

因此在casex和casez中，僅比較非x或z位置的值。範例 7-21 以casex 來描述有限狀態機 (Finite State Machine)，在此僅有一個位元被用來決定下一個狀態。

範例 7-21 　使用 casex

```
reg [3:0] encoding;
integer state;

casex (encoding) // x表示隨意(don't care)值
4'b1xxx : next_state = 3;
4'bx1xx : next_state = 2;
4'bxx1x : next_state = 1;
4'bxxx1 : next_state = 0;
default : nest_state= 0;
endcase
```

因此某個輸入 encoding = 4'b10xz 將使 next_state=3 被執行。

7.6 　　迴　圈(Loops)

在 Verilog 中有四種迴圈敘述:while、for、repeat 和 forever。迴圈的語法是與 C 程式語言相當類似的，而所有的迴圈敘述皆僅能在 initial 或 always 的區塊中，其能包含延遲的敘述。

Chapter 7

7.6.1 while 迴圈

其關鍵字為 while，while 迴圈會一直執行到 while 條件運算式 (While Expression) 成假的時候。若一進入while迴圈時其條件運算式即是假時，這迴圈就不會執行。每一個條件運算式可包含表 6-1 之運算子 (Operators)，若有多個敘述要在迴圈中執行，他們必須被群聚起來，通常上是使用關鍵字 begin 和 end。範例 7-22 用來說明 while 迴圈的使用。

範例 7-22 while 迴圈

```
// 說明 1：遞增計數從 0 至 127，至 128 則跳出計數，
// 顯示計數變數。
interger count;


initial
begin
        count = 0;
      while(count < 128) //執行迴圈至 127，至 128 則跳出計數。
        begin
                $display("count = %d", count);
            count = count + 1;
        end
end

// 說明 2：尋找 flag(向量變數)中第一個 1 的位元
`define TRUE 1'b1;
`define FALSE 1'b0;
reg [15:0] flag;
integer i; // 使用整數變數來計數
reg continue;
```

```
initial
begin
  flag = 16'b 0010_0000_0000_0000;
  i=0;
  continue = `TRUE;

  while((i<16) && continue) // 用邏輯運算子結合多個條件運算式
  begin
    if (flag[i])
    begin
        $display("Encountered a TRUE bit element number %
                 d", i);
      continue= `FALSE;
    end
    i=i+1;
  end
end
```

7.6.2 for 迴圈

其關鍵字為 for。for 迴圈包含了三個部份：

●　初始條件。

●　判斷終止條件是否為眞。

●　一個可改變控制變數的程序指定。

範例 7-22 中的計數器，也可以用 for 迴圈來完成 (見範例 7-23)。初始
狀態和累增程序指定，是包含在 for 迴圈之中，不需另外去定義他們，
所以 for 迴圈要比 while 迴圈簡潔。但 while 迴圈有較廣的用途，for 迴圈
並不能取代所有的 while 迴圈。

Chapter 7

範例 7-23 for 迴圈

```
integer count;

initial
   for(count = 0 ; count < 128; count = count +1)
       $display("Count = %d", count);
```

迴圈可以用來初始化一個陣列或記憶體，如下：

```
// Initialize array elements
`define MAX_STATES 32
integer state [0:'MAX_STATES-1]; // 整數陣列 state，索引
                                 // 由 0 到 31。
integer i;

initial
begin
    for(i=0; i<32; i= i+2) // 所有偶數位址初始值為 0
        state[i] = 0;
    for(i=1; i<32; i= i+2) // 所有奇數位址初始值為 1
        state[i] = 1;
end
```

　　for 迴圈一般使用在有固定起始和結束的迴圈，如果迴圈是在某一條件下的簡單迴圈，最好使用 while 迴圈。

7.6.3　Repeat 迴圈

　　其關鍵字是 repeat，其功用為指定一個固定次數的迴圈。repeat 迴圈必須帶一個數值，可以是一個常數、變數或訊號值，而不能是一個邏輯表示式。若其為變數或訊號值時，僅在迴圈剛開始時才被讀取，在迴圈

執行期間並不會再去讀取。範例 7-22 中的計數器，將在範例 7-24 說明 1
中使用 repeat 迴圈來完成，在範例 7-24 說明 2 中將完成一個資料緩衝器，
其在接收到資料起始信號後 (data_start) 後，之八個時脈的正緣時鎖住
(latch) 輸入資料。

範例 7-24　Repeat 迴圈

```
// 說明 1：遞增計數從 0 至 127
interger count;

initial
begin
    count = 0;
    repeat(128)
    begin
        $display("count = %d", count);
        count = count + 1;
    end
end

// 說明 2：資料緩衝器
// 在接收到 data_start 信號後八個週期讀取資料

module data_buffer(data_start, data, clock);

parameter cycles = 8;
input data_start;
input [15:0] data;
input clock;

reg [15:0] buffer [0:7];
integer i;
```

```
always @(posedge clock)
begin
  if (data_start) // 若 data_start 信號為真
  begin
    i=0;
    repeat (cycles) // 在後八個週期的正緣觸發讀取資料
    begin
      @(posedge clock) buffer[i] = data; // 等到下一個正緣，
                                          // 以鎖住資料。

      i = i+1;
    end
  end
end

endmodule
```

7.6.4　forever 迴圈

其關鍵字為 forever，forever 迴圈並末包含任何條件運算式 (Expression)，會一直執行到遇到 $finish，就好像 while 迴圈的條件運算式永遠為真，例：while(1)。forever 迴圈亦可用 disable 敘述跳出。一般 forever 迴圈會與時序控制合用，若沒有使用時序控制，則會一直執行迴圈中的敘述，而其他的敘述將都不會被執行到。

範例 7-25　forever 迴圈

```
// 範例 1：clock 產生器
// 使用 forever 迴圈取代 always 區塊
reg clock;
initial
begin
```

```
        clock = 1'b0;
        forever #10 clock =~clock; // clock 週期為 20 個單位
end
// 範例 2：在每一 clock 正緣時，讓兩個暫存器變數相等。
reg clock;
reg x, y;

initial
        forever @(posedge clock) x = y;
```

7.7　　循序和平行區塊 (Sequential and Parallel Blocks)

　　區塊是為了群聚多個敘述使其一起動作。在前面幾個範例中，我們使用關鍵字 begin 和 end 來群聚多個敘述，這樣所得的是循序區塊，其內部的敘述將會一個接著一個執行。在這一節中我們將討論到循序和並行兩種區塊，和三種特殊區塊：命名 (Named) 區塊、關閉命名 (Disabling Named) 區塊和巢狀 (Nested) 區塊。

7.7.1　區塊型態

　　有兩種型態的區塊：循序區塊和平行區塊。

循序區塊

　　其關鍵字為 begin 和 end，其有下列特性：

● 每一個敘述會依照其順序執行，且要等到前一個敘述執行完才能開始執行 (除了包含指定內部延遲控制的無阻礙指定)。

● 每一個相對延遲控制或事件控制的敘述，其需等到前一個敘述執行完成，再依相對延遲時間或事件執行。

Chapter 7

　　本書前面的範例中，已經大量的使用循序區塊，範例 7-21 再進一步來討論循序區塊。在說明 1 中，在模擬時間零 x=0、y=1、z=1、w=2。在說明 2 中，在模擬時間 35 會得到相同結果。

範例 7-26　循序區塊

```
// 說明 1：不含延遲的循序區塊
reg x, y;
reg [1:0] z, w ;

initial
begin
        x = 1'b0;
        y = 1'b1;
        z = {x ,y};
        w = {y, x};
end

// 說明 2：含延遲的循序區塊
reg x, y;
reg [1:0] z, w;

initial
begin
    x = 1'b0;// 完成執行在模擬時間 0
    #5 y=1'b1;// 完成執行在模擬時間 5
    #10 z={x, y};// 完成執行在模擬時間 15
    #20 w={y, x};// 完成執行在模擬時間 35
end
```

平行區塊

　　其關鍵字為 fork 和 join，用在特殊的模擬功能，其有以下之特性：

● 在平行區塊中的所有敘述會同時執行。

● 在平行區塊中，敘述的執行順序是依照延遲控制與事件控制。

● 所有時序控制與事件驅動的時間，都相對進入區塊的模擬時間。

循序區塊與平行區塊最大的不同是，所有在平行區塊中的敘述皆執行於區塊啓動時，因此敘述在區塊中的順序是不重要的。範例 7-27 是將範例 7-26 的循序區塊轉換爲平行區塊，除了每一個敘述皆起始模擬時間 0 之外，其結果皆相同，所以區塊結束會在模擬時間 20 而非 35。

範例 7-27 平行區塊

```
// 範例 1：包含延遲的平行區塊
reg x, y;
reg [1:0] z, w;

initial
fork
    x=1'b0; // 完成執行在模擬時間 0
    #5 y=1'b1; // 完成執行在模擬時間 5
    #10 z={x,y}; // 完成執行在模擬時間 10
    #20 w={y,x}; // 完成執行在模擬時間 20
join
```

在平行區塊中，若在同一個時間有兩個敘述影響到同一個變數，會有產生競爭情況的可能，下面的範例可以說明這個現象。因爲所有的敘述皆執行於模擬時間 0，所以敘述的執行順序是無法預知的。當 x=1'b0 與 y=1'b1 先被執行，則 z 與 w 值分別爲 1 和 2。當 x=1'b0 與 y=1'b1 後被執行，則 z 與 w 值皆爲 2'bxx。所以 z 與 w 的值，是決定於模擬器的設計。雖然平行區塊內的敘述會同時執行，執行模擬器的微處理器 (CPU) 卻只能循序動作，而且不同的模擬器，會以不同的順序執行。因此這種競爭情形是因爲現今模擬器的技術造成的，而非由 fork-join 區塊的定義造成。

Chapter 7

```
// 會產生競爭情況的平行區塊
reg x, y;
reg [1:0] z, w;

initial
fork
        x=1'b0;
        y=1'b1;
        z={x,y};
        w={y,x};
join
```

　　關鍵字 fork 可視爲將一個流程分爲數個獨立的流程，關鍵字 join 可視爲再將這些獨立流程合併爲一個流程，且這些獨立的流程是同時執行的。

7.7.2　區塊的特殊特性 (Special Features of Blocks)

　　我們討論三種區塊敘述的特殊功能：巢狀區塊 (Nested Blocks)、命名區塊 (Named Blocks) 與禁能命名區塊 (Disabling of Named Blocks)。

巢狀區塊 (Nested blocks)

　　區塊可以巢狀使用。如同範例 7-28，循序區塊和並行區塊是可以混合在一起的。

範例 7-28　巢狀區塊

```
// 巢狀區塊
initial
begin
        x = 1'b0;
        fork
```

```
                #5 y=1'b1;
                #10 z={x,y};
        join
        #20 w = {y,x};
end
```

命名區塊(Named blocks)

區塊是可以命名的：

● 命名區塊中可宣告區域變數。

● 命名區塊是設計階層的一部份，在命名區塊中的變數可用階層化
命名參照存取 (Hierarchical Naming Referencing)。

● 可以禁能一個命名區塊，也就是停止這區塊的執行。

範例 7-29 說明了區塊的命名與階層化命名。

範例 7-29 命名區塊

```
// 命名區塊
module top;
initial
begin: block1 // 循序區塊命名為 block1
integer i; // 整數 i 是區塊 block1 的靜態區塊區域變數
           // 可以用以下的階層化命名來取得
           // top.block1.i
...
...
end

initial
fork: block2 // 平行區塊命名為 block2
reg i; // 暫存器 i 是 block2 的靜態區域變數
        // 可以用以下的階層化命名來取得, top.block2.i
```

Chapter 7

```
...
...
join
```

禁能命名區塊 (Disabling Named Blocks)

關鍵字 disable 提供一個方法來結束一個命名區塊的執行。disable 可用來跳出一個迴圈、操作一個錯誤狀態、或控制執行一段程式碼。其非常類似於 C 語言中之 break 敘述，不同的是 break 僅能中斷正在執行的迴圈，disable 可停止命名區塊的執行。

範例 7-30 是將範例 7-22 中的 while 迴圈，改寫並用 disable 敘述在找到直值旗標後，立刻中止 while 迴圈。

範例 7-30　禁能命名區塊

```
// 說明：尋找 flag(向量變數)中第一個 1 的位元
reg [15:0] flag;
integer i;  //整數持續計數

initial
begin
 flag = 16'b 0010_0000_0000_0000;
 i=0;
 begin : block1 // 將 while 迴圈內的主要區塊命名為 block1
 while( i < 16)
   begin
      if (flag[i])
      begin
          $display("Encountered a TRUE bit at element
                  number %d", i);
          disable block1; // 因發現"1"位元所以禁能 block1
      end
```

```
        i=i+1;
      end
    end
end
```

7.8　產生區塊 (Generate Blocks)

　　這一節中，我們將介紹如何利用產生區塊的方式，在模擬開始之前動態產生所需的區塊。這樣的產生方式，很適合開發參數化的設計模型，針對多位元的訊號所需的重複動作，可以產生出對應的模組；針對不同的模擬條件，產生出對應的模組。

　　產生的敘述方式可以針對訊號的宣告、功能的宣告，工作的宣告以及別名模組的產生來做控制。所有的產生描述都在模組 (Module) 內，由關鍵字 generate 開始，到 endgenerate 結束。可以產生的對象可以分成底下幾類：

- 模組。
- 使用者自訂的原生模組。
- Verilog 中邏輯閘模組。
- 連續指定敘述。
- initial 與 always 區塊。

　　依照系統設計條件，產生所需的宣告與別名模組，進一步為了支援結構化的元件與設計區塊，底下列出的這些資料型態，是可以被允許使用在產生區塊中：

- 接線、暫存器。
- 整數、實數、整數時間、實數時間。
- 事件。

Chapter 7

　　在產生區塊中所使用到的資料型態，都有一個唯一的階層化的識別名稱，可以用來當作使用上的索引。對於產生區塊中使用到的參數，可以在允許的範圍內利用關鍵字 defparam 來重新定義，這一個範圍，必須是在同一產生區塊，或是同一產生區塊階層下的範圍。

　　任務與功能區塊可允許在產生中使用，唯一的例外是不可以在迴圈化產生中使用。其他的產生動作中，產生出來的任務或是功能區塊都附帶有系統指定的獨立的識別名稱，可以在階層式的呼叫中，讓工程師有專有的名稱來做指定而不會混淆。

　　一些模組的宣告方式與模組內的敘述，並不能使用在產生動作中，列在下面幾點：

● 參數、區域參數。
● 輸入埠、輸出埠、輸出入埠。
● 指定區塊。

　　在產生模組內的連結比照一般模組的使用方式。

　　有三種產生敘述的使用方式：

● 迴圈化產生 (Generate Loop)。
● 條件化產生 (Generate Conditional)。
● 組合條件化產生 (Generate case)。

　　底下的小節中會一一做介紹。

7.8.1　迴圈化產生 (Generate Loop)

　　一個迴圈化產生可以在一個迴圈內初始化數個底下列出的資料型態：

● 變數定義。
● 模組。
● 使用者自訂原生邏輯閘，或是基本邏輯閘。
● 連續指定。

● initial 與 always 區塊。

範例 7-31 便是針對兩個 N 位元的匯流排，對所有的位元做互斥運算，我們用迴圈化產生的方法來描述。範例中因為要凸顯產生的功能，所以使用位元運算來做，而不是使用更方便的向量運算來處理。

範例 7-31 對 N 位元的匯流排做位元互斥運算

```
// 將兩個 N 位元的匯流排資料做互斥運算

module bitwise_xor (out, i0, i1);
// 參數定義，可以隨後修改。
parameter N = 32;  // 32 位元匯流排
// 宣告輸出入埠
output [N-1:0] out;
input [N-1:0] i0, i1;

// 宣告一個暫存的變數，用來做產生的指標，並不會在模擬過程中真正被
// 使用到。
genvar j;
// 產生逐位元的 xor 運算
generate for (j=0; j<N; j=j+1) begin: xor_loop
xor g1 (out[j], i0[j], i1[j]);
end // 結束迴圈化產生
endgenerate //結束產生區塊

// 另一種作法，直接使用互斥運算子，不使用互斥邏輯閘。
// reg [N-1:0] out;
//generate for (j=0; j<N; j=j+1) begin: bit
// always @(i0[j] or i1[j]) out[j] = i0[j] ^ i1[j];
```

```
//end
//endgenerate

endmodule
```

範例 7-31 中有幾個值得觀察的地方：

- 首先，在模擬運算開始之前，模擬器會把所有的產生區塊的動作先執行一遍，將對應的程式碼展開 (Unroll) 來做初始化的動作，然後再開始模擬的運算。所以利用迴圈化產生的方式，可以簡化重複的敘述。

- 關鍵字 genvar 可以用來宣告產生區塊中所需要用的的變數，這些變數將只存在模擬動作之前的產生動作中，不會在模擬運算中存在。

- genvar 只使用在迴圈化產生中。

- 迴圈化產生區塊中，還可以包含其他的迴圈化產生區塊 (巢狀架構)，但是若有兩個迴圈化產生使用到同一個genvar定義的變數，則這兩個迴圈化產生不能是巢狀的。

- 迴圈名稱 xor_loop 將會被用來當作階層化索引的一部份，例如範例中的邏輯閘的參考名稱便是 xor_loop[0].g1、xor_loop[1].g1、.......、xor_loop[31].g1.

迴圈化的產生在使用上有很多彈性，多種資料型態可以在迴圈化產生中被產生使用。簡單來看，迴圈化產生便是將迴圈內的所有敘述，在模擬開始之前全部展開來。以下的範例 7-32 中，舉例說明漣波加法器如何產生。

範例 7-32 產生一個漣波型加法器

```verilog
// 產生一個漣波型加法器

module ripple_adder(co, sum, a0, a1, ci);
// 參數可被重新定義
parameter N = 4; // 定義四位元

// 宣告輸出入埠
output [N-1:0] sum;
output co;
input [N-1:0] a0, a1;
input ci;

// 宣告接線
wire [N-1:0] carry;

// 將第一位進位值指定為輸入埠的進位
assign carry[0] = ci;

// 宣告迴圈產生中所需的暫時變數 i
genvar i;

// 產生位元加法運算的邏輯閘
generate for (i=0; i<N; i=i+1) begin: r_loop
    wire t1, t2, t3;
    xor g1 (t1, a0[i], a1[i]);
    xor g2 (sum[i], t1, carry[i]);
    and g3 (t2, a0[i], a1[i]);
    and g4 (t3, t1, carry[i]);
```

Chapter 7

```
       or g5 (carry[i+1], t2, t3);
end
endgenerate
// 以上的範例所產生的邏輯閘的名稱為
// xor : r_loop[0].g1, r_loop[1].g1, r_loop[2].g1,
         r_loop[3].g1
         r_loop[0].g2, r_loop[1].g2, r_loop[2].g2,
         r_loop[3].g2
// and : r_loop[0].g3, r_loop[1].g3, r_loop[2].g3,
         r_loop[3].g3
         r_loop[0].g4, r_loop[1].g4, r_loop[2].g4,
         r_loop[3].g4
// or :  r_loop[0].g5, r_loop[1].g5, r_loop[2].g5,
         r_loop[3].g5
// 產生的接線名稱為
// Nets: r_loop[0].t1, r_loop[0].t2, r_loop[0].t3
//       r_loop[1].t1, r_loop[1].t2, r_loop[1].t3
//       r_loop[2].t1, r_loop[2].t2, r_loop[2].t3
//       r_loop[3].t1, r_loop[3].t2, r_loop[3].t3
assign co = carry[N];

endmodule
```

7.8.2　條件化產生 (Generate Conditional)

　　條件化產生使用 if-else-if 的方式，依不同的條件產生不同的 Verilog 語法。與迴圈化產生類似，可以針對底下的資料型態使用。

● 模組。

● 使用者自訂原生邏輯閘，或是基本邏輯閘。

● 　連續指定區塊。

● 　initial 與 always 區塊。

　　範例 7-33 示範如何使用條件化，產生描述一個參數化的乘法器模型。如果輸入的向量寬度 a0_width 或是 a1_width 不足 8 位元，則使用進位預算式 (CLA，carry_look_ahead) 的乘法器，如果兩組輸入向量都超過 8 位元，就使用樹狀乘法器。

範例 7-33 參數化乘法器

```
// 參數化乘法器

module multiplier (product, a0, a1);
// 宣告輸入向量寬度，可以被重新定義。
parameter a0_width = 8; // 八位元
parameter a1_width = 8; // 八位元

// 區域參數宣告
// 這一部份的參數，不可以被 defparam 來重新定義。
localparam product_width = a0_width + a1_width;
// 宣告輸出入埠
output [product_width -1:0] product;
input [a0_width-1:0] a0;
input [a1_width-1:0] a1;

// 依照位元寬度來決定使用哪一種乘法器
generate
  if (a0_width <8) || (a1_width < 8)
    cla_multiplier #(a0_width,a1_width m0(product,a0,a1);
```

Chapter 7

```
    else
        tree_multiplier  #(a0_width,a1_width)m0(product,a0,
    a1);
endgenerate


endmodule
```

7.8.3　組合條件化產生 (Generate Case)

組合條件化產生應用，在依照設定的多組條件與對應描述組合中，在模擬開始之前，選取最適合的一組組合來做產生的動作，適合的資料型態如下：

● 模組。

● 使用者自訂原生邏輯閘，或是基本邏輯閘。

● 連續指定區塊。

● initial 與 always 區塊。

範例 7-34 中，使用組合條件化產生方式來實做 N 位元加法器。

範例 7-34　組合條件化產生

```
// N 位元加法器

module adder(co, sum, a0, a1, ci);
// 參數宣告，可以重新定義。
parameter N = 4; // 四位元

// 宣告輸出入埠
output [N-1:0] sum;
output co;
input [N-1:0] a0, a1;
```

```
input ci;

// 依照輸入向量的位元寬度來決定該使用哪一種加法器
generate
case (N)
  // Special cases for 1 and 2 bit adders
  1: adder_1bit adder1(c0,sum,a0,a1,ci); // 一位元的加法器
  2: adder_2bit adder2(c0,sum,a0,a1,ci); // 二位元的加法器
  // 如果都不是，就採用N位元進位預算式加法器。
  default: adder_cla #(N) adder3(c0, sum, a0, a1, ci);
endcase
endgenerate

endmodule
```

7.9　範　例 (Examples)

這一節將使用行為模型架構一個 4 對 1 的多工器，4 位元的計數器和紅綠燈控制器，前兩個範例參考 6.5 章節的內容，最後一個範例是新的範例，我們將使用行為描述的方式，來設計一個交通流量的紅綠燈控制器，並且做模擬。

7.9.1　4 對 1 多工器 (4-to-1 Multiplexer)

在 6.5.1 節中也曾經用資料處理模型定義過相同的多工器，其模擬結果是一樣的。

範例 7-35　行為模型 4 對 1 的多工器

```
// 4-to-1 多工器
module mux4_to_1 (out, i0, i1, i2, i3, s1, s0);
```

Chapter 7

```
// 宣告輸出入埠
output out;
input i0, i1, i2, i3;
input s1, s0;
// 宣告輸出為暫存器變數
reg out;

// 當有任何輸入改變，重新計算輸出信號。
always @(s1 or s0 or i0 or i1 or i2 or i3)
begin
case({s1, s0})
  2'b00: out = i0;
  2'b01: out = i1;
  2'b10: out = i2;
  2'b11: out = i3;
  default: out = 1'bx;
  endcase
end

endmodule
```

7.9.2　4 位元計數器 (4-bit Counter)

在 6.5.3 節中我們曾設計一個 4 位元漣波計數器，在資料處理模型或閘層次中，計數器是用硬體的模型來設計的，像漣波計數器、同步計數器等等，但在行為層次我們將不考慮硬體的實際邏輯閘組態，直接依其所需功能來做設計，如同範例 7-36 中所示。特別強調的是，使用行為描述的方式，與直接使用邏輯閘形式的描述方式結果是相似的，例如在底下的範例中，將加法動作以實際的加法器線路代換入，在沒有未知 x 或是高電平 z 的訊號狀況下，模擬的結果便會與 6.5.2 的結果相同。

範例 7-36 行為模型 4-bits 計數器

```
// 4 位元二進制計數器
module counter(Q, clock, clear);

// 輸出入埠
output [3:0] q;
input clock, clear;
// 宣告輸出為暫存器變數
reg [3:0] Q;

always @(posedge clear or negedge clock)
begin
  if (clear)
    Q <= 4'd0; // 一般來說，建議在循序電路中(如正反器)使用無阻礙
               // 指定敘述。
  else
    Q <= Q+1; // Q的值被限制在 4 位元，所以不需要做 16 的餘數運算。
end

endmodule
```

7.9.3　紅綠燈控制器 (Traffic Signal Controller)

我們將使用一個有限狀態機 FSM(finite state machine)來設計一個紅綠燈控制器。

規格說明

有一個紅綠燈在主要幹道(Main Highway)和郊道(Country Road)交叉口。

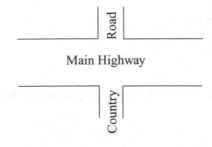

Chapter **7**

紅綠燈的規格如下：

● 因為在主幹道上，時常有車在上面行駛，所以有較高優先順序。其紅綠燈預設會保持綠燈。

● 偶而會有車從郊道行駛到交叉口，郊道的紅綠燈應轉為綠燈，且有足夠時間讓郊道的車子通過。

● 若郊道上已無車輛，郊道的紅綠燈應轉為黃燈再轉為紅燈，主幹道的紅綠燈應由紅轉綠。

● 所以郊道上應有一個車子的感應器，其產生的信號(X)，是紅綠燈控制的輸入，X=1 代表有車子在郊道上，反之為 0。

● 狀態由 S1 到 S2，由 S2 到 S3 和由 S4 到 S0 需要有延遲，延遲的數值必須可以控制。圖 7-1 表示紅綠燈的狀態圖。

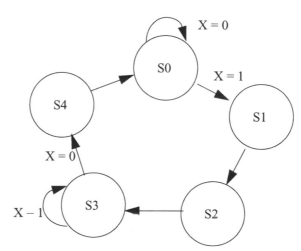

State	Signals
S0	Hwy = G Cntry = R
S1	Hwy = Y Cntry = R
S2	Hwy = R Cntry = R
S3	Hwy = R Cntry = G
S4	Hwy = R Cntry = Y

圖 7-1　FSM 應用於交通訊號控制器

　　範例 7-37 是這個紅綠燈控制器的 Verilog 程式：

範例 7-37　紅綠燈控制器

```
`define TRUE 1'b1
`define FALSE 1'b1


// 延遲
`define Y2RDELAY  3 // 黃燈轉紅燈的延遲
`define R2GDELAY  2 // 紅燈轉綠燈的延遲

module sig_control
    (hwy, cntry, x, clock, clear);

// 輸出入埠
output [1:0] hwy, cntry;
    // 三狀態兩位元輸出
    // GREEN, YELLOW, RED
reg [1:0] hwy, cntry;
    // 宣告輸出為暫存器變數
input X;
    // 如果有車在郊道上為真，其他狀態為假。

input clock, clear;

parameter RED = 2'd0,
        YELLOW = 2'd1,
        GREEN = 2'd2;
//State definition     HWY     CNTRY
parameter S0 = 3'd0, // GREEN   RED
        S1 = 3'd1, // YELLOW  RED
        S2 = 3'd2, // RED     RED
```

Chapter 7

```verilog
          S3 = 3'd3, //RED GREEN
          S4 = 3'd4; //RED YELLOW

// 內部狀態變數
reg [2:0] state;
reg [2:0] next_state;

//state changes only at positive edge of clock
always @(posedge clock)
  if (clear)
      state <= S0; // 控制器開始於 S0 狀態
  else
      state <= next_state; // 狀態改變
// 計算值為主要幹道訊號和郊道訊號
always @(state)
begin
  hwy = GREEN; // 預設燈分配給主要幹道燈
  cntry = RED; // 預燈分配給郊道燈
  case(state)
    S0: ; // 不改變使用預設值
    S1: hwy = YELLOW;
    S2: hwy = RED;
    S3: begin
        hwy = RED;
        cntry = GREEN;
      end
    S4: begin
        hwy = RED;
        cntry = `YELLOW;
      end
  endcase
```

```verilog
end
//State machine using case statements
always @(state or X)
begin
    case (state)
      S0:if(X)
           next_state = S1;
         else
           next_state = S0;
      S1:begin //delay some positive edges of clock
           repeat(`Y2RDELAY) @(posedge clock) ;
           next_state = S2;
         end
      S2:begin //delay some positive edges of clock
           repeat(`R2GDELAY) @(posedge clock);
           next_state = S3;
         end
      S3:if(X)
           next_state = S3;
         else
           next_state = S4;
      S4:begin //delay some positive edges of clock
           repeat(`Y2RDELAY) @(posedge clock) ;
           next_state = S0;
         end
    default: next_state = S0;
  endcase
end
endmodule
```

模擬

透過底下範例 7-38 的模擬描述，可以確認紅綠燈操作的狀況。

範例 7-38　紅綠燈控制器的模擬

```verilog
// 模擬模組
module stimulus;

wire [1:0] MAIN_SIG, CNTRY_SIG;
reg CAR_ON_CNTRY_RD;
// 如果為真，表示車子可通過路面
reg CLOCK, CLEAR;

// 取別名紅綠燈
sig_control SC(MAIN_SIG, CNTRY_SIG, CAR_ON_CNTRY_RD,
CLOCK, CLEAR);

// 設定監視變數
initial
 $monitor($time,"Main Sig=%b Country Sig = %b Car_on_cntry
  = %b",MAIN_SIG, CNTRY_SIG,CAR_ON_CNTRY_RD);

// 設定 clock
initial
begin
    CLOCK =`FALSE;
    forever #5 CLOCK =~CLOCK;
end

// 控制清除信號
initial
```

```
begin
    CLEAR = `TRUE;
    repeat (5) @(negedge CLOCK);
    CLEAR = `FALSE;
end
// 模擬實施
initial
begin
    CAR_ON_CNTRY_RD = `FALSE;

    repeat(20)@(negedge CLOCK); CAR_ON_CNTRY_RD = `TRUE;
    repeat(10)@(negedge CLOCK); CAR_ON_CNTRY_RD = `FALSE;

    repeat(20)@(negedge CLOCK); CAR_ON_CNTRY_RD = `TRUE;
    repeat(10)@(negedge CLOCK); CAR_ON_CNTRY_RD = `FALSE;

    repeat(20)@(negedge CLOCK); CAR_ON_CNTRY_RD = `TRUE;
    repeat(10)@(negedge CLOCK); CAR_ON_CNTRY_RD = `FALSE;

    repeat(10)@(negedge CLOCK); $stop;
end
endmodule
```

7.10　　總　結 (Summary)

在這個章節我們使用了 Verilog 行為模式敘述，來設計數位電路。

● 用行為模式表示一個數位電路是用演算法來實行，所以一個行為模型，不需要詳盡敘述硬體型式。應用在設計初期行為模式模型，與 C 程式語言相當類似，用來估算不同設計之優劣。

● initial 和 always 形成基本的行為模型，所有的行為敘述只能出現

Chapter 7

在 initial 和 always 區塊中。一個 initial 區塊只執行一次，而 always 區塊持續執行直到模擬結束。

● 在行為模型中使用程序指定來指定，一個值給暫存器變數。阻礙指定在前一個述完成後才能執行下個敘述，無阻礙指定排定好指定被執行的時間，並繼續執行以後的敘述。

● 延遲基礎時序控制、事件基礎時序控制和位準感測時序控制是 Verilog 控制時序和執行順序的三種方法。正規延遲、零延遲和指定內部延遲控制是三種延遲基礎時序控制。正規事件、命名事件和事件或控制是三種事件基礎時序控制。wait敘述是用來控制位準感測時序控制。

● if 和 else 是條件敘述，如果有多個分支則建議使用 case 敘述。casex、casez 是特殊的 case 敘述。

● 關鍵字 while、 for、 repeat 和 forever 是四種型態的迴圈敘述。

● Verilog 有兩種區塊:循序和平行區塊。用關鍵字 begin 和 end 來定義循序區塊，用關鍵字 fork 和 join 來定義平行區塊。區塊可以被命名，也可以是巢狀的。一個命名區塊可以在任何地方被停止，且可以用階層化名稱參照使用。

● 產生區塊可以在模擬開始的時候，動態產生所需要的區塊，針對多位元或是匯流排的訊號，一次可以產生多個模組。這一個方式大大簡化描述撰寫所需要的時間，並避免人工的錯誤。產生的描述包含迴圈化產生、條件化產生與組合條件化產生三種。

7.11　習　題 (Exercises)

1. 使用 forever 迴圈宣告一個暫存器變數"oscillate"其初始值為 0，且每 30 時間單位觸發一次。

2. 使用 always 和 initial 敘述設計一個時脈，其週期為 40，工作週期為 25%，初始狀態為 0。

3. 下面的 initial 區塊使用阻礙指定，每一個敘述其執行時間為何？a,b,c,d 中間值和最終值各為多少？

```
initial
begin
    a = 1'b0;
    b = #10 1'b1;
    c = #5 1'b0;
    d = #20 {a, b, c};
end
```

4. 重覆練習 3 並使用無阻礙程序指定。

5. 下面的 Verilog 程式每一個敘述其執行順序為何?是否有任何模稜兩可的順序存在？a、b、c、d 最終值各為多少？

```
initial
begin
    a = 1'b0;
    #0 c = b;
end
initial
begin
    b = 1'b1;
    #0 d=a;
end
```

Chapter 7

6.　在下面的 Verilog 程式中 d 的最終值為何？

```
initial
begin
    b = 1'b1; c = 1'b0;
    #10 b=1'b0;
initial
begin
    d= #25 (b|c);
end
```

7.　使用行為模式敘述設計一個負緣觸發的 D 型正反器，其有高電位同步清除的功能，且設計一個週期為 10 的時脈，來測試這一個 D 型正反器。

8.　重覆練習 7 設計一個非同步的 D 型正反器，且測試這一個 D 型正反器。

9.　使用 wait 敘述設計一個位準感測閂 (latch)，其輸入為 clock 和 d，輸出為 q 且當 clock = 1 時 q=d 。

10.　用 if 和 else 設計一個 4 對 1 多工器，其介面要與範例 7-19 相同。

11.　用 if 和 else 設計一個如同本章所討論的紅綠燈控制器。

12.　使用 case 敘述，設計一個擁有八個功能的 ALU：有 4-bits 輸入 "a"、"b"，3-bits 輸入 "select"，和一個 5-bits 輸出 "out"。這八個功能如下表，其由 "select" 來選擇，忽略溢位 (Overflow) 和下溢位元 (Underflow)。

選擇信號	函　數
3'b000	out=a
3'b001	out=a+b
3'b010	out=a-b
3'b011	out=a/b
3'b100	out=a%b(remainder)
3'b101	out=a<<1
3'b110	out=a>>1
3'b111	out=(a>b)(magnitude compare)

13. 使用while迴圈設計一個時脈產生器，其初始值為0，週期為10。

14. 使用 for 迴圈設計一個4-bits 暫存器陣列 cache-var，其位置為0～1023，初始值為0。

15. 使用forever敘述設計一個時脈週期為10，工作週期40%，初始值為0。

16. 使用repeat迴圈，延遲20個正緣時脈後執行敘述a=a+1。

17. 下面是個巢狀區塊，什麼時候區塊將會結束？每個事件的執行順序是什麼？每一個敘述在什麼時候完成執行？

```
initial
begin
    x = 1'b0;
    #5 y= 1'b1;
    fork
        #20 a=x;
        #15 b=y;
    join
    #40 x=1'b1;
    fork
```

```
        #10 p=x;
        begin
            #10 a=y;
            #30 b=x;
        end
        #5 m=y;
    join
end
```

18. 使用 forever 迴圈、命名區塊、禁能命名區塊，設計一個 8-bits
    計數器從"count=5"開始計數，結束於"count=67"。在時脈為正
    緣時向上計數，時脈週期為 10，這個計數器僅會跑迴圈一次然後
    就停止。

第 **8** 章

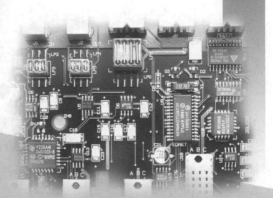

任務與函數
(Tasks and Functions)

8.1 任務與函數的不同之處

8.2 任　務

8.3 函　數

8.4 總　結

8.5 習　題

VERILOG
Hardware Descriptive Language

　　在行爲模式的設計中，我們通常在程式的許多地方重複著相同描述的程式碼，這樣的情況，在一般的電腦程式語言裡，通常將這些常用到的程式碼，寫成函數或是副程式的形式再去引用，而不用繁瑣的鍵入同樣的程式碼，在 Verilog 中對於這樣的情況，提供了任務(Task)與函數(Function)，使得對於相同的程式碼，可以在程式中的不同部分被引用，而不需要繁瑣的一再鍵入相同的程式碼。

　　對於任務，我們可以宣告 input、output 與 inout，函數則可以宣告 input 以提供做爲輸出與輸入。相較於 FORTRAN，任務如同 FORTRAN 中的 SUBROUTINE，任務則相同於 FORTRAN 中的 FUNCTION。

　　任務與函數同樣包含在 Verilog 階層式的架構中，同樣可以用階層式的名稱引用到它。

學習目標

● 瞭解任務與函數不同之處。
● 瞭解在什麼樣的情況下需要用到任務，與任務的宣告和引用的方法。
● 瞭解在什麼樣的情況下需要用到函數，與函數的宣告和使用的方法。

8.1　任務與函數的不同之處 (Differences between Tasks and Functions)

　　在 Verilog 中，任務與函數通常因爲不同的目的，而使用在不同的地方，下面我們將詳細的討論任務與函數不同之處，如表 8-1 所示：

表 8-1　任務與函數

函數	任務
一個函數可以引用其他的函數,但不能引用其他的任務。	一個任務可以引用其他的任務與函數
函數永遠在時間等於零的時候開始執行	任務可以不從時間等於零的時候開始執行
函數不能包含有延遲、事件或是控制時間的任何陳述。	任務可以包含有延遲、事件與時間控制的陳述。
函數至少要有一個input的宣告,並能多於一個。	任務可以擁有零個或是更多的input、output 或是 inout。
函數永遠回傳單一個值,並且不能有output 與 inout 的宣告。	任務並沒有傳回的值,但可以藉由output、inout 將值輸出來。

　　任務與函數都必須在一個模組中定義,並僅屬於這個模組。任務通常用於取代一個擁有延遲、時間或是事件的控制陳述,或是輸出的數目多於一個的 Verilog 程式碼中。函數則是應用在組合邏輯,執行時間為零,與只有一個輸出的情況下,因此函數通常適用於轉換與計算。

　　函數與任務都可以擁有本身的區域變數、暫存器、時間變數、整數、實數或是事件,但不能擁有wire型態的變數。函數與任務只能用於行為模式的敘述中,且本身不能有 initial 或是 always 的陳述,但是通常是在一個 always 或是 initial 區塊中被引用。

8.2　任務 (Tasks)

　　任務是以關鍵字 task 與 endtask 宣告,所適用的情況如下:

● 需要用到延遲、時間或是事件控制指令的時候。

● 需要有零個或是多於一個輸出的時候。

● 沒有輸入的時候。

Chapter 8

8.2.1　任務宣告與引用

任務的宣告與語法上的結構如下所示：

範例 8-1　任務結構

```
// 宣告任務的語法
        task_declaration ::=
        task [automatic] task_identifier;
        { task_item_declaration }
        statement
        endtask
      | task[automatic] task_identifier(task_port_list);
        { block_item_declaration }
        statement
        endtask
task_item_declaration ::=
    block_item_declaration
  | { attribute_instance } tf_input_declaration;
  | { attribute_instance } tf_output_declaration;
  | { attribute_instance } tf_inout_declaration;
task_port_list ::= task_port_item { , task_port_item }
task_port_item ::=
    { attribute_instance } tf_input_declaration
  | { attribute_instance } tf_output_declaration
  | { attribute_instance } tf_inout_declaration
tf_input_declaration ::=
    input[reg][signed][range]list_of_port_identifiers
  | input[task_port_type]list_of_port_identifiers
tf_output_declaration ::=
    output[reg][signed][range]list_of_port_identifiers
  | output[task_port_type]list_of_port_identifiers
```

```
tf_inout_declaration ::=
    inout[reg][signed][range]list_of_port_identifiers
 |  inout[task_port_type]list_of_port_identifiers
task_port_type ::=
    time | real | realtime | integer
```

　　對於一個任務，其輸出與輸入訊號是用關鍵字 input、output 與 inout 根據需要來宣告，其中 input、inout 是將資料輸入到任務中，inout 與 output 是將結果輸出到外面來。雖然跟模組一樣擁有 input、output 與 inout，但是對於模組而言，這些都是與外界溝通的埠，但對一個任務而言，則只是將訊號傳出或是傳入一個任務的工作而已，並不是一個埠。

8.2.2　任務範例

　　本節中用兩個範例，第一個範例是說明在任務中 input 與 output 的用處，第二個範例是用任務來產生一個非對稱的計時器訊號。

運用 input 與 output

　　範例 8-1 運用一個 bitwise_oper 任務來解釋，在任務中如何使用 input 與 output。任務 bitwise_oper 是將兩個 16 位元的數，a 與 b 分別做位元邏輯運算的邏輯及、邏輯或與邏輯互斥或的運算後把結果輸出來，總共有兩個輸入 a 與 b，三個輸出 ab_and、ab_or 與 ab_xor，在本例中也有用參數 delay 來敘述延遲。

範例 8-2　任務中的 input 與 output

```
// 定義一個名為 operation 的模組，並包含一個名為 bitwise_oper 的
   任務。
module operation;
...
```

```
 ...
 parameter delay = 10 ;
reg[15:0]  A, B ;
reg[15:0]  AB_AND,  AB_OR,  AB_XOR ;

always  @(A or B)// 每當 A or B 改變其值
begin
    // 呼叫任務 bitwise_oper 並提供兩個數入引數 A、B
    // 提出三個輸出引數 AB_AND，AB_OR，AB_XOR
    // 引數的順序必需要跟定義任務時的順序相同
    bitwise_oper(AB_AND, AB_OR, AB_XOR, A, B);
end
 ...
 ...
// 定義任務 bitwise_oper
task bitwise_oper;
output [15:0] ab_and, ab_or, ab_xor; // 任務的輸出
input [15:0] a, b; // inputs to the task
begin
    #delay ab_and = a & b ;
    ab_or = a | b ;
    ab_xor = a ^ b ;
 end
 endtask
 ...
 endmodule
```

　　在這個範例中我們需要注意到幾個地方，第一是引用一個任務時，輸出與輸入訊號，需要與這個任務的輸出與輸入宣告的順序相同，第二要注意的地方是任務中的輸出與輸入宣告，不同於模組的地方在於模組在模組名稱後面要加一串的埠列，以說明輸出、輸入的順序，在任務中

則沒有，取代是以宣告的順序來作爲呼叫一個任務時輸入與輸出的順序。由上例中我們可以看到在任務 bitwise_oper 中，a＝A、b＝B，相對的在模組內 AB_AND＝ab_and、AB_OR＝ab_or、AB_XOR＝ab_xor。

　　除了可以用以上的方式來定義任務，也可以使用 ANSI C 的慣用方式來定義任務，如同範例 8-3 中所示。

範例 8-3　利用 ANSI C 的慣用方式來定義任務

```
// 定義一個任務 bitwise_oper
task bitwise_oper(output [15:0] ab_and, ab_or, ab_xor,
                  input [15:0] a, b);
begin
    #delay ab_and = a & b;
    ab_or = a | b;
    ab_xor = a ^ b;
end
endtask
```

非對稱計時器訊號產生器

　　任務可以直接對模組中的 reg 變數作運算。在範例 8-2 中我們運用任務來持續的改變，一個在模組中的 clock 的 reg 變數，產生一個非對稱的計時器訊號。

範例 8-4　直接作用於 reg 變數上的任務

```
// 定義一個包括任務 asymmetric_sequence 的模組
module sequence;
...
regclock;
...
initial
```

```
    init_sequence; // 呼叫任務 init_sequence
...
always
begin
    asymmetric_sequence;   // 呼叫任務 asymmetric_sequence
end
...
...
// 初始值
task init_sequence;
begin
    clock = 1'b0;
end
endtask
// define task to generate asymmetric sequence
// operate directly on the clock defined in the module
task asymmetric_sequence;
begin
     #12 clock = 1'b0;
     #5  clock = 1'b1;
     #3  clock = 1'b0;
     #10 clock = 1'b1;
end
end task
...
endmodule
```

8.2.3 自動任務

任務的使用上傳統是靜態配置，用程式執行的角度來看，靜態配置指的是，不論該任務被呼叫多少次，是否同時被呼叫多次，執行的都是同一段程式碼，使用同樣的記憶體空間，當然也是裡面的變數值也各只有一份。這樣的方式，有利也有弊，優點是如果任務在多次呼叫中，有需要保留相關連的資訊時，不用另外定義新的變數與佔用記憶體空間；缺點是，如果同時間這一個任務都呼叫使用，那將會造成變數值內容的錯亂。

　　為了要避免這一個問題，可以在宣告任務的時候加一個關鍵字automatic，如此一來，每次任務被呼叫使用的時候，任務內所定義的變數值都將被重新初始化，程式也會在獨立的記憶體空間執行，彼此間不互相干擾。

範例 8-5　自動任務

```verilog
// 本範例中，只列出相關的任務使用部分。
// 本範例中有兩組時脈訊號，一組時脈 clk2 是操作於另一組時脈 clk 的
   兩倍速度。
module top;
reg [15:0] cd_xor, ef_xor; //variables in module top
reg [15:0] c, d, e, f; //variables in module top

task automatic bitwise_xor;
output [15:0] ab_xor; //output from the task
input [15:0] a, b; //inputs to the task
begin
    #delay ab_and = a & b;
    ab_or = a | b;
    ab_xor = a ^ b;
end
endtask
...

```

```
// These two always blocks will call the bitwise_xor task
// concurrently at each positive edge of clk. However,
   since
// the task is re-entrant, these concurrent calls will
   work correctly.
always @(posedge clk)
    bitwise_xor(ef_xor, e, f);

always @(posedge clk2) // twice the frequency as the
                              previous block
    bitwise_xor(cd_xor, c, d);


endmodule
```

8.3　函數 (Functions)

函數的宣告是用關鍵字 function 與 endfunction，適用的時機如下：

● 程序中沒有延遲、時間或是事件控制的指令時。

● 程序傳回單一個值時。

● 至少有一個傳入參數的時候。

● 沒有輸出或是輸出入埠。

● 沒有阻礙程序。

8.3.1　函數的宣告與引用

函數的語法如下範例 8-6 所示：

範例 8-6　//宣告函數的語法

```
function_declaration ::=
    function [ automatic ] [ signed ][ range_or_type ]
    function_identifier ;
    function_item_declaration{function_item_declaration}
    function_statement
    endfunction
  | function [ automatic ] [ signed ] [ range_or_type ]
    function_identifier(function_port_list);
    block_item_declaration { block_item_declaration }
    function_statement
    endfunction
function_item_declaration ::=
    block_item_declaration
  | tf_input_declaration ;
function_port_list ::= { attribute_instance } tf_input_
                    declaration {,{ attribute_instance
                    } tf_input_declaration }
range_or_type ::= range | integer | real | realtime | time
```

　　在 Verilog 中，當一個函數宣告的時候，Verilog 同時也內定的宣告了一個以函數的名稱為名的暫存器，當函數執行完畢，函數的輸出則經由這個暫存器傳回到我們呼叫函數的地方。當我們要引用一個函數的時候，要指定其名稱與相對的輸入，這在下面的範例中可以看出來，等函數執行完畢後，其回傳值也傳回到呼叫他的地方。在上面的 <range_of_type> 這項中，則定義了這個暫存器，即函數輸出的位元長度，當這項不寫的時候，則用內定值 1。在 Verilog 中的函數與 FORTRAN 中的 FUNCTION 很像，要注意的是，函數至少要有一個輸入，且沒有輸出，因為回傳值是透過內定宣告的暫存器來傳回，還有在函數中不可以呼叫其他的任務，但是可以呼叫其他的函數來使用。

Chapter 8

8.3.2　範例

　　本節中舉了兩個範例，第一個是一個奇偶計數器，傳回一個位元表示輸入數的奇偶性質，第二個是一個 32 位元的左/右移位器，傳回一個32 位元的移位結果。

奇偶計數器

　　範例 8-7 是說明經由呼叫一個 calc_parity 的函數，來計算輸入的 32位元位址，其內部 1 的個數是否為偶數。

範例 8-7　奇偶計數器

```
// 定義一個包含函數 calc_parity 的模組
module parity;
...
reg[31:0]  addr;
reg parity;
// 當 address 值改變的時候，即重新計算奇偶性。
always @(addr)
begin
    parity = calc_parity(addr); // 第一次呼叫 calc_parity
                                           函數
   $display("Parity calculated = %b", calc_parity(addr));
                                 // 第二次呼叫 calc_parity 函數
end
...
...
// 定義計算奇偶性質的函數
function calc_parity;
input [31:0] address;
```

```
begin
    // 運用內定的暫存器 calc_parity 來輸出值
    calc_parity = ^address; // 利用簡化的互斥或運算計算出
                              // address 的奇偶性
end
endfunction
...
...
endmodule
```

在上例中，第一次引用函數 calc_parity 時，回傳值是傳到一個名為 parity 的暫存器(reg)中，第二次引用時，回傳值是傳到一個任務$display 中，所以一個函數傳回值，既可以放在一個暫存器中，或是輸出到系統的任務$display 中。同樣的方式，亦可以用 ANSI C 的方式來定義，在範例 8-8 中，將 calc_parity 這一個函數宣告改寫為 ANSI C 的慣用方式。

範例 8-8　使用 ANSI C 的方式來定義函數

```
// 使用 ANSI C 的方式來定義函數
function calc_parity(input [31:0] address);
begin
    // 運用內定的暫存器 calc_parity 來輸出值
    calc_parity = ^address; // 回傳所有位元互斥運算後的值
end
endfunction
```

左／右移位器

本例主要用於說明，如何指定一個輸出位元大於 1 的輸出值。在範例 8-9 中，主要是一個 32 位元的移位器，藉由一個control 的訊號來控制左移或是右移。

Chapter 8

範例 8-9　左／右移位器

```verilog
// 定義一個包含有函數 shift 的模組
module shifter;
...
// 左 / 右移位器
'define LEFT_SHIFT          1'b0
'define RIGHT_SHIFT         1'b1
reg [31:0]  addr, left_addr, right_addr ;
reg control;

// 當 addr 值變動時，即重新計算新 addr 的左 / 右移位後的值。
always @(addr)
begin
        // 呼叫 shift 函數計算左移與右移
        left_addr = shift(addr, 'LEFT_SHIFT);
        right_addr = shift(addr, 'RIGHT_SHIFT);
end
...
...
// 定義一個輸出為 32 位元的 shift 函數
function [31:0] shift;
input [31:0] address;
input control;
begin
    // 視 control 訊號作左移或是右移運算
   shift=(control== LEFT_SHIFT) ?(address<<1):(address1);
end
endfunction
...
...
endmodule
```

8.3.3　自動(遞迴)函數

通常函數並不會有遞迴使用的狀況，如果同時間兩段程式呼叫使用同一個函數，因為函數內變數佔用同一份記憶體空間，將會造成一個無法確認的結果。在這樣的狀況下，可以比照前一節所講的任務中，利用關鍵字 automatic 來定義一個自動(允許遞迴)函數，每次函數被呼叫的時候，將會動態分配獨立的空間給函數，對於所有函數內的變數，不同的呼叫，也對應到不同的記憶體空間，彼此互相不干擾。範例 8-10 利用 automatic 的功能來實作階乘。

範例 8-10　利用遞迴(Automatic)函數

```verilog
// 利用遞迴呼叫來作階乘
module top;
...
// 定義函數
function automatic integer factorial;
input [31:0] oper;
integer i;
begin
if(operand >= 2)
  factorial = factorial(oper -1)* oper; // 遞迴呼叫
else
  factorial = 1 ;
end
endfunction

// 呼叫函數
integer result;
initial
```

```
begin
    result = factorial(4); // 計算 4 的階乘
    $display("Factorial of 4 is %0d", result); // 答案是 24
end
...
...
endmodule
```

8.3.4　常數函數

　　常數函數一般用於複雜數值的計算，或是取代常數的位置，依照 Verilog 的標準來說，在使用上多有限制。底下的範例 8-11 便是一個使用常數函數，來計算記憶體位址寬度的應用，透過函數的計算，將十進位的記憶體大小值，換算為二進位後所需的定址線數目。

範例 8-11　常數函數

```
// 定義記憶體 1
module ram(...);
parameter RAM_DEPTH = 256;
input [clogb2(RAM_DEPTH)-1:0] addr_bus; // 計算記憶體所需
                                        // 定址線的數目
                            // clogb2 的結果是 8
                            // 形同 input [7:0] addr_bus;
--
--
// 常數函數
function integer clogb2(input integer depth);
begin
    for(clogb2=0; depth >0; clogb2=clogb2+1)
        depth = depth >> 1;
```

```
end
endfunction
--
--
endmodule
```

8.3.5 有號函數

　　有號函數允許回傳的值可以經過有號數的運算，範例 8-12 便是一個好例子。

範例 8-12　有號函數

```
module top;
--
// 定義有號函數
// 回傳一個 64 位元有號數
function signed [63:0] compute_signed(input [63:0] vec-
    tor);
--
--
endfunction
--
// 呼叫 compute_signed 有號函數
if(compute_signed(vector)< -3)
begin
--
end
--
endmodule
```

Chapter 8

8.4　　總結 (Summary)

● 任務與函數是用來取代在行為模式中常用到的功能，免除重複鍵入相同的程式碼，並且藉由任務與函數，可將程式分成一個個有特定功用的區塊，使程式更加地容易解讀。

● 任務可擁有任意數目的 input、output 與 inout，並且可以有延遲、事件與時間控制的描述，另外一個任務可以呼叫其他的任務或是函數。

● 函數通常應用在至少有一個輸入，並且只有一個輸出的情況下，函數中不可有延遲、事件與時間控制的描述，一個函數只能呼叫其他的函數，但不可以呼叫其他的任務。

● 當宣告一個函數的時候，在 Verilog 中內定也會宣告一個與函數名稱相同的暫存器，用來暫存一個函數的輸出值。

● 任務與函數皆包含在 Verilog 的階層化架構中，並且擁有階層化的名稱。

8.5　　習題 (Exercises)

1. 請寫出一個將四位元的數做階乘的函數，其輸出是一個 32 位元的數，並模擬與驗證。

2. 請寫出一個將兩個四位元的數 a、b 相乘的函數，其輸出是一個八位元的數，並模擬與驗證。

3. 請寫出一個有八種運算的算術邏輯單元(ALU)，擁有兩個四位元的輸入 a、b 與一個五位元的輸出 out，及一個三位元的選擇訊號 select，不用有溢位或欠位的輸出訊號。

選擇訊號	運算方程式
3'b000	a
3'b001	a + b
3'b010	a − b
3'b011	a / b
3'b100	a % 1(remainder)
3'b101	a << 1
3'b110	a >> 1
3'b111	(a > b)比較大小

4. 請寫出一個將四位元的數做階乘的任務，其輸出是一個 32 位元的數，運算所花的時間為 10 個時間單位，並模擬與驗證。

5. 寫出一個計算一個 16 位元數的奇偶性的任務，輸出是一個一位元的數，結果要在三個正緣的clock訊號後才會得知。(提示：運用 repeat 迴圈)

6. 運用取名的事件、任務與函數來設計在 7.8.3 節中，提到的交通訊號控制器。

Chapter 8

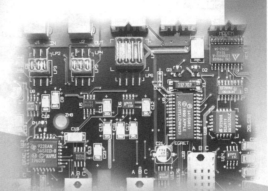

第 **9** 章

有用的程式技巧
(Useful Modeling Techniques)

9.1 程序持續指定

9.2 複寫參數

9.3 有條件的編譯與執行

9.4 時間刻度

9.5 有用的系統任務

9.6 總 結

9.7 習 題

VERILOG

Hardware Descriptive Language

在前面幾章，我們學得Verilog的基本特性。在這一章，我們將討論一些增加的特性，其能增加 Verilog 之效力和靈活度。

學習目標

● 說明程序持續指定 assign、deassign、force 和 release，及其在除錯和模組化之意義。

● 瞭解如何使用 defparam 去複寫參數。

● 說明有條件編譯和執行。

● 介紹檔案輸出 (File Output)、顯示出階層 (Display Hierarchy)、閃控 (Strobing)、亂數產生器 (Random Number Generation)，從檔案來設定記憶體的初始值。

9.1　程序持續指定 (Procedural Continuous Assignments)

在 7.2 節中我們曾經程序指定，其用來指定一個數值給暫存器。這一個值一直保持在暫存器中，直到有另一數值指定到同一個暫存器中。而程序持續指定可以使用有限週期的指定方式，指定數值到暫存器或者線路，程序持續指定複寫(override)任一存在之指定。

9.1.1　assign 和 deassign

關鍵字assign和deassign是用來表示，第一種型態的程序持續指定。程序持續指定的左邊，可以是暫存器或者連續的暫存器，而不能是一個接點的部份位元或暫存器的陣列。程序持續指定複寫正規程序指定，其一般運用在週期控制。

範例 6-8 的非同步設定負緣觸發 D 型正反器，在範例 9-1 中將使用 assign 和 deassign 完成。

範例 9-1　程序持續指定 D 型正反器

```verilog
// 非同步設定負緣觸發 D 型正反器
module edge_dff(q, qbar, d, clk, reset);

// 輸出輸入
output q,qbar;
input d, c.k, reset;
reg q, qbar; // 宣告 q 和 qbar 是暫存器變數

always @(negedge clk) // 在 clock 負緣指定 q 和 qbar 的值
begin
    q = d;
    qbar =~d;
end

always @(reset) // 當 reset 為高電位使用程序持續指定複寫 q 和 qbar
    if(reset)
    begin  // 如果 reset 為高電位，使用程序持續指定複寫 q 和 qbar
            assign q=1'b0;
            assign qbar=1'b1;
    end

    else
    begin  // 如果 reset 為低電位，移除複寫
            // 在移除複寫後， q = d and qbar=~d 將要等到下一個
            clock 負緣才能更改暫存器變數的值
            deassign q;
            deassign qbar;
```

Chapter 9

```
    end
endmodule
```

在範例 9-1 中當 reset 信號是 high 時，q 和 qbar 的指定被複寫 (override)
一指定新值。且這暫存器變數在 deassign 後，直到再一次程序指定才會
變更內值。

9.1.2   force 和 release

關鍵字 force 和 release 是用來表示第二種型態的程序持續指定，其可
複寫在暫存器 (register) 和接點 (net)。force 和 release 一般是用在互動式除
錯程序中，強制 (forced) 給一個數值於暫存器或線路，而影響其他暫存
器或線路。所以，建議 force 和 release 不要使用在設計區塊中，最好僅使
用在模擬和除錯中。

暫存器的 force 和 release

force 一個暫存器，則不管任何一種的程序指定或程序持續指定，這
一個暫存器將被複寫，直到 release 為止。在範例 9-1 中有限週期的複寫
q 和 qbar，我們將改寫如下。

```
module stimulus;
...
...
// 取別名 D 型正反器
edge_dff dff(Q, Qbar, D, CLK, RESET);
...
...
initial
begin
```

```
    //在模擬時間 50 至 100 強制 dff.q 的值
    #50 force dff.q = 1'b1; // 強制 q 的值為 1 在模擬時間 50.
    #50 release dff.q;      // 解強制 q 的值在模擬時間 100.
end
...
...
endmodule
```

接點的 force 和 release

force 一個接點，則任何程序持續指定將被複寫，直到 release 為止，其可為個表示式或數值。當接點被 release 時，馬上還原為原來的驅動值。

```
module top;
...
...
assign out = a&b&c; //持續指定 out
...
initial
    #50 force out = a|b&c;
    #50 release out;
end
...
...
endmodule
```

在上述例子中，接點被強制 (force) 一個新的表示式，從時間 50 到時間 100。當這個 force 敘述被啓動時，不管是 a、b、或 c 有改變，這一個新的表示式皆會重算。所以，force 敘述，除了有限時間週期外，與持續指定是相似的。

Chapter 9

9.2　複寫參數 (Overriding Parameters)

像在 3.2.8 節中，參數可以定義在模組中。在不同的編譯中可給予參數不同的值，而忽略先前所給予的值。

有兩種複寫參數的方法：defparam 敘述和模組別名參數指定 (module instance parameter value assignment)。

9.2.1　defparam 敘述

關鍵字 defparam 可用來模組別名 (module instance) 中之參數，模組別名之階層名可用來複寫參數值。範例 9-2 說明使用 defparam 敘述，來更改參數的方法。

範例 9-2　defparam 敘述

```
// 定義模組 hello_world
module hello_world;
parameter id_num = 0; // 定義一模組識別數 = 0

initial // 顯示識別數
        $display("Displaying hello_world id number = %d",
        id_num);
endmodule


// 定義最高層次模組
module top;
// 改變在這取別名模組的參數值
// 使用 defparam 敘述
defparam w1.id_num = 1,  w2.id_num=2;

// 取別名二個 hello_world 模組
```

```
hello_world w1();
hell0_world w2();

endmodule
```

在上述範例中，模組 hello_world 中 id_num 被定義為 0，但當模組別名 w1、w2 被建構時，id_num 的值已被 defparam 敘述所更改。下面是其模擬結果：

```
Displaying hello_world id number = 1
Displaying hello_world id number = 2
```

一個模組可有多個 defparam 敘述，任何的參數皆可被 defparam 敘述所覆蓋。如今 defparam 語法已被認為是不好的程式風格，一般的建議是以其他的 Verilog 硬體描述語言的程式風格來取代。

值得注意的是 hello_world 中參數的定義，也可以使用 ANSI C 形式進行參數宣告 (範例 9-3)。

範例 9-3　ANSI C 形式的參數宣告

```
// 定義 hello_world 模組
module hello_world#(parameter id_num = 0); // ANSI C 形
                                           // 式的參數
initial // 顯示模組的識別值
       $display("Displaying hello_world id number=%d",
       id_num);
endmodule
```

9.2.2　模組別名參數指定

當模組取別名後，就可複寫其參數。我們將範例 9-2 做些許的更改以說明此法，新的參數將傳送至模組別名中，最高層次模組可傳送參數至別名 w1、w2 如下。注意在此我們並未使用到 defparam，如此仍然可以獲得與使用 defparam 相同的結果。

```
// 定義最高層次模組
module top;

// 取二個 hello_world 模組的別名，傳送新的參數值，
// 依照列表順序指定參數值。
hello_world #(1) w1;  // 傳遞 1 到模組 w1

// 依照名稱指定參數值 Parameter value assignment by name
hello_world #(.id_num(2))w2;  // 傳遞 2 給 w2 模組中的 id_num
                              // 參數

endmodule
```

若在一個模組中有多個參數，只要依照參數的順序指定，就可以在此模組中給定這些參數新的數值。若未指明覆蓋的數值，則使用預設的參數值。此外也可以用指定名稱的方式來覆蓋參數數值，如範例 9-4。

範例 9-4 模組別名參數數值

```
// 定義包含延遲的模組
module bus_master;
parameter delay1 = 2;
parameter delay2 = 3;
parameter delay3 = 7;
...
// <模組內部>
...
endmodule
```

```
//最高層次模組，取二個 bus_master 模組的別名。
module top;

//取具有新的延遲數值的模組別名

//依照列表順序指定參數數值
bus_master #(4, 5, 6) b1(); //b1: delay1 = 4, delay2 = 5,
    delay3 = 6
bus_master #(9, 4) b2(); //b2: delay1 = 9, delay2 = 4, de-
    lay3 = 7(default)

//依照列表順序指定參數數值
bus_master #(.delay2(4), delay3(7)) b3(); // b2: delay2
                                          // =4,delay3=7
                                          // delay1=2(預設值)
// 建議使用指定名稱的方法設定參數數值，如此可以將錯誤的機會減到最
// 少，而且增加或減少參數的時候，可以不需擔心改變他們的順序。

endmodule
```

　　模組別名參數數值的指定方式是覆蓋參數很有用的方法，可以用來客製模組別名的特性。

9.3　有條件的編譯與執行 (Conditional Compilation and Execution)

　　Verilog程式的部份可能適用某些環境，而不適用於某些環境，但並需要因而設計兩種版本的程式，設計者可以定義這些部份的程式，在某些旗標被設定時才被編譯，這就是有條件的編譯。

　　設計者可能希望部份的程式在某些旗標被設定時才被執行，這就是有條件的執行。

9.3.1　有條件的編譯

　　有條件的編譯是由編譯指令 (compiler directives)：`ifdef、`ifndef、`else、`elsif 和 `endif 來完成。範例 9-5 說明這些指令的用法。

範例 9-5　　有條件的編譯

```
// 有條件的編譯
// 範例 1
`ifdef TEST // 如果文字巨集 TEST 被定義，編譯模組 test。
module test;
...
...
endmodule
`else    // 否則預設編譯模組 stimulus
module stimulus;
...
...
endmodule
`endif    // 完成 `ifdef 條件敘述

//範例 2
module top;

bus_master b1();    // 無條件取別名模組
`ifdef ADD_B2
  bus_master b2(); // 如果文字巨集 ADD_B2 被定義，取別名模組 b2。
`elsif ADD_B3
  bus_master b3(); // 如果文字巨集 ADD_B3 被定義，取別名模組 b3。
```

```
`else
   bus_master b4();  // 預設取別名模組 b4
`endif

`ifndef IGNORE_B5
   bus_master b5();  // 如果文字巨集 ADD_B3 未被定義，取別名
                     // 模組 b5。
`endif
endmodule
```

　　`ifdef以及`ifndef敘述可以放在設計的任一地方，設計者可以有條件編譯敘述、模組、區塊、宣告和其他的編譯指令。`else 伴隨著`ifdef 或是`ifndef選擇性的使用，最多一個`ifdef或是`ifndef可以有一個`else敘述。而每一個`ifdef或是`ifndef，可以有任意數目的`elsif。每一個`ifdef或是`ifndef，必須以`endif作為結尾。

　　在 Verilog 檔案中可以使用`define敘述，來設定條件編譯的旗標。在上例中，在編譯時，我們可以使用`define敘述來設定，文字巨集 (text macros) TEST 和 ADD_B2 的旗標。當旗標未設定則編譯器會跳過此段。在`ifdef敘述中布林運算式，例如 TEST && ADD_B2，是不允許的。

9.3.2　有條件的執行

　　條件執行旗標允許設計者在執行過程中，用來控制敘述的執行流程。所有的敘述是編譯過的，然後依照條件而執行。條件執行旗標僅能使用在行為模型敘述，系統任務中用來處理條件執行的的關鍵字為$test$plusargs。

範例 9-6　使用$test$plusargs進行有條件的執行

```
// 條件執行
module test;
```

Chapter 9

```
...
...
initial
begin
    if($test$plusargs("DISPLAY_VAR"))
        $display("Display = %b", {a,b,c}); // 如果 flag 被
                                           // 設定則顯示

    else
        $display("No Display"); // 反之，則不顯示。
end
endmodule
```

　　如果執行的時候設定了 DISPLAY_VAR 旗標，則這些變數將會被顯示出來。旗標設定的方法，是在執行的時候，指定執行選項+DISPLAY_VAR。條件執行可以由系統任務$value$plusargs，做更進一步的控制。這個系統任務允許測試旗標的設定，是否帶數值。如果找不到吻合的旗標，$value$plusargs 傳回 0，若找到吻合的旗標則傳回非零的值。範例 9-7 說明$value$plusargs 的用法。

範例 9-7　　使用$value$plusargs 的條件執行

```
// 使用$value$plusargs 的條件執行
module test;
reg [8*128-1:0] test_string;
integer clk_period;
...
...
initial
begin
    if($value$plusargs("testname=%s", test_string))
        $readmemh(test_string, vectors); // 讀取測試向量
```

```
    else
        // 否則顯示錯誤訊息
        $display("Test name option not specified");

    if($value$plusargs("clk_t=%d", clk_period))
        forever #(clk_period/2) clk =~clk; // 設定時脈
    else
        // 否則顯示錯誤訊息
        $display("Clock period option name not specified");
end

// 在這個例子中，若要利用上述的選項，可以在執行模擬器的時候加上下
   列選項。
// +testname=test1.vec +clk_t=10
// 如此測試檔名 = "test1.vec" 而且 clk_period = 10
endmodule
```

9.4　時間刻度 (Time Scales)

　　模擬當中經常需要在某一模組中定義延遲數值的時間單位，如 1us，而在另一模組中定義不同的時間單位，如 100ns。Verilog 使用編譯指令 `timescale來參照時間單位。

　　語法：`timescale <reference_time_unit/<time_precision>

　　<reference_time_unit>是時間與延遲的單位大小，<time_precision>則指定其精確度。只有 1、10、100 是其合法的整數值。

範例 9-8　時間刻度

```
// 定義模組 dummy1 的時間刻度
// 時間單位為 100 奈秒，精確度為 1 奈秒。
```

Chapter 9

```verilog
`timescale 100 ns /1 ns

module dummy1;

reg toggle;

// 設定 toggle 初始值
initial
    toggle = 1'b0;

// 每 5 個時間單位，反轉 toggle 暫存器變數值。
// 在模組中，每 5 個時間單位= 500 ns = .5us
always #5
    begin
        toggle =~ toggle ;
        $display("%d, In %m toggle = %b ", $time ,toggle);
    end

endmodule

// 定義模組 dummy2 的時間刻度
// 時間單位為 1 微秒，精確度為 10 奈秒。
`timescale 1us/10ns

module dummy2;
reg toggle;

// 設定 toggle 初始值
initial
    toggle = 1'b0;
```

```
// 每 5 個時間單位，反轉 toggle 暫存器變數值。
// 在模組中，每 5 個時間單位 = 5us = 5000ns。
always #5
    begin
        toggle =~toggle;
        $display("%d, In %m toggle = %b ", $time, toggle);
    end

endmodule
```

　　dummy1 與 dummy2 模組，除了時間單位分別為 100ns 和 1us 外，其餘皆相同。所以，dummy1 中 $display 敘述執行十次，dummy2 中 $display 敘述才執行一次。$time 任務依據參照模組中之時間單位報告模擬時間。下面列出一開始的模擬結果：

```
               5 , In dummy1 toggle = 1
              10 , In dummy1 toggle = 0
              15 , In dummy1 toggle = 1
              20 , In dummy1 toggle = 0
              25 , In dummy1 toggle = 1
              30 , In dummy1 toggle = 0
              35 , In dummy1 toggle = 1
              40 , In dummy1 toggle = 0
              45 , In dummy1 toggle = 1
    -->        5 , In dummy2 toggle = 1
              50 , In dummy1 toggle = 0
              55 , In dummy1 toggle = 1
```

9.5　有用的系統任務 (Useful System Tasks)

　　這一節我們將介紹各式有用的系統任務。我們會討論下列的系統任務[註1]，包括檔案輸出 (File Output)、顯示出階層 (Display Hierarchy)、閃控

Chapter 9

(Strobing)、亂數產生器 (Random Number Generation)，從檔案來設定記憶體的初始值，以及數值變化轉儲檔案 (Value Change Dump File)。

9.5.1　檔案輸出 (File Output)

系統任務 $fopen 可開啟一個檔案。

語法：$fopen("<name_of_file>");[註2]

語法：<file_handle>=$fopen("<name_of_file>");

任務 $fopen 將傳回個 32 位元的值叫做多通道描述符號 (multichannel descriptor)[註3]，且在多通道描述符號中僅有一個位元會被設定。標準輸出的多通道描述符號的最末一個位元會被設定 (bit 0)，所以，標準輸出叫做通道 0(channel 0)，$fopen 所新開的通道，依其傳回多通道描述符號，依序位元 1、位元 2……至位元 31 被設定，分別為通道 1、通道 2、……、通道 31。

範例 9-9　檔案描述符號

```
// 多通道描述符號
integer handle1, handle2,handle3; // integers 是 32-bit 值

// 標準輸出開啟時，descriptor = 32'h0000_0001 (bit0 set)。
initial
begin
    handle1 — $fopen("file1.out"); // handle1 = 32'h0000
            _0002 (bit 1 set)
    handle2 = $fopen("file2.out"); // handle2 = 32'h0000
            _0004 (bit 2 set)
    handle3 = $fopen("file3.out"); // handle3 = 32'h0000
            _0008 (bit 3 set)
end
```

多通道描述符號最大用處，為可同時選擇輸出至多個檔案，以下還有更詳盡的說明。

寫至檔案 (Writing to file)

系統任務$fdisplay、$fmonitor、$fwrite 和$fstrobe 是用來寫至檔案註4。這些任務的語法與標準系統任務$fdisplay、$fmonitor 是相同的，但其會增加一些功能。我們將僅考慮$fdisplay、$fmonitor：

語法：$fdisplay(<file_descriptor,p1,p2 ..., pn);

　　　$fmonitor(<file_descriptor,p1,p2 ..., pn);

p1、p2、…、pn 可以是變數、信號名，或引號內的字串。

file_descriptor 是一個多通道描述符號，Verilog 將輸出寫至那些相對被設置為 1 的檔案。

```
// 所有的 handles 定義於範例 9-9
// 寫至檔案
integer desc1, desc2, desc3; // 三個多通道描述符號
initial
begin
    desc1 =  handle1 | 1; //desc1= 32'h0000_0003
    $fdisplay(desc1, "Display 1"); // 寫至檔案 file1.out 和
                                   // 標準輸出
    desc2 = handle2 | handle1; // desc2 = 32'h0000_0006
    $fdisplay(desc2, "Display 2"); // 寫至檔案 file1.out 和
                                   // file2.out
    desc3 = handle3; //desc3 = 32'h0000_0008
    $fdisplay(desc3, "Display 3"); // 寫至檔案 file3.out
end
```

Chapter 9

關閉檔案 (Closing files)

　　語法： $fclose(handle1);

```
// 關閉檔案
$fclose(handle1);
```

　　當一個檔案關閉時是不能寫入的。多通道描述符號之相對位元會被設為 0。下一個$fopen 可將其再重設使用。

註 1：本書並未討論其餘例如$signed 與$unsigned 等用作正負號轉換的的系統任務。請參考「IEEE 標準 Verilog 硬體描述語言」(IEEE StandardVerilogHardware Description Language)的文件。

註 2：「IEEE 標準 Verilog 硬體描述語言」提供了$fopen 的額外功能。本書提及的 $fopen 語法適用於大部分的情形，如果你需要額外的功能，請參考「IEEE 標準 Verilog 硬體描述語言」的文件。

註 3：「IEEE 標準 Verilog 硬體描述語言」提供使用單一通道檔案描述符號，可開啓至多 230 個檔案的方法，請參考其中的細節。

註 4：「IEEE 標準 Verilog 硬體描述語言」的文件許多檔案輸出的其他功能。本書介紹的檔案輸出系統任務，可適用於大部分的數位設計者。如果你需要額外的檔案輸出功能，請參考「IEEE 標準 Verilog 硬體描述語言」的文件。「IEEE 標準 Verilog 硬體描述語言」同時提供讀取檔案的系統任務，包括 $fgetc、$ungetc、$fgetc、$fscanf、$sscanf、$fread、$ftell、$fseek、$rewind 以及$fflush。但是大部分的數位設計者，並不常需要這些功能。因此本書並不包括這些任務。如果你需要使用這些檔案讀取功能，請參考「IEEE 標準 Verilog 硬體描述語言」的文件。

9.5.2　顯示出階層 (Display Hierarchy)

　　不管哪一種顯示任務：$display、$wirte、$monitor 或$strobe 皆可使用選項%m 顯示出階層在第幾層 (level)。

範例 9-10 顯示出階層

```
// 顯示出階層
module M;
...
initial
    $display("Displaying in %m");
endmodule

// 取別名模組 M
module top;
...
M m1();
M m2();
M m3();
endmodule
```

其模擬結果的輸出如下：

```
Displaying in top.m1
Displaying in top.m2
Displaying in top.m3
```

這個特性可以顯示階層名，包含模組的實例、任務、函數 (funtions) 和命名區塊。

9.5.3　閃控 (Strobing)

其關鍵字為 $strobe，其非常類似 $display。但是，當有多個敘述和 $display 在同一時間執行，則其執行順序是不可知的。如果，$strobe 運用在相同的地方，則可確定在同一時間的敘述，將先執行後才執行 $strobe。

範例 9-11 閃控

```
// 閃控
always @(posedge clock)
begin
    a = b;
    c = d;
end


always @(posedge clock)
    $strobe("Displaying a=%b,c=%b",a,c); // 在正緣觸發顯示值
```

在範例 9-11 中，在正緣觸發後，先執行 a=b 和 c=d，再顯示數值。若為$display，則可能較 a=b 和 c=d 先執行，顯示的數值可能不同。

9.5.4 亂數產生器 (Random Number Generation)

亂數產生器是用來產生隨機測試向量 (Random Test Vectors)。亂數測試在抓出設計中潛在的臭蟲 (bug) 時非常重要，亂數向量產生也可以應用在分析晶片架構的效能。產生亂數的系統任務是$random。

語法：$random;

$random(<seed>);

種數 <seed> 數值的給定是選擇性的，用來確定每一次測試的亂數序列都相同。<seed>參數可以是 reg、integer 或是 time 變數。系統任務$random 會送出 32 位元的有號整數，我們可使用亂數值中所有、或部份的位元 (見範例 9-12)。

範例 9-12 亂數產生

```
// 產生亂數並送至一個簡單的 ROM
module test;
integer r_seed;
reg [31:0] addr;// 輸入到 ROM
wire [31:0] data;// 從 ROM 輸出
...
...
ROM rom1(data, addr);

initial
    r_seed = 2; // 任意定義 seed 為 2

always @(posedge clock)
    addr = $random(r_seed); // 產生亂數
...
// <比對 ROM 的輸出與預期的結果>
...
...
endmodule
```

　　亂數產生器能夠產生有號整數。因此，依照 $random 任務的用法不同，可以產生正整數或負整數 (見範例 9-13)。

範例 9-13 利用 $random 任務產生正整數以及負整數

```
reg [23:0] rand1, rand2;
rand1 = $random % 60;     // 產生介於 -59 以及 59 的亂數
rand2 = {$random} % 60; // $random 加上結合運算元，可以用來產
                          // 生介於 0 到 59 的正整數。
```

Chapter 9

值得注意的是$random使用的演算法已經標準化了。因此如果給定相同的種數，在不同模擬器中執行的同一組模擬測試會產生一致的亂數值。

9.5.5　從檔案來設定記憶體的初始值

在 3.2.7 節中，我們曾說明如何宣告記憶體，Verilog 提供兩個系統任務：$readmemb 和 $readmemh 從檔案來設定記憶體的初始值，其分別為二進制與十六進制格式。

語法：$readmemb("<file_name",<memory_name);

$readmemb("<file_name",<memory_name,<start_addr);

$readmemb("<file_name",<memory_name,<start_addr,<finish_addr);

$readmemh 的語法是相同的。

<file_name,<memory_name 是一定要給的項目，<start_addr,<finish_addr 是為選項，<start_addr為記憶體的起始位址，<finish_addr為記憶體的終止位址。

範例 9-14　設定記憶體的初始值

```
module test;

reg [7:0] memory [0:7]; // 宣告 8-byte 記憶體
integer i;

initial
begin
    // 讀取檔案 init.dat 至記憶體
    $readmemb("init.dat",memory);
    // 讀取記憶體的初始值
    for(i=0; i<8; i=i+1)
```

```
      $display("Memory [%0d] = %b", i, memory[i]);
end

endmodule
```

　　檔案 init.dat 中包含了初始值的資料，位址的格式為@<address，其以十六進位來表示，資料間以空白來區隔。

　　資料可以是 x 值或 z 值，未被設定者為 x 值。下面為一個簡單的 init. dat 檔案。

```
@002
11111111 01010101
00000000 10101010

@006
1111zzzz 00001111
```

　　其模擬的結果如下：

```
Memory [0] = xxxxxxxx
Memory [1] = xxxxxxxx
Memory [2] = 11111111
Memory [3] = 01010101
Memory [4] = 00000000
Memory [5] = 10101010
Memory [6] = 1111zzzz
Memory [7] = 00001111
```

9.5.6　數值變化轉儲檔案 (Value Change Dump File)

　　一個數值變化轉儲檔案 (VCD)，是一個 ASCII 檔案，其內容包含：模擬時間、範圍 (scope)、信號的定義和信號值的轉換。所有的信號或一組被

Chapter **9**

選擇的信號，在模擬時皆可被寫入數值變化轉儲檔案。後置處理器可以將數值變化轉儲檔案輸入，並顯示階層資訊、信號值和信號波形。商業化的後置處理器有：Magellan、Signalscan 和 VirSim。當一個大的設計，設計者往往選擇一些信號，轉儲至數值變化轉儲檔案，再用後置處理器除錯、分析、驗證輸出結果。使用數值變化轉儲檔案除錯分析的流程如下圖：

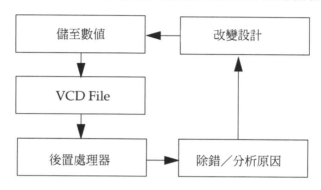

圖 9.1　數值變化轉儲檔案除錯分析的流程

系統任務提供：選擇模組別名或模組別名信號被轉儲 ($dumpvars)、數值變化轉儲檔案的名字 ($dumpfile)、開始和結束轉儲處理 ($dumpop,$dumpoff)，和產生核對點 ($dumpall)。

範例 9-15　數值變化轉儲檔案的系統任務

```
// 定義 VCD 檔案名稱，其他由模擬器內定名稱。
initial
    $dumpfile("myfile.dmp"); // Simulation info dumped to
    myfile.dmp

// 轉儲模組信號
initial
    $dumpvars; //若無引數，轉儲所有信號
initial
    $dumpvars(1,top); // 轉儲別名模組 top 的變數
```

```
                          // 數字代表階層層次，轉儲低於 top 一階層
                          // 層次的變數，也就是在 top 中之變數，
                          // 但不轉儲由 top 取別名之模組中的變數。
initial
    $dumpvars(2, top.m1);  // 轉儲低於 top.m2 二階層層次的變數

initial
    $dumpvars(0, top.m1);  // 數字零表示轉儲所有 top 階層的變數

// 啟始與結束轉儲
initial
begin
    $dumpon;              // 啟始轉儲
    #100000 $dumpoff;     // 結束轉儲在 100,000 時間單位後
end

// 設置檢查點，轉儲所有目前 VCD 變數值。
initial
    $dumpall;
```

　　一般 $dumpfile 和 $dumpvar 放在模擬的開頭，$dumpon、$dumpoff 和 $dumpall 控制轉儲處理。一個大的模擬，用 $display 和 $monitor 敘述是很難去分析，使用後置處理器的圖形顯示是較直接的。但數值變化轉儲檔案有可能變的很龐大，所以要慎選部份的信號轉儲。

9.6　　總結 (Summary)

- 程序持續指定可複寫暫存器和線路。assign 和 deassign 可複寫至暫存器，其應用在實際設計中。force 和 release 可複寫暫存器和線路，其應用在除錯。

- defparam 可複寫參數至模組實例。

Chapter 9

● ﹢ifdef敘述可控制部份的設計是否要編譯，﹢define是用來設定編譯旗標。

● $test$plusargs 用來控制執行，執行旗標是由+<flag_name 來設定，其不爲 IEEE 標準。

● Verilog 最多僅能開啓 32 檔案，在多通道描述符號中，每一個檔案被指定一個位元，其目的是能同時寫入多個檔案。

● 使用選項%m 在顯示敘述中，能將階層顯現出來。

● 在同一時間執行多個且包含閃控的敘述，閃控敘述將爲最末個執行。

● $random 是用來產生測試用的亂數。

● 一個包含位址，資料的檔案，可用來設定記憶體的初始值。

● 數值變化轉儲檔案是用來除錯和分析，Verilog 允許選擇模組別名或模組別名信號被轉儲。

9.7　習題 (Ecercises)

1. 使用assign和deassign設計一個具有非同步清除，和設定功能的正緣觸發 D 型正反器。

2. 使用基本邏輯閘，設計一個一位元的全加器。實例一個全加器模組，強制 sum 爲 a&b&c_in 從模擬時間 15 到 35。

3. 一個一位元的全加器其邏輯閘和延遲參數如下：

```
// 定義一位元全加器
module fulladd(sum, c_out, a, b, c_in);
parameter d_sum = 0, d_cout = 0;

// 宣告輸出入埠
output sum, c_out;
```

```
input a, b, c_in;

// 宣告內部接線
wire s1, c1, c2;

// 基本閘取別名
xor(s1, a, b);
and(c1, a, b);

xor #(d_sum) (sum, s1, c_in); // 輸出 sum 延遲 d_sum
and (c2, s1, c_in);

or #(d_cout) (c_out, c2, c1); // 輸出 c_out 延遲 d_cout
endmodule
```

　　定義一個四位元的全加器 fulladd4 如範例 5-7，但要使用本章所敘述之兩種方法傳送參數至實例 (instance)中。

實例	延遲值
fa0	d_sum=1,d_cout=1
fa1	d_sum=2,d_cout=2
fa2	d_sum=3,d_cout=3
fa3	d_sum=4,d_cout=4

a. 架構 fulladd4 模組，使用 defparam 敘述去改變實例參數值，使用範例 5-8 模擬這一個四位元全加器，說明延遲對輸出的影響。(將延遲由 5 改為 20)

b. 架構 fulladd4 模組，再設定實例時去傳送實例 fa0、fa1、fa2 和 fa3 值，使用範例 5-8 模擬這一個四位元全加器，驗證結果是否相等。

Chapter 9

4. 架構如上題之四位元全加器，使用`ifde 來編譯，若有`define 敘
述定義文字巨集DPARAM，則使用defparam敘述來編譯fulladd4，
反之，使用模組實例參數值。

5. 下列顯示敘述將寫至那些檔案？

```
// 使用多通道描述符號輸出檔案

module test;

integer handle1,handle2,handle3;

// 開啓檔案
initial
begin
    handle1 = $fopen("f1.out");
    handle2 = $fopen("f2.out");
    handle3 = $fopen("f3.out");
end

// 顯示敘述至檔案
initial
begin
// 多工通道之檔案輸出描述
    #5;
    $fdisplay(4, "Display Statement # 1");
    $fdisplay(15, "Display Statement # 2");
    $fdisplay(6, "Display Statement # 3");
    $fdisplay(10, "Display Statement # 4");
    $fdispaly(0,  "Display Statement #5");
end
```

```
endmodule
```

6.　$display 敘述執行後輸出為何？

```
module top;
A a1();
endmodule

module A;
B b1();
endmodule

module B;
initial
    $display("I am inside instance %m");
endmodule
```

7.　寫一個亂數測試檔案，來測試範例6-4四位元的全加器。使用亂數產生器產生32位元亂數，位元3:0當作輸入 a，位元7:4當作輸入b，位元8當作c_in，送20個亂數測試向量並觀察結果。

8.　將範例9-11改寫成為十六進制的讀取，新的位址和資料如下表，沒有定義的位址不做初始設定。

原始位址	資料
1	33
2	66
4	z0
5	0z
6	01

9.　寫一個initial區塊控制數值變化轉儲檔案，其功能如下：

Chapter 9

● 數值變化轉儲檔案的名字爲 myfile.dmp。

● 在模組別名 top.a1.b1.c1 中，轉儲所有變數二個階層深度。

● 終止轉儲在模擬時間 200。

● 啓始轉儲在模擬時間 400。

● 終止轉儲在模擬時間 500。

● 設定核對點，轉儲目前數值變化轉儲檔案，所有變數至數值變化轉儲檔案。

Part2 高等 Verilog 技巧

---

10 **時序與延遲**

分佈塊狀與點對點延遲， 詳細說明程式區塊，平行或完全連結、時脈確認、延遲回註解。

11 **交換層次的模型**

MOS 與 CMOS 開關、雙向開關、電能與接地模型、電阻性開關、延遲特別用之開關。

12 **自定邏輯閘**

部份 UDP、UDP 規則、UDPS、連續性 UDPS、簡略符號。

13 **程式介面**

介紹 PLI、如何使用 PLI、連結與支援 PLI 的任務，具有概念描述的設計、PLI 的 access 與 utility routines。

14 **邏輯合成**

介紹邏輯合成，深入邏輯合成領域，利用 Verilog HDL 運算式作邏輯合成，設計合成流程圖，確認合成電路、尖端劃分出模型。

15 **進階驗證技巧**

介紹確認流程圖樣式，建構在模型上，測試向量、模擬試驗、分析／範圍、最後確認、正式驗證、半正式驗證、同值確認。

第 **10** 章

時序與延遲

(Timing and Delays)

10.1 延遲的模型

10.2 路徑延遲模型

10.3 檢查時間設定

10.4 延遲時間細節加入原有的設計

10.5 結　論

10.6 習　題

VERILOG

Hardware Descriptive Language

　　針對硬體所做的功能驗證，通常只是在功能上來看硬體設計的正確性，而不會去檢查真正的相關時序的正確性。可是，隨著科技的進步，所設計的線路越來越小，所運作的頻率也越來越高，相對的時序的正確性也越來越重要。如果只是單純作功能驗證而忽略時序的驗證，這時候很難保證線路的正確性。而一般來說，要去驗證時序通常需要針對各個元件的時序操作細節作模擬。

　　如果要作詳細時序的模擬，會花上很多的時間，這時候不得不做一些取捨。於是，為了模擬速度的考量，我們通常會採用靜態時序模擬的方法。設計工程師先做功能性的模擬，再來做靜態時序的模擬。而採用這樣一個步驟，可以加速模擬的過程，而且通常較細節性的時序模擬省下十倍以上的時間。靜態時序模擬的觀念與研究，並不是本書的重點，所以在此不多做介紹。

　　本章中，我們將針對如何在 Verilog 的模組中加入時序與延遲的敘述，同時也將介紹工程師如何驗證設計的功能性與時序的正確性。

學習目標

- 確認延遲的模型，通常有三種，分別是分散式延遲模型，整組式延遲模型與接腳對接腳延遲模型。
- 瞭解如何在指定區塊中指定路徑延遲來做模擬。
- 解釋在輸入端與輸出端平行連接與完全連接的關係。
- 瞭解如何在指定區塊中，利用specparam的敘述去定義時序與延遲的參數。
- 學習去敘述一個與狀態有關的路徑延遲。
- 解釋上升延遲、下降延遲與關閉延遲，並瞭解如何針對這三者，去設定其最小值、最大值以及一般值。

● 定義系統的任務來檢查設定時間，保留時間與時脈寬度。

● 瞭解如何將延遲細節倒加入進原有的設計。

10.1　延遲的模型 (Types of Delay Moldels)

在 Verilog 中，一般有三種延遲的模型，分別是分散式延遲模型，整組式延遲模型與接腳對接腳(路徑)延遲模型。

10.1.1　分散式延遲模型

分散式延遲模型是針對，每一個個別的元件為單位來指定延遲參數。圖 10-1 可以看出在模組 M 如何指定分散式延遲。

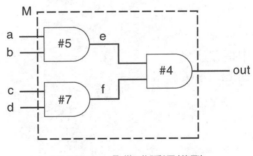

圖 10-1　分散式延遲模型

分散式延遲模型可以藉由指定個別邏輯閘的延遲數值，或是使用 assign 敘述來建立使用。當輸入改變時，輸出會經過指定的延遲時間後，才會有所變化。範例 10-1 中可以看出如何針對邏輯閘來指定延遲時間，以及如何在指定區塊敘述中來設定延遲時間。

範例 10-1 分散式延遲

```
// 如何在邏輯閘層次中使用分散式延遲
module M(out, a, b, c, d);
```

Chapter 10

```
output out;
input a, b, c, d;

wire e, f;
// 每一個邏輯閘都有不同的延遲時間設定
and #5 a1(e, a, b);
and #7 a2(f, c, d);
and #4 a3(out, e, f);
endmodule

// 如何在資料流敘述中，來設定延遲時間。
module M (out, a, b, c, d);
output out;
input a, b, c, d;

wire e, f;
// 在每一個敘述中指定延遲
assign #5 e = a & b;
assign #7 f = c & d;
assign #4 out = e & f;
endmodule
```

　　分散式延遲提供了精細的延遲模型，電路中每一個元件的延遲都可以加以指明。

10.1.2　整組式延遲模型

　　整組式延遲模型主要是針對各個模組去指定，他可以像分散式模型一樣去指定，但是只在最後輸出端上做指定，或者可以結合所有的延遲，一次指定在最後輸出端。我們可以來看看範例 10-2 與圖 10-2。

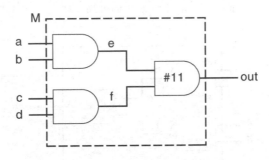

圖 10-2　整組式延遲模型

　　上面那一張圖可以看出，我們將由輸入端到輸出所有可能最長的延遲加起來累積記錄在輸出端。與範例 10-1 來比較，輸出端共有 7＋4＝11 時間單位的延遲。換句話來說，若輸入有所改變，則必須要在這一個延遲時間後才會反應到輸出端。

範例 10-2 整組延遲

```
// 整組延遲模型
module M ( out , a, b, c, d);
output out;
input a, b, c, d;
wire e, f;
and a1(e, a, b);
and a2(f, c, d);
and #11 a3(out, e, f);  // 只有在最後一級才指定延遲時間
endmodule
```

10.1.3　接腳對接腳延遲模型

　　接腳對接腳的模型，主要是根據每一條輸入到輸出的路徑，來指定延遲的時間，在圖 10-3 中，我們可以看到如何計算每一條路徑的延遲時間。一般來說，接腳對接腳的延遲時間，通常可以從資料手冊查得。這

Chapter 10

些細節資料，必須依照線路的特性，透過詳細的 SPICE(模擬軟體)模擬分析所得到。

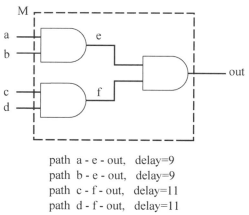

path a - e - out,　delay=9
path b - e - out,　delay=9
path c - f - out,　delay=11
path d - f - out,　delay=11

圖 10-3　接腳對接腳延遲模型

要一條一條路徑來指定接腳對接腳的延遲時間，雖然繁瑣，但是對一個大型積體電路的設計來說，如果不採用這一個模型，而使用前述的兩個模型，當面對的邏輯閘改變、資料流改變，或是行為描述改變，或是新加入混合了其他的設計，這個時候，要去描述延遲時間的敘述，將會一一改變，這個時候，正確的延遲時間描述計算工作，將會變得難以負擔。如果我們採用接腳對接腳的模型，一點都不用擔心模組內的敘述如何變化，只要接腳不變就可以。在往後的文章中，我們將以路徑延遲來取代接腳對接腳延遲的說法，這在一般來說是比較通用的說法。

在前面的第五章的第二小節與第六章第二小節中，我們介紹過分散式延遲模型與整組式延遲模型的敘述。底下我們將針對路徑延遲作深入的探討。

10.2　路徑延遲模型 (Path Delay Modeling)

這一小節內，我們將由不同的角度來看看路徑延遲模型的作用。

10.2.1　指定區塊

由來源端(可能是輸入埠或是輸出入埠)到目的端(可能是輸出埠或是輸出入埠)所指定的路徑延遲統稱作模組路徑延遲。在 Verilog 語言中來指定路徑延遲，必須配合 specify 與 endspecify 兩個關鍵字使用，而被這兩個關鍵包圍的敘述，組成一個特定區塊。

特定區塊中有如下三種功能：

● 　指定由接點到接點的延遲時間。

● 　設定線路時脈檢查參數。

● 　定義 specparam 常數。

以圖 10-3 為例，我們以這種觀念來重寫過，就如範例 10-3 所示。特定區塊在模組中是一個特別區塊，而且不可以包含在其他區塊中。例如包含以 always 或是 initial 開始的區塊，就是不合法的。在特定區塊中的敘述，必須是很明確的描述，不可以模稜兩可的敘述。在以下的章節中，我們將深入來看這一個區塊的寫法與應用。

範例 10-3　接點到接點的延遲

```
// 接點到接點的延遲
module M ( out , a, b, c, d);
output out;
input a, b, c, d;

wire e, f;
// 特定區塊
specify
    ( a = out ) = 9;
    ( b = out ) = 9;
    ( c = out ) = 11;
```

Chapter 10

```
    ( d = out ) = 11;
endspecify

// 邏輯閘別名
and a1(e, a, b);
and a2(f, c, d);
and a3(out, e, f);
endmodule
```

10.2.2 　在指定區塊內

這一小節中，我們將看看有哪些指令可以寫進特定區塊中。

平行連接

由前面的討論，可以看出所有的路徑延遲敘述都有一個來源端與一個目的端。以範例 10-3 為例，a、b、c 與 d 屬於來源端，而 out 屬於目的端。

一個平行連接的敘述包含來於端與目的端，中間以 ⇒ 這一個符號作連接。

用法：(來源端)＝〉(目的端)＝〈延遲時間〉

在一個平行連接的敘述中，來源端與目的端的位元數必須一致，可以是一對一，或是多對多。如果位元數不一樣，會造成描述上的混淆，將會有不可預知的情況發生。在圖 10-4 中，我們可以看到一對一的敘述關係。

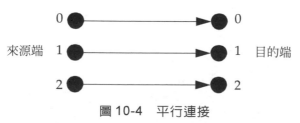

圖 10-4　平行連接

範例 10-4 平行連接

```
// 一個位元對一個位元的連接
(a = out ) = 9;
// 向量的連接，兩邊都是四位元的向量，分別是 a[3:0] 與 out[3:0]
// a[3:] 來源端，out 目的端
(a ⇒ out ) = 9;
// 如果上一行敘述分解成一各個位元的敘述
( a[0] ⇒ out[0] ) = 9;
( a[1] ⇒ out[1] ) = 9;
( a[2] ⇒ out[2] ) = 9;
( a[3] ⇒ out[3] ) = 9;

// 接著底下是一個錯誤的示範，a [4:0]是一個五個位元的向量，
// out[3:0] 是一個四位元的向量。這兩者的位元數不一致。
( a⇒ out ) =9;        // bit width does not match
```

完全連接

一個完全連接的敘述包含來於端與目的端，中間以*這一個符號作連接。

用法：(來源端)*〉(目的端) = 〈延遲時間〉

在一個完全連接的情況下，每一個在來源端的位元都與每一個在目的端的位元有關係，對於來源端這是一對多的關係指定，對於目的端這是多對一的關係指定。此外，與平行連接不同所要注意的一點就是來源端的位元數目與目的端的位元數不一定要一致。在圖 10-5 可以看出這種關係。

Chapter 10

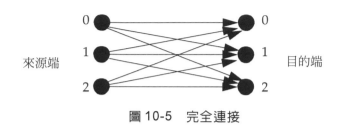

圖 10-5　完全連接

所以我們可以將範例 10-3 的指定轉換成這一個模型的寫法，就如範例 10-5 所示，所有的延遲都是由輸入端到輸出端完整的指定。

範例 10-5　完全連接

```
// 完全連接
module M ( out , a, b, c, d);
output out;
input a, b, c, d;
wire e, f;
// 完全連接
specify
( a ,B *> out ) = 9;
( c,d  *> out ) = 11;
endspecify

// 邏輯閘別名
and a1(e, a, b);
and a2(f, c, d);
and a3(out, e, f);
endmodule
```

用完全連接的方式，來指定輸入端與輸出端所有的延遲關係，這樣是非常有效率，在底下的例子中，你可以看到，當輸出入的位元數目都很大的時候，幾乎不可能一一指定他們之間的所有關係，但是這時候只要使用完全連接的敘述，就可以明白的指出這些所有的關係。

```
// a[31:0]是一個三十二位元的向量，out[15:0]是一個十六位元的向量
// ，他們之間的延遲時間是 9 單位。

specify
( a  *> out ) = 9; // 如果使用平行指定的方式，你將需要 32*16=352
                    // 行敘述才做得到。
endspecify
```

訊號緣敏感路徑(Edge-Sensitive Paths)

　　訊號緣敏感路徑可以用來定義，從輸入到輸出的延遲時序，這個延遲只在輸入端出現特定的信號緣時才存在。

```
// 當 clock 出現上升訊號緣時，由 clock 訊號延續到 out 訊號的路徑，
// 具有 10 單位的上升延遲，以及 8 單位的下降延遲。此時資料路徑是由
// in 到 out，並且 in 訊號傳遞到 out 訊號時不會被反相。
(posedge clock => (out +: in)) = (10 : 8);
```

specparam 敘述

　　特別的參數，可以利用 specparam 這一個關鍵字，宣告在特定區塊中。使用這一個方式，可以擺脫都是延遲時間數字的困擾，將相關意義的時間參數，利用 specparam 宣告成為一組文字，用他來作為代表，這樣子易讀也有益於設計的維護。在範例 10-6 中可以看到 specparam 的威力。也因為他的這一個特性，使得在一般非模擬用的環境下，例如延遲時間計算工具、邏輯合成工具，以及線路設計結果估計工具程式，都非常喜歡使用這一個敘述方式。

　　這一個指定方式，並不像 parameter 的參數設定方式那麼通用，他只能用在他所在的一個小區塊中。一般來說，對於像延遲時間這種參數，如果寫成一個數字，這比較難以理解，能透過用 specparam 的敘述來作指定，就容易許多。

Chapter 10

範例 10-6 Specparam

```
// 在指定區塊中使用 specparam
specify
    // 定義參數
    specparam d_to_q =9;
    specparam clk-to_q =11;
    (d = q) = d_to_q;
    (clk = q ) = clk_to_q;
endspecify
```

條件式路徑延遲

　　如果延遲的時間會隨著某一些輸入的組合而改變，那該怎麼辦？沒關係！我們可以使用條件式路徑延遲的方式來處理。使用 if 這一個敘述，針對模組的輸入端或是輸出入雙態端的情況，作條件式敘述判斷，如果條件成立，則使用判斷式後的延遲設定。但是，這一個if並不能用else 的方式來配合。而邏輯條件可以是一個位元的邏輯運算，或是其他符合表 6-1 的所有運算元。條件式路徑延遲亦可縮寫為SDPD(state dependent path delays)

範例 10-7 條件式路徑延遲

```
module M ( out , a, b, c, d)

output out;
input a, b, c, d;

wire e, f;

// 使用條件式接腳對接腳延遲模型
```

```
specify

//由 a 的狀態來決定延遲時間
if ( a ) ( a= out ) = 9;
if (~a) ( a = out) = 10;

// 由 b 與 c 的狀態，來決定延遲時間。
if (b&c) ( b = out ) = 9;
if(~ (b&c) ) ( b= out ) = 13;

// 使用集合運算元，以及完全連接。
if({c,d} == 2'b01 ) (c,d *> out 0 )= 11;
if(~{c,d} == 2'b01 ) (c,d *> out 0)= 11;

endspecify

// 邏輯閘別名
and a1(e, a, b);
and a2(f, c, d);
and a3(out, e, f);
endmodule
```

上昇延遲，下降延遲與關閉延遲

在接腳對接腳的延遲模式中，我們還可以針對上升延遲、下降延遲與關閉延遲這三個時間參數作設定。在這三個參數配合上之前所使用的四種位元表示方法(包括 0、1、x 與 z)，我們可以有若干種組合方式，但不是所有的組合形式都可以使用，依照必須表示的參數個數來區分，只有一、二、三、六或十二可以使用，其他都是不允許的組合。表示的順序也必須嚴格地遵照上升延遲、下降延遲，最後是關閉延遲的順序，由下面範例 10-8 中，我們可以看看一、二、三、六與十二這五種可以使用的情況。

Chapter 10

範例 10-8 上升延遲，下降延遲與關閉延遲時間

```
// 一個延遲時間
specparam t_delay = 11;
(clk = q) = t_delay;

// 指定兩個延遲時間，包含上升與下降。
// 上升時間 0->1, 0->z, z->1
// 下降時間 1->0, 1->z, z->0
specparam t_rise = 9, t_fall = 13
(clk => q) = ( t_rise , t_fall )

// 指定三個延遲時間，上升，下降與關閉。
// 上升時間 0 -> 1, z -> 1
// 下降時間 1 -> 0, z -> 0
// 關閉時間 0 -> z, 1 -> z
specparam t_rise=9, t_fall=13, t_turnoff = 11;
( clk => q ) = ( t_rise, t_fall, t_turnoff);

// 指定六個延遲，依照 0->1, 1->0, 0->z, z->1, 1->z, z->0 的順序
specparam t_01= 9, t_10= 13, t_0z=11;
specparam t_z1= 9, t_1z= 11, t_z0=13;
( clk= q ) = (t_01, t_10, t_0z, t_z1, t_1z, t_z0);

// 指定十二個延遲，順序分別是 0->1,1->0,0->z,z->1,1->z,z->0,
// 0->x, x->1, 1->x,   x->0, x->z, z->x

specparam t_01=9,t_10=13,t_0z=11;
specparam t_z1=9,t_1z=11,t_z0=13;
specparam t_0x=4,t_x1=13,t_1x=5;
specparam t_x0=9,t_xz=11,t_zx=7;
```

```
(clk => q) = (t_01, t_10, t_0z, t_z1, t_1z, t_z0, t_0x,
              t_x1, t_1x, t_x0, t_xz, t_zx);
```

最小值、最大值與標準值

在前面第五章第二點二節中，我們有提到最小值、最大值與標準值的觀念，同樣地再接腳對接腳的模型中，一樣可以指定最小值、最大值與標準值的延遲時間。在範例 10-8 的所有指定情況，我們可以再加上這種觀念，以三個延遲時間的例子來看，在範例 10-9 中，我們可以看到每一個延遲時間，都被加上了這三個值。此外，在前面的章節中，我們有提到可以在模擬的時候用執行期選項 -mindelays、+typdelays，或 +maxdelays 來分別指定最小值、最大值與標準值。

範例 10-9 配合著最小值、最大值與標準值的路徑延遲

```
// 指定上升，下降與關閉的延遲時間。
// 每一個值都分別有最小值、最大值與標準值。
specparam t_rise=8:9:10, t_fall = 12:13:14,
          t_turn_off = 10:11:12;
(clk => q ) = ( t_rise, t_fall, t_turnoff);
```

處理不明值(x)的狀況

在 Verilog 中如果狀態值的變化與不明狀態有關的話，在這時候 Verilog 會採取一個很悲觀的方式，來處理相關的延遲時間，尤其是當與不明狀態有關的時間參數未被設定的時候。通常有兩種狀態會遇到，我們將之表列如下：

● 由不明狀態切換到已知的狀態，這個時候將會參考會發生的最大延遲時間。

● 由已知狀態切換到不明狀態，將會取用最小的可能延遲時間。

由範例 10-8 中的六個延遲時間設定例子來看：

```
// 六個延遲時間參數
// 分別給 0->1 , 1->0 , 0->z , z->1 , 1->z, z->0

specparam t_01 = 9 , t_10 = 13 , t_0z = 11;
specparam t_z1 = 9 , t_1z = 11 , t_z0 = 13;
( clk => q ) = ( t_01 , t_10 , t_0z , t_z1 , t_1z , t_z0 )
```

這個時候，你將發現如果切換到不明狀態會有幾種可能的情況：

切換狀態	延遲時間
0->x	min(t_01, t_0z) = 9
1->x	min(t_10, t_1z) = 11
z->x	min(t_z0, t_z1) = 9
x->0	max(t_10, t_z0) = 13
x->1	max(t_01, t_z1) = 9
x->z	max(t_1z, t_0z) = 11

10.3　檢查時間設定 (Timing Checks)

在前面的小節裡，我們講了很多關於如何去設定延遲時間的方法，我們也學到如果能使用路徑延遲時間的設定方式，將會比針對每一個邏輯閘來設定延遲時間方式要好。所以在這一小節中，我們將延續這一個話題，不只有設定延遲時間而已，我們將學會如何去設定模擬執行時期時間檢查參數。在微處理器的設計中，要能確保高速，而且不允許時序錯誤的順序邏輯中，唯有做好時間的驗證，才能有正確的操作。

在 Verilog 語言中，支持很多種可以檢查時間的方法，但是在這邊我們只談談比較簡單常用的三個設定方法，包括 $setup、$hold 與 $width，而且這三種方式都是只用在指定區塊中。

10.3.1　$setup 與 $hold 的檢查方式

　　$setup 這一個指令設定，主要是針對訊號設定時間，而 $hold 這一個指令，則是針對訊號保持時間。尤其是在順序線路設計中的邊緣觸發暫存器，設定時間指的是在設定的觸發訊號緣來臨之前多久，該被設定進入暫存器的值，就要先送到輸入端，那麼訊號保持時間就是指在設定的觸發訊號緣來臨之後多久，該被設定進入暫存器的值，要在輸入端保持的時間。在圖 10-6 中，我們可以看到這兩個值的圖示。

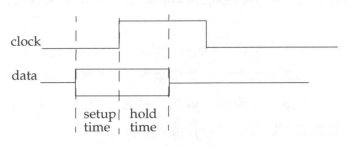

圖 10-6　設定與保持時間

$setup 功能

　　設定時間值的檢查，將會透過使用 $setup 這一個指令來達成，指令用法如下：

　　用法：$setup(待檢察的訊號、參考訊號、時間限制)。

　　待檢查的訊號：要來檢查是否違反時序的訊號。

　　參考訊號：因為要檢查時序必須要有一個參考的訊號，才開始檢查
　　　　　　　時脈的正確性，就在這裡來指定這一個訊號。

　　時間限制：檢查待檢查的訊號的最小設定時間值。

　　如果(參考時間−待觀察時間)< 時間限制，時脈的設定值有違反這一個設定值時間限制，則系統將會出現錯誤訊息，告知錯誤的發生。底下有一個使用的範例。

```
// 檢查設定時間
// 使用時鐘輸入當作參考訊號
// 如果(T_reference_even - T_data_even)< 3 則發出警告
specify
    $setup ( data, posedge clock, 3);
endspecify
```

$hold 功能

保持時間值的檢查，將會透過使用 $hold 這一個指令來達成，指令用法如下：

用法：$hold(參考訊號、待檢察的訊號、時間限制)

參考訊號：因為要檢查時序必須要有一個參考的訊號，才開始檢查
時脈的正確性，就在這裡來指定這一個訊號

待檢查的訊號：要來檢查是否違反時序的訊號

時間限制：檢查待檢查的訊號的最小保持時間值

如果(待觀察時間－參考時間)< 時間限制，時脈的保持值有違反這一個保持值時間限制，則系統將會出現錯誤訊息，告知錯誤的發生。底下有一個使用的範例。

```
// 檢查保持時間
// 用時鐘當作參考值
// data 是待觀察值
// 如果(待檢查時間 - 參考時間 )< 5 則系統會發出警告
specify
    $hold ( posedge clear, data, 5);
endspecify
```

10.3.2 $width 檢查

有的時候，我們會去檢查一個波形的寬度，是否符合我們的要求。由下圖可以看到其示意區間。

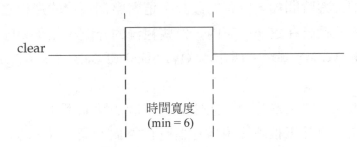

用法：$width(參考的訊號，最小時間寬度限制)。

參考訊號：必須是一個邊緣觸發的訊號。

最小時間寬度限制：檢查待檢查的訊號的最小時間寬度值。

如果(參考訊號的指定邊緣出現到參考訊號再度改變他的值的時間)<時間限制，表示時脈的寬度值有違反這一個時間寬度限制，則系統將會出現錯誤訊息，告知錯誤的發生。底下有一個使用的範例。

```
// 檢查寬度
// 用時鐘輸入當作參考值
// 5 個單位的時間作限制值
// 時鐘輸入在正緣觸發後，必須保持五個時間單位不變。
specify
    $width(posedge clear, 5);
endspecify
```

10.4 延遲時間加入原有的設計 (Delay Back-Annotation)

如何把延遲時間加入原有的設計，這對整個模擬的過程也是非常重要的一環。我們將在這一小節內，作些粗淺的介紹，如果要瞭解細節，請參考開放 Verilog 基金會所出的 OVI Standard Delay File（SDF）Format Manual。

一般來說會將延遲時間加入原有的設計步驟如下：

1. 首先，設計工程師使用暫存器轉換導向的語法(RTL)，並作功能上的模擬驗證。

2. 再來，這一個設計被邏輯合成的工具，轉換到邏輯閘層次的設計。

3. 有了邏輯層次的設計之後，設計工程師可以使用具有時脈關係的模擬分析，來檢查時脈前後彼此的關係，並利用固定的延遲時間，來檢查時脈的正確性與否。

4. 之後，使用放置與佈線的工具，將邏輯閘一個個放好，並將彼此的接線接好，這個時候將會有實際的電路佈局，所以我們也可以透過相關的形狀與製程參數，得到細節的電阻值與電容值。

5. 這些電阻與電容值，轉換成對應延遲時間細節，加入原有的設計中，這時可以作更實際的時間有關模擬分析與驗證。

6. 如果線路的設計不符合要求，必須回到步驟2到步驟5重作一次。如果還不能符合要求，則必須回到步驟1，重新來設計程式。

在圖 10-7 中我們可以看到整個的流程。

有一個標準在標示這些延遲的時間參數，他的全名稱作 Standard Delay Format (SDF)。真正的細節，在之前所提到 OVI Standard Delay File（SDF）Format Manual 有明確的定義，有興趣的讀者，可以去參考看看。

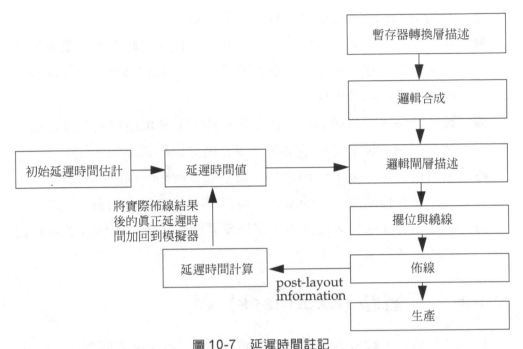

圖 10-7　延遲時間註記

10.5　總結 (Summary)

在這一章節中，我們討論了很多延遲有關的相關題材，分別有：

● 延遲的三種模型，包括整體式延遲、分散式延遲與路徑式延遲模型。分散式的方法較整體式的方法來的精確，但是也較複雜。

● 路徑延遲，通稱作接腳對接腳的延遲，具有最好的延遲模型，也能最精確的描述延遲的時間狀況。

● 學會使用指定區塊的方法，來指定延遲時間設定，並瞭解到指定區塊與開始(initial)或反覆(always)區塊是不同的區塊。

● 路徑延遲內有兩種描述的模型，一種是平行連接，另一種是完全連接。

Chapter 10

● 利用 specparam 來描述各種不同的參數。

● 路徑延遲的時間可以隨著訊號的值，或是幾個訊號值所組成的狀態來加以改變。通常稱作狀態有關的路徑延遲(State Dependent Path Delays SDPD)

● 延遲時間可以再詳細區分為上升延遲、下降延遲與關閉延遲這三種，而每一種又可以給定最小值、最大值與標準值。

● 我們也學會如何在Verilog中來檢查設定時間、保持時間與寬度。至於，其他時間項目的檢查，可以參考其他深入的書籍。

● 將延遲時間回加入設計中的路徑延遲時間，可以確保設計可以達到時脈的要求。

10.6　習題 (Exercises)

1. 請判斷底下設計的延遲模型？請練習用 Verilog 來描述。

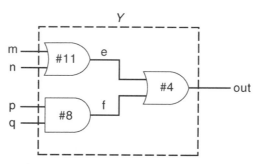

2. 請在針對題 1.的模組，採用最大的延遲時間，並以整體延遲模型的方式來撰寫 Verilog 程式。

3. 再針對題 1.的模組，計算出每一條路徑的延遲，並以路徑延遲的模型來寫 Verilog 程式。

4. 參看下圖的的非同步可重設 D 形式的暫存器，採用路徑延遲模型，平行連接描述的方式，寫出他的 Verilog 程式。

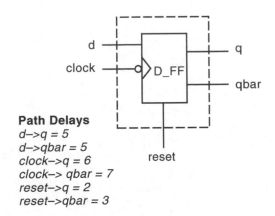

Path Delays
d->q = 5
d->qbar = 5
clock->q = 6
clock-> qbar = 7
reset->q = 2
reset->qbar = 3

5. 如果上一題中，所有的路徑延遲都是五個時間單位，請用完全連接的方式來描述 q 與 qbar 的關係。

6. 如果採用六個延遲時間的設定方法，並以 t_01=4、t_10=5、t_0z=7、t_z1=2、t_1z=3、t_z0=8 為延遲時間參考值，以完全連接的方式，來撰寫 Verilog 程式。

7. 以題 4.的暫存器為例，如果輸出 q 的延遲時間與底下的狀態有關的話，你該如何描述這一個設計。假設，其他所有的延遲時間都是 5 個時間單位，如果 d 的值是 0，則 clock 到 q 的延遲時間為 5 個時間單位，否則就是 6 個時間單位。如果 d 的值是 0，則 clock 到 qbar 的延遲時間為 4 個時間單位，否則就是 7 個時間單位。

8. 如果依照題 7.的設定值，我們參考下面的時間檢查敘述，把它加入設計中。
   d 參考 clock 得最小設定時間為 8 個時間單位。
   d 參考 clock 得最小保持時間為 4 個時間單位。
   如果 reset 訊號保持在高位準，必須至少有 42 單位的時間寬度。

9. 請敘述如何將延遲時間參數倒加入原有設計中，請以流程圖的方式來說明。

Chapter 10

第 **11** 章

交換層次的模型
(Switch-Level Modeling)

11.1 交換層次的元件

11.2 範　例

11.3 總　結

11.4 習　題

VERILOG
Hardware Descriptive Language

本書的第一部份，都是針對高層次的硬體模型來描述說明，並沒有描述有關的硬體細節模型，譬如大型積體電路設計使用的電晶體。所以在這一章節中，我們將介紹金氧半導體層次的Verilog描述方法。一般來說，隨著設計的大型化，電晶體的使用量成千百萬，一般來說並不會從那麼細節的地方開始設計，而且如需做細節的模擬就需藉助於特別的電腦輔助軟體。因此，Verilog雖然有支持這一層級的硬體模型，但它只是把電晶體單純地當成開關來看待，也只處理 0、1、x、z這四種訊號位準與相關的推力關係。對一般的硬體設計工程師來說，這樣的模型已經足夠所需，為其美中不足之處，是它沒辦法處理類比線路之設計。在附錄A強度模型與高等線路定義章節中，我們會有很詳細的定義。也請參考Verilog 硬體描述語言參考手冊(Verilog HDL Language Refreence Manual)，裡面有詳盡的說明與解釋。

學習目標

- 學會如何描述金氧半導體中的 nmos(n 型通道金氧半導體)，pmos (p 型通道互補式金氧半導體)與 cmos(互補式金氧半導體)。
- 瞭解雙向導通穿越開關(bidirectional pass switches)、電源與接地。
- 處理有電阻的開關。
- 延遲時間加入這些交換層次的開關中。
- 學習如何利用既有的開關模型，建構交換層次的線路。

11.1　交換層次的元件 (Switch-Modeling Elements)

Verilog提供多種低階的邏輯閘描述方式，甚至有提供半導體開關的數位電路設計方式[1]。

11.1.1　金氧半導體式的開關

一般來說金氧半導體有兩種形式，分別是 n 型通道金氧半導體與 p 型通道互補式金氧半導體，分別以關鍵字 nmos 與 pmos 來作為代表。

```
//  金氧半導體關鍵字
nmos           pmos
```

我們通常以底下兩個符號來分別表示這兩者。

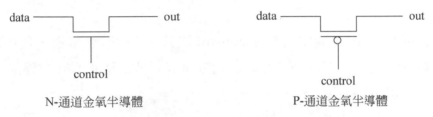

N-通道金氧半導體　　　　　　　　　　　P-通道金氧半導體

圖 11-1　N-通道金氧半導體與 P-通道金氧半導體開關

在範例 11-1 中，我們分別對 NMOS 與 PMOS 舉一些例子。

範例 11-1　NMOS 與 PMOS 開關的初始化

```
pmos n1(out, data, control ); // nmos 開關的範例
nmos p1(out, data, control ); // pmos 開關的範例
```

同時，開關屬於 Verilog 的原始關鍵字，所以可以直接使用，不一定需要給予別名。所以我們可以修改範例 11-1 的例子為

```
nmos(out, data, control ); // nmos 開關的範例，無別名指定。
pmos(out, data, control ); // pmos 開關的範例，無別名指定。
```

前面的兩個例子，可以看到 out 這一個訊號值被 data 與 control 這兩個訊號所控制。若以真值表的方式來表示，可以在表 11-1 中看到 out 分別對輸入是 1、0、z 與 x 的值，其中 L 表示這一個值可能是 0 或是未知 z，H 表示這一個值可能是 1 或是未知 z。

Chapter 11

表 11-1　NMOS 和 PMOS 的真值表

nmos	control 0	1	x	z		pmos	control 0	1	x	z
0	z	0	L	L		0	0	z	L	L
1	z	1	H	H		1	1	z	H	H
data x	z	x	x	x		data x	x	z	x	x
z	z	z	z	z		z	z	z	z	z

由上表可知，nmos 開關只有在 control 訊號是 1 的時候導通，是 0 的時候為高阻抗模式；而 pmos 開關只有在 control 訊號是 0 的時候導通，是1 的時候為高阻抗模式。

11.1.2　互補式金氧半導體開關 (CMOS)

一般來說，我們以關鍵字 cmos 來代表互補式金氧半導體開關。一個 cmos 應該由 nmos 與 pmos 所組合而成。圖 11-2 就是一個例子。

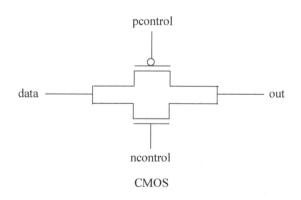

CMOS

圖 11-2　CMOS 開關

同樣地，在範例 11-2 中我們可以看到如何使用 cmos 這一個關鍵字。

範例 11-2　使用 CMOS 開關

```
cmos c1(out, data, ncontrol, pcontrol ); // 使用別名的方式
cmos(out, data, ncrontrol, pcontrol );    // 不使用別名
```

　　ncontrol 與 pcontrol 這兩個訊號，一般應該彼此為互補值。一個是 0 則另一個就是 1，或是一個是 1 則另一個就是 0。如果套上 pmos 與 nmos 的關鍵字的話，來改寫上面範例 11-2

```
nmos(out,data, ncontrol);  // nmos 開關範例
pmos(out,data, pcontrol);  // pmos 開關範例
```

　　同理，因為 cmos 是來自 pmos 與 nmos 的組合，自然有一致的真值表。

11.1.3　雙向開關

　　N 型半導體、P 型半導體與互補式型半導體，都是將源端導通至目的端。所以要能處理一個雙向的開關，使得元件的兩端都有可能是源端，就是一個值得注意的問題。在 Verilog 語言中，我們使用三個關鍵字來處理，分別是 tran、tranif0 與 tranif1。

```
tran  tranif0  tranif1
```

　　分別針對這三種列出他們相對應的常用符號。

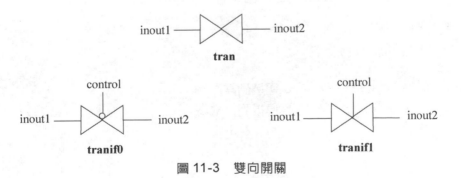

圖 11-3　雙向開關

Chapter 11

　　tran 型態的雙向開關只是單純地當成一個雙向緩衝器，兩端都可以當作源端。而 tranif0 型態的雙向開關只有在 control 訊號為 0 的時候，才會當成一個雙向緩衝器，如果是 1 的時候，則非源端側的值將為高阻抗狀態，而 tranif1 型態則剛好是相反。在範例 11-3 中，我們可以來看看怎麼使用。

範例 11-3　使用雙向開關

```
tran t1(inout1, inout2 );             // 使用別名的方式
tranif0(inout1, inout2 control );   // 不使用別名
tranif1(inout1, inout2, control);    // 不使用別名
```

　　一般來說雙向開端都用在阻絕訊號與匯流排用。

11.1.4　電源與接地

　　在電晶體層級的設計中，一定需要電源端(Vdd，邏輯值 1)，或是接地端(GND，邏輯值 0)，在 Verilog 語言中我們以 supply1 來代表電源端，以 supply0 來代表接地端。

　　型態屬於 supply1 的訊號，不論何時，都會等於電源端的效果，邏輯值為 1。型態屬於 supply0 的訊號，不論何時，都會等於接地端的效果，邏輯值為 0。可以在下面範例中，看看如何使用。

```
supply1 vdd;
supply0 gnd;

assign a = vdd; // 將 a 連接到電源端
assign b = gnd; // 將 b 連接到接地端
```

11.1.5 電阻式開關

上述的三種開關元件，都可以再加上電阻值的設定。一個有電阻的開關，就不再是理想開關，首先它的阻抗值會增加，而且通過的訊號，其強度會降低。實際用的元件，通常都具有這份特性。在 Verilog 語言中，對於有電阻性的開關，都在關鍵字前面加上 r 這一個字首。

```
rnmos rpmos            // 電阻式 pmos 與 nmos 開關
rcmos                  // 電阻式互補開關
rtan rtanif0 rtanin1   // 電阻式雙向開關
```

一般來說這兩種模式的開關，有沒有電阻值的設定，有兩個很重要的不同：一、是它們的源端到目的端的阻抗不同，二、處理通過訊號的方式。

● 電阻性開關有著較大的源端到目的端的阻抗值，理想開關通常有著近乎零的阻抗值。

● 電阻性開關會降低通過訊號的強度，而理想開關則不會有這種情況發生。在表 11-2 中，可以看到訊號強度被降低的情況。

表 11-2　訊號強度衰減對照表

輸入強度	輸出強度
supply	pull
strong	pull
pull	weak
weak	medium
large	medium
medium	small
small	small
high	high

Chapter 11

11.1.6   在開關中的延遲設定

半導體與互補式金氧半導體開關部份

　　同於一般的線路設計，我們一樣可以在開關中給予延遲時間設定，延遲的時間可以是有值或是無值(延遲時間爲零)，也可以分成上升延遲、下降延遲與關閉延遲，也同樣有一、二、三種值的指定方法。表 11-3 中列出這一些可能的設定方式。

表 11-3   延遲時間設定與半導體與互補式半導體開關的關係

開關型態	延遲設定種類	範例

pmos, nmos, rpmos, rnmos	無值(不延遲)
	一個值(所有的延遲型態延遲值都一樣)
	二個值(上升延遲與下降延遲)
	三個值(上升延遲、下降延遲與關閉延遲)
		pmos p1(out,data,control);
		pmos #(1)p1(out,data,control);
		nmos #(1,2)p2(out,data,control);
		nmos #(1,3,2)p2(out,data,control);

cmos, rcmos	同上	cmos #(5)c2(out,data,nctrl,pctrl); cmos #(1,2)c1(out,data,nctrl,pctrl);

雙向開關部份

　　雙向開關並不像其他開關種類，一般來說它應該只有開啓延遲與關閉延遲這兩種延遲時間。所以它的描述方式只有三種：無延遲值、一個延遲值(開啓與關閉共用)、兩個延遲值。

表 11-4   延遲時間設定與雙向開關的關係

開關種類	延遲設定	範例
tran,rtran	無延遲設定	

tranif1, rtranif1, tranif0, rtranif0	無延遲值
	一個延遲值(開啓與關閉共用)
	兩個延遲值(分別針對開啓與關閉)
		rtranif0 rt1(inout1,inout2,control);
		tranif0 #(3)T(inout1,inout2,control);
		tranif1 #(1,2)t1(inout1,inout2,control);

指定區塊

接腳對接腳的延遲時間設定，可以用在開關上。相關的時間檢查也一樣可以用在開關上，方法都一致，沒有不同。

11.2　範例 (Examples)

這一小節內，我們將舉幾個實例，來看看該如何以交換層次的方式來作設計。

11.2.1　互補式金氧半導體 非或(NOR)邏輯閘

在Verilog語言中，我們本來就擁有非或邏輯閘，但是如果以交換層次的角度來看，會是如何？請看圖 11-4。

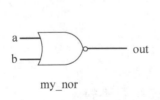

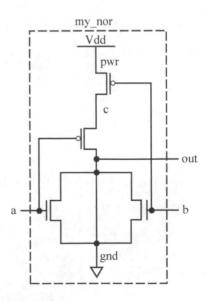

圖 11-4　Nor Gate 與開關示意圖

使用 11.1 小節的方式來描述上圖，我們會得到範例 11-4。

範例 11-4　非或邏輯閘的 Verilog 描述

```
// 定義這一個模組為 my_nor
module my_nor(out, a, b);

output out;
input a, b;

// 內部連線
 wire c;

// 設定電源端與接地端
 supply1 pwr;
 supply0 gnd;

// 初始化開關
pmos(c, pwr, b);
pmos(out, c, a);
nmos(out, gnd, a);
nmos(out, gnd, b);

endmodule
```

我們使用底下的程式，來測一測這一個模組對不對。

```
// 邏輯閘的測試輸入
module stimulus;
reg A, B;
wire OUT;

// 初始化非或邏輯
```

```
my_nor n1(OUT, A, B);

// 灌入測試訊號組合，兩組輸入，四種輸入訊號組合。
initial
begin
    A=1'b0; B=1'b0;
    #5 A=1'b0; B=1'b1;
    #5 A=1'b1; B=1'b0;
    #5 A=1'b1; B=1'b1;
end

// 檢查輸出
initial
    $monitor($time," OUT = %b , A= %b, B=%b", OUT,A,B);

endmodule
```

結果輸出如下：

```
0 OUT = 1, A= 0, B=0
5 OUT = 0, A= 0, B=1
10 OUT = 0, A= 1, B=0
15 OUT = 0, A= 1, B=1
```

如此一來，我們就定義好一個非或邏輯閘，若有需要，我們可以繼續定義所有相關的基本邏輯閘。

11.2.2　2 對 1 多工器

我們將以互補式半導體的方式，來組合出一個 2 對 1 多工器，我們也將利用前一個非或邏輯閘來做一個反閘。線路如圖 11-5 所示。

Chapter 11

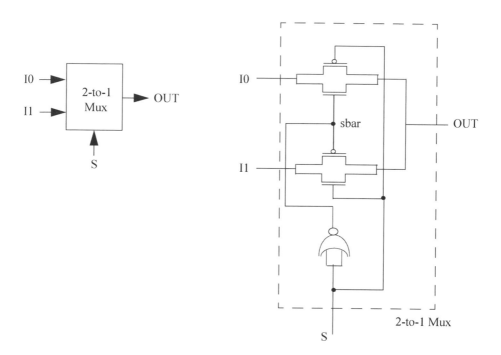

圖 11-5　二對一多工器

　　其運作原理，當 S 值為零的時候，OUT 的值等於 IN0 的值，當 S 值為一的時候，OUT 的值等於 IN1 的值。寫成 Verilog 交換層次的模型如範例 11-5。

範例 11-5　以交換層次的寫法來描述一個多工器

```
// 定義一個 2 對 1 的多工器
module my_mux(out, s, i0, i1);

output out;
input s, i0,i1;

// 內部接線
```

```
wire sbar; // s 的互補值

// 利用前面的 my_nor 模組
my_nor nt(sbar, s, s); // 與一個反閘功能相同

cmos(out, i0, sbar, s);
cmos(out, i1, s, sbar);

endmodule
```

測試模組留給讀者練習。

11.2.3　簡單的互補式電晶體正反器

我們設計了一個簡單的正反器，來儲存資料。與前面不同的是，這是一個與訊號位準有關的循序電路，而非只是組合電路。其代表如圖 11-6 所示。

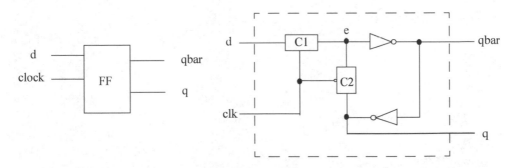

圖 11-6　CMOS 正反器

C1 與 C2 這兩個模組，使用前面解釋過的互補式電晶體開關，當 clk 訊號值為 1 的時候，開關 C1 打開，反之，當 clk 訊號值為 0 的時候，開關 C2 打開，C1 與 C2 的 clk 輸入互為互補值。至於剩下的互補式電晶體反相器，則參考圖 11-7 的方式轉成電晶體的形式。

Chapter 11

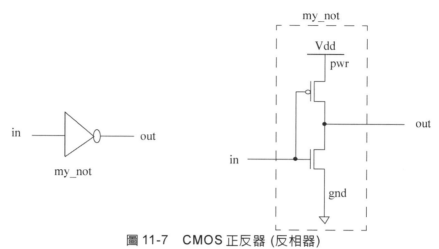

圖 11-7　CMOS 正反器 (反相器)

　　所有的電路細節都準備好之後就可以開始寫程式了，首先，寫屬於
自己的 **my_not** 反相器，再來寫完整的模組。

範例 11-6　反相器

```
// 定義一個反相器
module my_not(out, in);

output out;
input in;

// 宣告電源端與接地端
supply1 pwr;
supply0 gnd;

// 初始化開關
pmos(out,pwr,in);
nmos(out,gnd,in);

endmodule
```

範例 11-7 互補式電晶體正反器

```verilog
// 定義正反器
module cff(q, qbar, d, clk);

output q, qbar;
input d,clk;

// 內部連線
wire e;
wire nclk; //clk 的互補訊號

// 使用反相器
my_not nt(nclk,clk);

// 使用互補式電晶體開關
cmos(e, d, clk, nclk);   // switch c1 closed i.e. e = d,
                         // when clk = 1
cmos(e, q, nclk, clk);   // switch c2 closed i.e. e = q,
                         // when clk = 0

// 使用反相器
my_not nt1(qbar, e);
my_not nt2(q, qbar);

endmodule
```

　　我們將寫測試模組的工作留作習題，讓讀者想想看該如何去測試輸入儲存值，與記憶儲存值的測試模組。

Chapter 11

11.3　總結 (Summary)

這一章中，我們討論了如下的事項：

● 如何在最低階的設計層級中，使用交換層次來作設計。一般來說，不大會用到這一個層次的東西，尤其當設計越來越大型化，幾乎不可能處理那麼多細節的線路設計。

● 電晶體開關、互補式電晶體開關與雙向開關，以及 supply0 與 supply1 可以用來輔助我們設計交換層級的設計。

● 在各種開關中，可以加入延遲時間設定。在雙向開關中，有著不一樣的延遲設定理念。

11.4　習題 (Exercises)

1. 畫出互斥或(xor)邏輯閘的線路圖，使用 nmos 與 pmos 來描述它，並寫出測試模組。

2. 畫出且(and)邏輯閘與或(or)邏輯閘的線路圖，使用 nmos 與 pmos 來描述它，並給予測試模組。

3. 設計一個一位元的全加器，底下有一個使用 xor、and、or 這三種邏輯閘的電路圖。寫出它的 Verilog 程式，並附上測試模組。

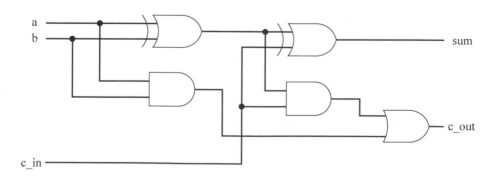

4. 設計一個4位元的雙向匯流排開關，上面一側有BusA與BusB兩條匯流排，另一側有一個BUS的匯流排。由control訊號來判斷BUS接到BusA或BusB，如果control為1，則接到BusA，反之接到 BusB，請寫出程式以及測試模組。(提示：以 tranif0 與 tranif1 的敘述)

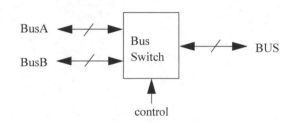

5. 練習寫出以下這些有延遲時間設定的開關，輸出入埠的名字可以自取。

a. pmos 開關，上升延遲為2與下降延遲為3。

b. nmos 開關，上升延遲為4，下降延遲為6與關閉延遲為5。

c. cmos 開關，延遲為6。

d. tranif1 開關，開啟時間為5 關閉時間為6。

e. tranif0 開關，延遲為3。

Chapter 11

第 **12** 章

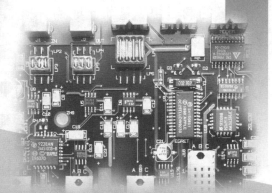

自定邏輯閘
(User-Defined Primitives)

12.1 自己定義邏輯閘的基本概念

12.2 自己定義的組合邏輯電路

12.3 循序自定邏輯閘

12.4 自定邏輯閘中的一些常用速記符號

12.5 自定邏輯閘的使用方針

12.6 總　結

12.7 習　題

VERILOG
Hardware Descriptive Language

在 Verilog 語言中，不需要特別的指定，就有邏輯且、非且、或、非或與相反等等，各式各樣的基本邏輯閘可以使用。然而有的時候無可避免地，我們必須特別定義一些邏輯閘。這些屬於自己定義的邏輯閘，在 Verilog 的語言中，是如此地獨一無二，它們的地位高於自己定義的模組，而與基本的邏輯閘元件擁有同等的地位，使用之前無須初始化，亦無須使用別名才能呼叫。

一般來說，有兩種自己定義的邏輯閘：

● 自己定義的組合邏輯閘，這一種邏輯閘的輸出，只與當時的輸入有關，本章後面所提到的一個 4 對 1 的多工器就是一個很好的例子。

● 自己定義的循序邏輯閘，下一個時間的輸出值，與當時的輸入值與輸出值都有關係，循序邏輯閘常在處理正反器或暫存器時會用到。

學習目標

● 瞭解如何定義屬於自己的邏輯閘。
● 使用自己定義的組合或循序邏輯閘。
● 解釋自己定義邏輯閘的用法。
● 學習一些定義時常會用的速記符號。
● 使用自己定義邏輯閘的指導方針。

12.1　自己定義邏輯閘的基本概念 (UDP basics)

在本小節內，我們將介紹使用於自己定義的邏輯閘的可用基本關鍵字及其使用原則。

12.1.1　自己定義的邏輯閘的可用基本關鍵字

在圖 12-1 中，可以看到一些使用的基本語法：

```
// 定義邏輯閘的名字與輸出入埠
primitive < 名字>(
<輸出端訊號名>(只可以有一個)
<輸入端訊號名>);(不限個數)

// 輸出入埠宣告
output <輸出埠名字>;
input   <輸入埠名字>;
reg <輸出埠名字>;(通常只在循序邏輯中來使用)

// 初始化邏輯閘(通常只在循序邏輯中來使用)
initial <輸出埠名字>=<指定初始值;>

// 邏輯閘狀態表
table
    <列表  >
endtable

// 結束宣告
endprimitive
```

圖 12-1　自己定義的邏輯閘可用的關鍵字

一個自己定義的邏輯閘，都是以關鍵字 primitive 開始，依序給予名字、輸出訊號名以及輸入訊號名。在輸出入埠的宣告中，再給予相同的名字定義，如果採用循線電路的設計，輸出端還得宣告 reg 的資料型態。

12.1.2　自己定義的邏輯閘的使用原則

使用自己定義的邏輯閘，有一些原則你不得不去遵守，而且不論是組合邏輯或是循序邏輯都是一樣的。

Chapter 12

1. 自己定義的邏輯閘，可以接受一個或多個的輸入埠。

2. 自己定義的邏輯閘，只能有一個輸出埠，而且必須寫在埠定義最前面，不允許有多個輸出埠。

3. 輸出埠使用關鍵字output來定義，如果是在循序邏輯中，必須配合上關鍵字 reg 的宣告。

4. 輸入埠使用關鍵字 input 來定義。

5. 在循序邏輯中，可以使用關鍵字 initial 來定義狀態初始值。

6. 狀態表只處理 0、1、x 這三種邏輯值的關係，並不處理 z 的值，如果有 z 的輸入，則當作 x 來看待。

7. 自己定義的邏輯閘的地位與模組類似，所以不能在模組內才來定義它，只能在模組內來使用它，使用的方法和使用一些原本就有的邏輯閘是一樣的。

8. 自己定義的邏輯閘內並沒有輸出入雙向埠的定義。

12.2　自己定義的組合邏輯電路 (Combinational UDPs)

　　組合邏輯電路通常是看輸入值的變化，參考狀態真值表來決定輸出值的變化。

12.2.1　自訂組合邏輯閘的定義

　　在組合邏輯中，最重要的就是輸出入之間的狀態真值表。解釋狀態真值表的最佳方式是以邏輯且(and)作為範例。我們將自定邏輯且，並稱之為 udp_and(見範例 12-1)。

範例 12-1 upd_and

```
// 名字與埠定義
primitive udp_and(out, a, b);

// 宣告
output out;   // 輸出宣告在先
input a, b;

// 定義狀態真值表
table
    // 底下為了容易閱讀起見，依照順序來排列。
    // a  b : out ;
       0  0 : 0;
       0  1 : 0;
       1  0 : 0;
       1  1 : 1;

endtable // 結束宣告

endprimitive // 結束定義
```

　　比較一下這個定義與圖 12-1 有何不同，這裡不同的是輸出並未宣告為 reg 格式，以及與 initial 敘述並未用到，這都是只在循序自定邏輯閘中會用到的，在本章後面會談到。

　　自定邏輯閘也支援 ANSI C 形式的宣告。這個形式允許一個埠的定義與其列表結合在一起。範例 12-2 即為這樣的例子。

範例 12-2 ANSI C 形式的組合邏輯閘宣告

```
// 名稱與輸出入埠列表
primitive udp_and(output out,
```

Chapter 12

```
                    input a,
                    input b);
...
endprimitive //  結束 udp_and 的宣告
```

12.2.2　狀態真值表

　　我們想要深入地瞭解如何來使用狀態眞值表的設定功能，必須先來看看他應該怎麼寫。由 udp_and 中可以看到他的排列方式是依照：

<第一個輸入埠> <第二個輸入埠> ... <最後一個輸入埠> :<唯一一個輸出埠> ；所以我們有幾點可以來描述怎麼寫這一個表。

1.　首先，這一個表的排列順序必須依照輸出入埠的定義順序。如果順序錯了，並不會有警告，但是會有不可預期的輸出結果。

2.　輸入與輸出的設定中間相隔一個“:”符號。

3.　每一行設定，結尾必須以“;”這一個符號終結。

4.　所有你預先都知道的輸出入對應關係，你都必須明白地寫進眞值表，不然遇到眞值表中不存在的對應關係，輸出通通都會對應到 x 輸出值。

　　以上面的 udp_and 爲例，如果遇到 a=x 且 b=0，在正常的邏輯且運作下，這一個時候應該輸出值是 0，但是因爲在眞值表中我們沒有定義這一個關係，所以輸出值是 x。所以，在使用狀態眞值表的時候，一定要記得完整地指定所有你已經知道的狀態關係。下面是以邏輯或爲例子，寫一個自己的 udp_or 邏輯閘。

範例 12-3 udp_or

```
primitive udp_or(out, a, b);
```

```
output out;
input a, b;

table
    // a  b  :  out;
       0  0  :  0;
       0  1  :  1;
       1  0  :  1;
       1  1  :  1;
       x  1  :  1;
       1  x  :  1;
endtable

endprimitive
```

在上面的例子中我們可以看到對於udp_or做了完整的敘述，不論是x或是z都已經被考慮到了，因為z已經被當成x來被考慮到了。

12.2.3 可以忽略值的速記符號

在前面的例子中，我們可以看到，只要有一個輸入埠值為 1，另一輸入埠的值不論如何輸出值都是1。此時應有一個符號可直接來代表0、1與x。在 Verilog 語言中便以?這符號來代表如此的設定，所以我們可以改寫上面的範例成如下：

```
primitive udp_or(out, a, b);

output out;
input a, b;

table
```

Chapter 12

```
   //   a    b    :    out;
        0    0    :    0;
        1    ?    :    1;
        ?    1    :    1;
        0    x    :    x;
        x    0    :    x;
endtable


endprimitive
```

12.2.4　使用自己定義的邏輯閘

　　前面都是在說明該如何來定義自定邏輯閘，並沒提到如何使用。所以在這一小節裡面，我們將以全加器為例子，利用前面設定好的upd_and與 udp_or，再配合其他相關指令一起來寫程式。

範例 12-4　使用自定邏輯閘

```
// 一位元全加器
module fulladd(sum , c_out, a, b, c_in);

// 輸出入埠定義
output sum, c_out;
input a, b, c_in;

// 內部連線
wire s1, c1, c2;

// 混合使用原有與自定邏輯閘
xor(s1, a, b); // 原有邏輯閘
udp_and(c1, a, b); // 自定邏輯閘
```

```
xor(sum, s1, c_in); // 原有邏輯閘
udp_and(c2, s1, c_in); // 自定邏輯閘
udp_or(c_out, c2, c1); // 自定邏輯閘

endmodule
```

12.2.5　一個使用自己定義的組合邏輯閘的範例

在上一小節我們舉例一個只用了 udp_and 與 udp_or，這兩個自定邏輯閘的全加器。這一小節內，我們將舉一個較大型的例子，使用 4 對 1 多工器為例子。在第五章 5.1.3 小節內我們已經看過這一個例子，我們將以自訂邏輯的方式重新改寫它。多工器的輸出，通常只有一個輸出埠非常適合使用自訂邏輯的方式來描述。在圖 12-2 中，我們可看到區塊圖與真值表。

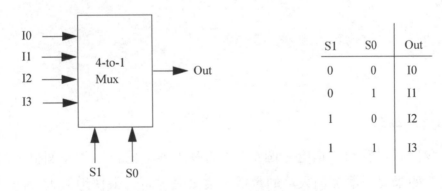

圖 12-2　4 對 1 UDP 多工器

這一個多工器有六個輸入埠與一個輸出埠，Verilog 的自訂邏輯閘敘述就可以寫成範例 12-5。

範例 12-5　4 對 1 多工器的自訂邏輯閘

```
// 4 對 1 多工器
primitive mux4_to_1(out, i0, i1, i2, i3, s1, s0);
//
output out;
input i0, i1, i2, i3;
input s1, s0;
table
  // i0 i1 i2 i3  ,  s1 s0 : out;
     1  ?  ?  ?      0  0  : 1  ;
     0  ?  ?  ?      0  0  : 0  ;
     ?  1  ?  ?      0  1  : 1  ;
     ?  0  ?  ?      0  1  : 0  ;
     ?  ?  1  ?      1  0  : 1  ;
     ?  ?  0  ?      1  0  : 0  ;
     ?  ?  ?  1      1  1  : 1  ;
     ?  ?  ?  0      1  1  : 0  ;
     ?  ?  ?  ?      x  ?  : x  ;
     ?  ?  ?  ?      ?  x  : x  ;
endtable

endprimitive
```

　　我們可以看到要指定一個 4 對 1 的多工器，已經用了一個很大的真值表，如果要再增加輸入埠的數目，這一個表將會很快地擴大，記憶體的需求將隨著輸入埠的數目，而以指數次方的趨勢增加。什麼時候用自訂邏輯閘會比較適合呢？不是每一個狀況都適合，只有在當你知道輸出入對應關係，但是你又不是很清楚裡面該用怎樣的邏輯閘來處理，這時候使用自訂邏輯閘，直接就可以開始設計而不用煩惱。

範例 12-6　4 對 1 多工器的測試模組

```verilog
// 測試模組，不需輸出入埠。
module stimulus;

// 宣告使用的變數
reg IN0, IN1, IN2, IN3;
reg  S1, S0;

// 宣告多工器的輸出埠
wire OUTPUT;

// 使用 mux4_to_1 自定邏輯閘
mux4_to_1 mymux(OUTPUT, IN0, IN1, IN2, IN3, S1, S0);

// 測試輸入
initial
begin
   // 預先給入四個輸入埠值
   IN0 = 1; IN1 = 0; IN2 = 1 ; IN3 = 0;
   #1 $display(" IN0= %b, IN1= %b, IN2= %b, IN3= %b \n",
    IN0, IN1, IN2, IN3);
// 選擇 IN0
   S1=0; S0=0;
   #1 $display(" S1= %b, S0= %b, OUTPUT= %b \n",S1,S0,OUT-
    PUT);

   // 選擇 IN1
   S1=0; S0=1;
   #1 $display(" S1= %b, S0= %b, OUTPUT= %b \n",S1,S0,
   OUTPUT);
```

Chapter 12

```
    // 選擇 IN2
    S1=1; S0=0;
    #1 $display(" S1= %b, S0= %b, OUTPUT= %b \n",S1,S0,
    OUTPUT);

    // 選擇 IN3
    S1=1; S0=1;
    #1 $display(" S1= %b, S0= %b, OUTPUT= %b \n",S1,S0,
    OUTPUT);
end

endmodule
```

底下是測試的結果。

```
IN0 = 1, IN1 = 0, IN2= 1, IN3= 0
S1=0, S0=0, OUTPUT =1
S1=0, S0=1, OUTPUT =0
S1=1, S0=0, OUTPUT =1
S1=1, S0=1, OUTPUT =0
```

12.3　　循序自定邏輯閘 (Sequential UDPs)

　　循序邏輯與組合邏輯，不論是在定義上或使用上都有一些不同點，底下一一列出：

● 循序邏輯的輸出埠，必須再加上 reg 的定義。

● 可以利用 initial 關鍵字，來作輸出值初始化。

● 狀態真值表的定義不完全相同。

<第一個輸入埠　<第二個輸入埠　....<最後的輸入埠　:<現在狀態　:
<下一個狀態;

● 在狀態真值表中分成三個部份：輸入埠、現在狀態與下一個狀態，彼此以符號":"區隔。

● 輸入埠可以利用訊號的位準，或是位準改變的邊緣觸發作為參考值。

● 現在狀態表示輸出值。

● 下一個狀態由輸入埠與現在輸出埠的值所決定，代表下一個時間輸出埠的值。

● 所有可能發生的狀態最好都能寫進去，以避免發生未知的狀態。

如果一個循序自定邏輯使用訊號位準作為參考值，稱作訊號位準敏感循序自定邏輯。如果一個循序自定邏輯，使用訊號位準改變邊緣觸發作為參考值，稱作訊號位準改變邊緣敏感循序自定邏輯。

12.3.1　訊號位準敏感循序自定邏輯

位準敏感循序邏輯，在輸入位準改變時會改變輸出值，正反器就屬於這一類。底下圖 12-3 就是一個有清除的簡單正反器。

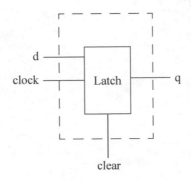

圖 12-3　正反器

以上圖來說，當清除訊號(clear)為 1 的時候，輸出(output)永遠是 0。如果清除訊號為 0，當 clock 為 1 的時候，q 會等於 d 的值，當 clock 為 0 的時候，q 會保持在以前的值不改變，將這些動作寫成範例 12-7。此外，我們以符號"-"來代表狀態什麼都不變化。

範例 12-7 訊號位準敏感循序自定邏輯

```
// 使用自定邏輯來描述一個位準敏感的正反器
primitive latch(q, d, clock, clear);

// 宣告輸出入埠
output q;
reg q; // 暫存器 q 引起宣告儲存內部
input d, clock, clear;

// 初始化
initial
    q = 0;  // 初始化輸出值 0

// 狀態真值表
table
    // d clock  clear  : q : q+ ;
       ? ?      1      : ? : 0   ;  // 清除狀態
       1 1      0      : ? : 1   ;  // q = d
       0 1      0      : ? : 0   ;  // q = d
       ? 0      0      : ? : -   ;  // clock = 0,
                                             輸出值不變化
endtable

endprimitive
```

　　循序自定邏輯閘可以在輸出入埠的列表中，使用 ANSI C 的形式來進行 reg 的宣告。在輸出入埠的宣告中，還可以同時做輸出埠數值的初始化。範例 12-8 提供循序自訂邏輯閘的一個 ANSI C 形式宣告範例。

範例 12-8　ANSI C 形式的循序自定邏輯閘宣告

```
// 用自定邏輯閘來定義訊號位準敏感的正反器
primitive latch(output reg q = 0,
                input d, clock, clear);
...
...
endprimitive
```

12.3.2　訊號緣敏感循序自定邏輯

　　訊號緣敏感循序邏輯根據訊號緣的改變，與位準來決定輸出的變化。一般來說暫存器，通常是訊號緣敏感循序邏輯。以下我們將以一個有清除輸入的負緣觸發暫存器做例子。

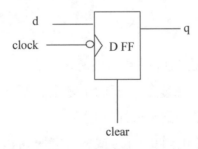

圖 12-4　負緣觸發暫存器

　　上圖的例子中，如果清除訊號是 1，則輸出將永遠是 0。如果清除訊號是 0，則暫存器正常工作。在正常工作時，剛好 clock 有負緣觸發，由

Chapter 12

1 變化到 0，則 q 將等於 d 的值。其他狀態變化，q 都不會變化。在範例 12-9 中我們將來看看如何用 Verilog 來描述它。

範例 12-9 有清除輸入的負緣觸發暫存器

```
primitive edge-dff(output reg q =0,
                   input d, clock , clear);

table
  // d  clock clear : q : q+ ;
     ?    ?     1    : ?: 0  ; // 清除狀態
     ?    ?    (10)  : ?: -  ; // 忽略清除訊號的負緣變化


     1   (10)   0    : ?: 1 ; // 在 clock 訊號負緣時取資料
     0   (10)   0    : ?: 0 ; // 在 clock 訊號負緣時取資料
     ?   (1x)   0    : ? ; - ; // 其他狀態，都不予理會
     ?   (0?)   0    : ? ; - ; // 其他狀態，都不予理會
     ?   (x1)   0    : ? ; - ; // 其他狀態，都不予理會
   (??)   ?     0    : ?: - ; // 其他狀態，都不予理會
endtable


endprimitive
```

在範例 12-9 中，我們可以看到邊緣的表示方法：

● (10)表示一個負緣變化，值由 1 變化到 0。

● (1x)表示由 1 變化到 x 未知狀態。

● (0?)表示由 0 變化到 0、1、或 x 狀態，可能包含正緣觸發。

● (??)表示任何有可能的變化組合，0、1、x 變化到 0、1、x。

同樣的，我們也要仔細注意狀態真值表的指定情形，儘可能就所知的狀態完整地指定所有的狀態。要注意，表中的每一行同時只能有一個

邊緣的訊號，不允許多個邊緣訊號一起考慮。譬如下面就是一個不被允許的例子：

```
table
......
       (01)(10)0 : ? : 1 ;  // 錯誤的示範
.....
endtable
```

12.3.3 循序自定邏輯範例

我們討論了很多定義循序自定邏輯的方式，這一小節內我們將看一個較大的例子，一個四位元的水波型計數器。在第六章 6.5.3 小節內，我們介紹了一個用 T 型暫存器所組成的計數器，在那邊我們用負緣觸發的 D 型暫存器，來組成 T 型暫存器，而這邊我們將把 T 型暫存器用自定邏輯閘來描述。

範例 12-10 使用自定邏輯的 T 型暫存器

```
// 緣觸發 T 型暫存器
primitive T_FF(output reg q, input clk , clear);

// 宣告
output reg q;
input clk, clear;

// 不需要初始化

table
// clk  clear :  q  :  q+  ;
      // 非同步清除
```

Chapter 12

```
    ?      1    :  ?  :   0   ;
    // 忽略清除訊號的負緣變化
    ?     (10)  :  ?  :   -   ;
    // 在 clock 訊號負緣的時候，將輸出反相。
   (10)    0    :  1  :   0   ;
   (10)    0    :  0  :   1   ;
    // 忽略 clock 訊號的正緣變化
   (0?)    0    :  ?  :   -   ;
endtable
endprimitive
```

　　使用 T_FF 來組成一個四位元水波型計數器，必須用至少四個 T 型暫存器，結果如下範例 12-11 所示。

範例 12-11　　水波型計數器

```
// 水波型計數器
module counter(Q, clock, clear);

// 輸出入埠
output [3:0] Q;
input clock, clear;

// 使用 T_FF，別名部份可有可無。
T_FF tff0(Q[0],clock,clear);
T_FF tff1(Q[1],Q[0],clear);
T_FF tff2(Q[2],Q[1],clear);
T_FF tff3(Q[3],Q[2],clear);

endmodule
```

　　我們可以將範例 6-9 的測試輸入給予上面的水波型計數器，將會產生一致的結果。

12.4　　自定邏輯閘中的一些常用速記符號
(UDP Table Shorthand Symbols)

用(10)來表示負緣的方式其實是滿困難的，也不夠直覺。所以在
Verilog中，針對這一個需求，我們定義了一些速記符號來代表這些邊緣
觸發的情況。在表 12-1 中，有詳細的一一說明。

表 12-1　UDP 速記符號

速記符號	代表意義	說明
?	0, 1, x	不可用在輸出埠
b	0, 1	不可用在輸出埠
-	不改變	只能用在循序邏輯的輸出埠
r	(01)	正緣觸發
f	(10)	負緣觸發
p	(01),(0x),(x1)	有可能的正緣觸發
n	(10),(1x),(x0)	有可能的負緣觸發
*	(??)	所有可能的改變

有了這些速記符號，可以將範例12-7部份改寫如下。這樣子既好看
且不容易搞錯。

```
table
   // d  clock clear : q : q+;
      ?    ?     1   : ? : 0 ; // 清除狀態
      ?    ?     f   : ? : - ; // 忽略清除訊號的負緣變化
      1    f     0   : ? : 1 ; // 在 clock 訊號負緣時取資料
      0    f     0   : ? : 0 ; // 在 clock 訊號負緣時取資料
      ?   (1x)   0   : ? ; - ; // 其他狀態，都不予理會
      ?    p     0   : ? ; - ; // 其他狀態，都不予理會
```

Chapter 12

```
     *   ?   0  :?:- ; // 其他狀態，都不予理會
endtable
```

12.5　自定邏輯閘的使用方針 (Guidelines for UDP Design)

　　當我們做設計時，什麼時候要用自定邏輯閘？什麼時候不要用比較好？底下列出一些使用的建議。

- 　自定邏輯閘只有功能部份，並不包含時脈資訊或任何與製程有關的資訊，例如用互補式半導體製程，或是使用二極體電晶體製程。要給予一個簡單而統一的使用，這是自定邏輯閘的使用目的。如果要包含其他的資訊，例如時脈，或者檢查資訊，就要用模組宣告來作。

- 　自定邏輯閘只提供一個輸出埠，超過就不行。

- 　自定邏輯閘的輸入埠數目也不是無限的，而是根據所使用的模擬軟體所決定。一般來說，對於組合邏輯至多可以有十個輸入，而循序邏輯至多可以有九個輸入。

- 　因為自定邏輯閘的處理方式是整個地存入記憶體中，所以如果使用了太多的自定邏輯，記憶體將不夠。此外因為自定邏輯的大小與輸入埠的數目成指數關係，越多輸入埠，將會消耗越多記憶體。

- 　使用自定邏輯的方式有時候很方便，但不是一個很好的設計策略。例如一個 8 對 1 的多工器，將會需要寫一個很大的狀態真值表，那樣一個大表，很容易造成人工失誤，不如用模組來設計比較好。

　　此外針對狀態真值表，我們有一些建議。

- 　盡可能完整地來指定所有知道的狀態，如果沒指定的狀態，通通

會是未知狀態，在很多商業軟體中都會利用這個特性來簡化真值表。

● 使用速記符號有助於編寫一個正確的真值表，也能確保易於閱讀維護，而且還能簡化表的規模。但是，在模擬軟體中，整個真值表會存入記憶體中且展開，對於佔用記憶體的大小，並不會因使用速記符號而縮小。

○ 位準敏感的敘述，他的決定權優先於位準邊緣敏感敘述。盡可能避免這樣的情況發生，如果非得使用，必須注意這樣的關係。

12.6　總結 (Summary)

本章中，就討論過的題材予以一個統合的說明：

● 首先，我們瞭解到自定邏輯的方便性。

○ 自定邏輯閘只能有一個輸出埠，自定邏輯閘與原有的邏輯閘其地位相當，狀態真值表是自定邏輯閘中最重要的部份。

○ 自定邏輯閘可以是組合邏輯或是循序邏輯，循序邏輯部份還可以是位準敏感或是位準改變邊緣敏感。

○ 自定組合邏輯，只有描述所有的輸入埠對輸出埠的關係。

○ 自定循序邏輯閘，有包含時脈控制的訊號，可以將常用的正反器、暫存器以循序邏輯的方式來描述。它的觀念，有如一個狀態機器，處理這一個時間狀態與下一個時間狀態的關係，可以處理位準敏感或是位準改變邊緣敏感的狀態。

○ 速記符號提供了一個簡單益於閱讀的環境，應該儘可能地來使用它。

○ 如何決定該用自定邏輯閘或是用模組，必須在記憶體使用量與程式編寫複雜度做取捨。

Chapter 12

12.7　　習題 (Exercises)

1. 使用自定邏輯閘的方式設計一個 2 對 1 的多工器。選擇訊號是 s、輸入是 i0 & i1、輸出是 out。如果選擇訊號值是 x，則輸出值永遠是 0。如果選擇訊號值為 0，則輸出值為 i0 的值，反之，則為 i1 的值。

2. 寫出 Y =(A & B)|(C ^ D)的真值表，並表示成一個自定邏輯閘。(假設，不可能有未知 x 的輸入值)

3. 寫一個有預設訊號的位準敏感的正反器。輸入為 d、clock、preset，輸出為 q。當 clock 值為 0 的時候，q 等於 d。當 clock 的值為 1 或未知 x 的時候，q 不會改變。當預設訊號(preset)值為 1 的時候，輸出值一定為 1。當預設訊號值為 0 的時候，q 的值由 clock 與 d 的狀態來決定。如果預設訊號為未知 x 的時候，q 的值為未知 x。

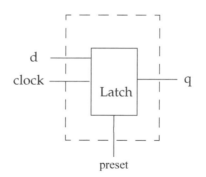

4. 使用自定邏輯閘，定義一個有清除訊號的正緣觸發 D 型暫存器。清除訊號 clear 在低位準的時候才動作，可以參考範例 12-7 的作法，盡可能使用速記符號。

5. 使用自定邏輯閘，撰寫一個負緣觸發的 JK 型暫存器，並且同時有非同步清除 clear 與預設 preset 這兩個訊號。當預設訊號值為 1 的時候，輸出 q 值為 1，當清除訊號值為 1 的時候，輸出 q 值為 0。JK 的關係表如下所示。

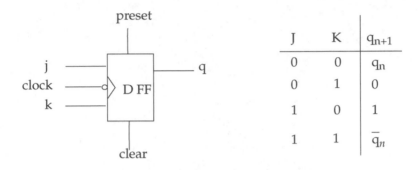

J	K	q_{n+1}
0	0	q_n
0	1	0
1	0	1
1	1	$\overline{q}_n$

6. 使用自定邏輯閘，定義一個四位元的同步計數器，並且使用前一題的 JK 型暫存器。

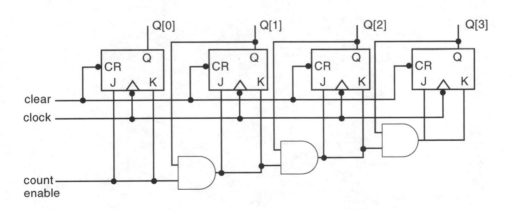

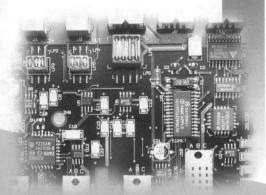

第 **13** 章

程式語言介面
(Programming Language Interface)

13.1 使用程式語言介面

13.2 連結與引用程式語言介面的任務

13.3 內部資料表示模式

13.4 程式語言介面的通用函示庫

13.5 結　論

13.6 習　題

VERILOG

Hardware Descriptive Language

　　Verilog語言本身就提供了很多標準的系統函式與程序。這些在附錄C中可以看到，包含有關鍵字、系統程序與編譯指令。然而不可避免的是，有的時候這些標準程序，不能符合工程師設計上的需要，甚至有時需要加入一些特定的程序才能達成目標。這時，設計者必須要瞭解Verilog運作時內部資料表示的方式，於是程式語言介面(Programming Language Interface，簡稱PLI)就派上用場，他不但提供了一系列的程序，可以存取到內部資料的表示方式，也可以寫到內部資料的表示方式，甚至連模擬時的相關環境參數值都存取的到。使用者自訂的程序與函式，就可以依賴這一個介面來達成。

　　程式介面的操作方法與精神，已經被廣泛的討論與實作，在這一章中，我們只在乎基本的運作方法與原理。較深入的部份可以參考IEEE標準 Verilog 硬體描述語言(IEEE StandardVerilogHardware Description Language)文件中，PLI 的詳細介紹說明。

　　Verilog PLI 有三個世代：

1. 第一個世代是以任務與函數(tf_)常式組成。這些常式主要用於使用者自訂的任務或函數的引數處理、工具函數、傳回的機制與寫入輸出裝置的動作。

2. 存取(acc_)常式構成第二世代。這些常式提供物件導向的存取途徑，可以直接存取 Verilog 內部的結構描述，這些常式可以用於存取及修改 Verilog 硬體描述語言。

3. Verilog 程序介面(Verilog Procedural Interface, vpi_)常式組成第三代的 PLI，這些常式是 acc_ 與 tf_常式功能的超集合。

　　為了不要困惑讀者，本章節只介紹 acc_ 與 tf_的若干常式。

學習目標

● 　瞭解 Verilog 為何有程式語言介面的精神。

● 　學習使用程式語言介面。

● 　定義自訂系統程序與函式，與自訂C語言程序。瞭解如何連結並引用自訂的系統程序。

● 　理解 Verilog 模擬器內部如何應用程式語言介面。

● 　學習如何使用程式語言介面中的 access 與 utility 程序。

● 　學習編寫自訂系統任務與函數，並且配合模擬一起使用。

第一步，我們要瞭解程式語言介面在 Verilog 模擬時佔有怎樣的角色，請看下圖 13-1。

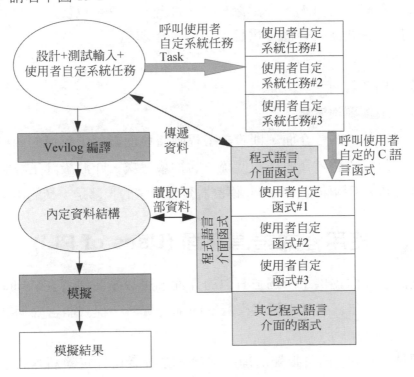

圖 13-1　程式語言介面

Chapter 13

　　一個設計工程師使用標準的Verilog程序與函式寫好程式，並輸入測試值，同時，自訂系統任務與函式，可以一起加入設計與測試模擬中。一般來說，程式與測試值都先被轉成該Verilog模擬器的內部資料表示格式來處理，而這一個格式往往是各家的專利格式，就算知道也對設計工程師非常難以閱讀。當模擬器把外部資料都轉成內部格式後，就開始模擬運算出結果。

　　每一個自訂系統任務都被連結到，一個自訂的C語言程序，這一個C語言程序中，使用了程式語言介面中的各種有關內部資料處理的程序呼叫，這些相關的程序整理在一個C語言函式庫中，提供給C語言編譯器使用。這個函式庫都是隨著Verilog模擬器而來，每一家的都不一樣，但是都遵循著統一的標準，在附錄B中有列出，所有可以使用的程式語言介面程序。程式語言介面提供給使用者一個環境來

● 存取內部資料。

● 改寫內部資料。

● 存取模擬環境參數。

　　如果沒有程式語言介面，則設計工程師將會面對可怕難懂的內部資料型態。所以程式語言介面是一個統一的抽象層次，介於設計工程師與內部資料之間，不論使用的Verilog模擬器是哪一家的，都是一樣的用法。

13.1　使用程式語言介面 (Uses of PLI)

　　程式語言介面提供了一個強有力的介面，可以讓使用者在Verilog模擬環境中，設計自己工具來讀寫模擬器內部的資料。程式語言介面通常應用於：

● 標準 Verilog 語言很難處理的部份，設計者自行定義額外的系統程序與函式例如觀察程序、激勵程序、除錯程序與複雜的運算。

- 轉換器與延遲計算器，可以配合程式語言介面一起運作。
- 程式語言介面可以看出程式的繼承關係、連接關係、輸出埠數目，或是某一型態元件的數目。
- 利用程式語言介面，可以來製作一個自訂的輸出顯示器，然後利用外加波形處理器來產生波形、連接線的分佈圖、繼承關係圖與原始碼的關係圖。
- 可以利用程式語言介面的程序來控制模擬的過程，控制的過程可以是自動產生或是由其他控制程序得到。
- 通用的 Verilog 相關處理程式，可以使用程式語言介面的方法撰寫，這樣就可以適用於，所有有提供程式語言介面的 Verilog 模擬器。

13.2　連結與引用程式語言介面的任務 (Linking and Invocation of PLI Tasks)

使用者可以使用程式語言介面，撰寫自己的系統程序，但是必須通知 Verilog 模擬器用了那些自訂的程序，而且還有這些程序與相對應的自訂 C 語言程式，這就要透過連接的程序來達成。

為了要瞭解這一個過程，我們設計了一個簡單的系統程序 $hello_verilog，當它被呼叫的時候，會顯示一段訊息"HelloVerilogWorld"。首先必須先寫好他的 C 語言程式 hello_verilog.c 部份。

```
#include "veriuser.h" /* 這一個標頭檔由 Verilog 模擬器所提供*/

int hello_verilog()
{
    io_printf("Hello Verilog World\n");
}
```

Chapter 13

這一個程式是如此簡潔，唯一使用到的 io_printf，是一個程式語言介面所定義的函式，它的功能如同 C 語言中的 printf 功能。

當 $hello_verilog 被執行到，就會去呼叫 hello_verilog.c 這一個程式。而通知原有 Verilog 模擬器，有一個新的系統程序加入步驟，稱做連結 (linking)。不同的模擬器有不同的作法，以下介紹如何定義及使用新的 $hello_verilog 系統任務。

13.2.1　連結 PLI 的工作

當 $hello_verilog 任務在 Verilog 程式碼中被引用的時候，C 的 hello_verilog 常式就必須被執行。模擬器這時候必須察覺有名稱為 $hello_verilog 的新系統任務存在，而且連接到 C 的 hello_verilog 常式，這個程序稱為 PLI 常式到 Verilog 模擬器的連結。不同的模擬器提供不同的機制來連結 PLI 常式。同時，雖然實際連結程序的機制各有不同，其根本必須相同。詳細的情形，必須參考你所使用的模擬器所提供的參考手冊。

在連結步驟結束的時候，會產生一個特別的二進位可執行檔，其中含有這個新的 $hello_verilog 系統任務。例如，除了原有的模擬器二進位可執行檔之外，會產生一個新的 hverilog 可執行檔，這時候必須執行 hverilog 而非原有的模擬器執行檔。

13.2.2　引用程式語言介面

只要你都連接好了以後，以後只要用到這一個程序，自然會去執行 hello_verilog.c 的程式。底下我們以一個 hello_top 的模組為例子，來看看如何呼叫。

```
moule hello_top;
```

```
initial
    $hello_verilog; // 使用自定系統程序

endmodule
```

輸出結果如下：

```
Hello Verilog World
```

13.2.3　使用程式語言介面的流程

在前面的小節裡，我們看了兩個模擬器的使用方法，在以後的小節裡，我們將更仔細地來看看如何使用程式語言介面。在那之前我們將依照一個使用的流程來引用它，圖 13-2 就是這一個流程。

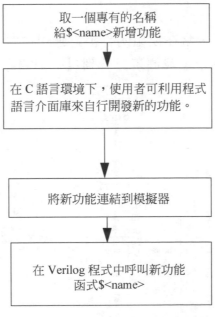

圖 13-2　使用程式語言介面的流程

Chapter 13

13.3　內部資料表示模式 (Internal Data Representation)

　　在我們開始之前我們最好還是先看看，透過程式語言介面我們看到的內部資料是怎麼樣子的型態。每一個模組被視爲是很多物件型態的集合，物件型態是由 Verilog 所定義的，一般有如下幾種：

● 　模組、模組的輸出入埠、模組的接腳對接腳的路徑，模組內部的連線路徑。

● 　最高層次的模組。

● 　原有的邏輯閘與輸出入端子。

● 　連接線、暫存器、參數、模組內參數(specparam)。

● 　整數、時間值、使用中變數。

● 　時間檢查值。

● 　待觀察事件。

　　每一個物件型態，當在模組內有相對應的物件，所有的物件都是彼此連結的。在圖 13-3 中，我們可以看到這一個觀念。

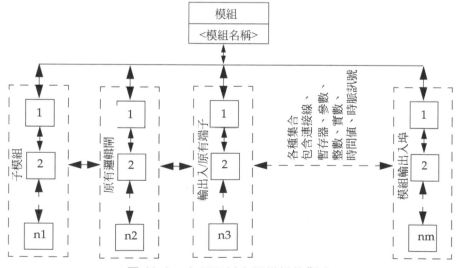

圖 13-3　內部資料表示模組的觀念

每一個框框集合，都包含了模組中所有的物件型態，所有的框框集合都是彼此連接的，這些連接都是雙向連接。透過這些內部資料，我們可以還原所有的模組設計資訊。這些介面的物件型態，在往後會一一用到。

為了要能更深入瞭解，以一個實例來看，在圖 13-4 中是一個簡單的 2 對 1 多工器。

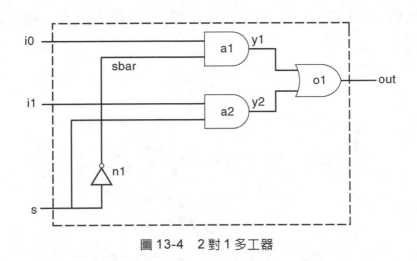

圖 13-4　2 對 1 多工器

所以我們可以寫出它的 verilog 程式如範例 13-2 所示。

範例 13-1 2 對 1 多工器的 Verilog 程式

```
module mux2-to_1(out, i0, i1, s);

output out;   // 輸出埠
input i0,i1;  // 輸入埠
input s;

wire sbar,y1,y2;  // 內部連線

not n1(sbar,s);
```

```
and a1(y1,i0,sbar);
and a2(y2,i1,s);
or o1(out, y1,y2);

endmodule
```

　　依照前面的觀念，如果將其內部資料展開將會產生如圖 13-5 所示。礙於圖的大小有限，屬以框框集合中只顯示原有的邏輯閘、輸出入埠與連接線。

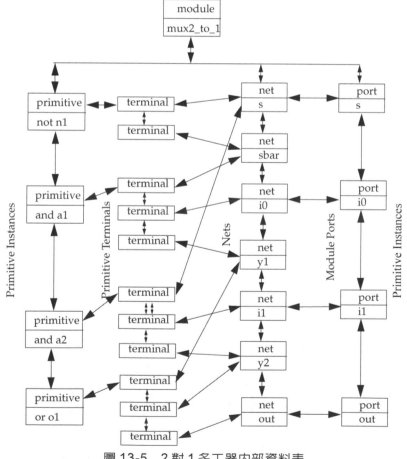

圖 13-5　2 對 1 多工器內部資料表

13.4 程式語言介面的通用函示庫 (PLI Library Routines)

Verilog程式語言介面，提供很多標準的函數呼叫與程序，讓使用者可以很容易地存取內部資料，並加以處理。例如前面的例子，$hello_verilog是屬於自定系統程序，他會去執行hello_verilog這一個程式，而其中所用的 io_printf 便是眾多函示庫呼叫的一個。

一般來說函示庫可以分成兩大類，一種是存取類，另一種是工具類。(在這邊我們並不提 vpi_開頭的函式)

存取類的函式可以讓使用者在C語言環境下，很容易地存取內部資料，接觸內部資料物件，萃取設計的資訊。工具類的函式，協助使用者在 Verilog 與 C 程式語言轉換的工作，在圖 13-6 中可以看到這一個關係。如果想要深入瞭解程式語言介面的細節，可以參考附錄 B 的內容。

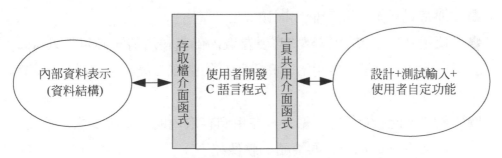

圖 13-6　access and Utility Routines 的角色

13.4.1 存取程序

存取類的函式多半以 acc 開頭，它作用為：

● 由內部資料，存取特定的物件的內容。

● 由內部資料，改寫特定的物件的內容。

Chapter 13

　　因為改寫的動作，一般來說並不容易遇到。而存取的動作最需要用，所以我們只強調存取的動作，但是並不是就代表改寫動作不需要用，相關的動作細節可以參考 Programming Langauage Interface(PLI)Manual。

　　因為要做存取的動作，還有哪些資訊可以讀呢？底下是一些常被存取的資料型態列表：

- 模組、模組輸出入埠、接腳對接腳的路徑、內部連線關係。
- 上層模組。
- 原有的邏輯閘與輸出入埠。
- 連接線、時間、變數。
- 時間檢查資訊。
- 待觀察事件。

存取的機制

　　一般來說存取類的函數多半有下列的特徵：

- 通常以示 acc_ 這四個字開頭。
- 使用者自定 C 語言程式想要存取內部資料之前，必須先以 acc_ initialize()程序作開始，完成所有的動作之後，以acc_close()程序作結束。
- 如果要配合C語言的編譯，在用到存取內的函式程式之內都要宣告使用 acc_user.h 的檔頭，就像如下：

```
#include  " acc_user.h"
```

- 所有的資料型態的存取動作，都依賴傳統檔案處理的觀念，每一個資料型態的物件都有處理權，你要對他做動作前，必須先取得動作處理權，就好像傳統在處理檔案一樣，物件處理的關鍵字是以 handle 為主。

```
handle top_handle
```

存取類函式的分類

我們將存取類函式再區分為五大類。

● 處理函式：傳回物件的處理權與狀態，通常以 acc_handle_ 開頭。

● 接鄰函式：傳回接鄰設計中物件的處理權，通常以 acc_next_ 開頭。

● 觀察值關聯函式：可以允許使用者的自定系統程序，針對觀察物件做出加入與刪除的動作，通常以 acc_vcl_ 開頭。

● 擷取函式：可以傳回所有有關某一個物件的資訊，例如繼承關係、相對別名，以及其他特性，通常以 acc_fetch_ 開頭。

● 存取工具函式：針對存取工作所需要用到的工具，例如 acc_ initialize() 與 acc_close()。

● 修改函式：用來修改內部物件資料用，目前不予討論。請自行參考相關使用手冊。

一個存取的範例

我們將舉兩個例子，一個是利用自定系統程序，來存取所有模組的輸出入埠，與其數目，另一個是使用自定系統程序，來觀察連接線上值改變的狀況。

存取所有的輸出入埠

我們要創造一個自定系統程序 $get_port，來尋找所有繼承之下的輸出入埠，並且計算輸入埠的數目、輸出埠的數目，與輸出入雙向埠的數目。以 $get_port("模組的名字") 方式來使用，他會去呼叫 get_port.c 這一個程式，就像範例 13-3 所示。

Chapter 13

範例 13-2 存取所有的輸出入埠

```c
#include "acc_user.h"

int get_ports()
{
  handle mod, port;
  int input_ctr = 0;
  int  output_ctr = 0;
  int  inout_ctr = 0;

  acc_initialize();

  mod = acc_handle_tfarg(1);          /* 取得模組控制權 */

  port = acc_handle_port(mod, 0);  /* 由模組第一個輸出入埠
                                          開始 */
  while(port != null)/* 所有的埠當作迴圈 */
  {
    if(acc_fetch_direction(port)== accInput)
    {
      io_printf("Input Port %s \n", acc_fetch_fullname
      (port));  /* 所有等級階層上的名字 */
        input_ctr++;
    }
    else if(acc_fetch_direction(port)== accOutput)/*output
    port*/
    {
      io_printf("Output Port %s \n",acc_fetch_fullname
      (port));
      output_ctr++;
```

```
    }
  else if(acc_fetch_direction(port)== accInout)/*Inout
    port*/
 {
    io_printf("Inout Port %s \n",acc_fetch_fullname
    (port));
    inout_ctr++;
 }
  port = acc_next_port(mod, port);  /* 進入下一個 port */
 }
 io_printf("Input Ports = %d Output Ports = %d Inout Ports
 =%d \n\n",
                      input_ctr,output_ctr,inout_ctr);
 acc_close();

}
```

特別注意 handle、fetch、next 與 utility access 函示在 C 語言中的用法。

如果連結的動作都處理好了，現在就要開始使用它。我們針對範例 13-1 的 2 對 1 多工器來看看，我們寫的程序對不對。使用的方法如下所示：

```
module top;
wire OUT;
reg I0, I1, S;

mux2_to_1 my_mux(OUT, I0, I1, S);  /* 2 對 1 多工器範例 */

initial
begin
  $get_ports("top.my)mux);  /* 呼叫$get_ports 程序 */
end
```

Chapter 13

```
endmodule
```

　　執行模擬輸出的結果如下：

```
Output Port top.my_mux.out
Input port top.my_mux.i0
Input port top.my_mux.i1
Input port top.my_mux.s
Input Ports = 3 Output Ports = 1, Inout ports =0
```

觀察連接線上邏輯值的變化

　　這一個範例側重於觀察值連接函式的應用，我們將創造一個量身定做的觀察程序$my_monitor，來取代系統中提供的$monitor 程序。他的用法是$my_monitor("連接線的名字")，將這一個連接線加入觀察的行列。

　　自定系統程序的 C 語言程式 my_monitor.c 撰寫在範例 13-3 中。

範例 13-3 觀察連接線上邏輯值的變化

```
#include "acc_user.h"

char convert_to_char();
int display_net();

int my_monitor()
{
  handle net;
  char *netname; /* 指到待觀察連接線的指標 */
  char *malloc();

  acc_initialize(); /* 初始環境 */
```

```
net = acc_handle_tfarg(); /*  取得該連接線的控制權  */

/* 取得相關接線的名字 */
netname = malloc(strlen(acc_fetch_fullname(net)));
strcpy(netname, acc_fetch_fullname(net));

 /* 呼叫待觀察值連接函式庫，將待觀察線加入觀察值的行列，
    使用 acc_vcl-add 函式的方式，傳遞所需的參數。
    第一個，物件處理權。
    第二個，當代觀察物值有變化時呼叫的程序(本例中display_net)。
    第三個，傳給呼叫程序時的參數。
    第四個，事先定義好的旗標，vcl_verilog_logic 代表觀察邏輯
    值，vcl_verilog_strength 代表觀察訊號強度值 */
acc_vcl_add(net,display_net,netname,vcl_verilog_logic);
acc_close();

}
```

　　觀察上述程式可以知道，利用acc_vcl_add可以將待觀察線加入觀察的行列中，當他的值一有變化，就立刻呼叫指定的呼叫程序display_net，同時也將該物件資料型態p_vc_record的處理權傳給呼叫程序。呼叫程式被執行後，會處理所有相關的資訊，包括傳遞過來的參數與p_vc_record。p_vc_record裡面有記載哪些資訊呢？這些在acc_user.h檔裡面都有定義，節錄如下。

```
typedef structure t_vc_record {
   int vc_reason;   /* reason for value change */
   int vc_hightime; /* Higher 32 bits of 64-bit 模擬時間 */
   int vc_lowtime;  /* Lower 32 bits of 64-bit 模擬時間 */
   char *user_data; /* 非序在第 3 個變數為 acc_vc1_add */
   union   {        /* 為監測信號的新值 */
```

Chapter 13

```
        unsigned char      logic_value;
        double             real_value;
        handle             vector_handle;
        s_strengths        strengths_s;
    } out_value;
} *p_vc_record;
```

　　看過了主要的部份，現在還不知道 display_net 中有哪些敘述可以讓
我們看到觀察值的變化。所以在範例 13-4 有所有的程式碼，我們將顯示
觀察線的值何時變化，有變化線的名字，先的值是什麼。此外其中還包
含一個函式 convert_to_char，將邏輯值常數轉換成文字。

範例 13-4 自定的顯示函式

```
/* 當代觀察線路有變化時被呼叫執行 */
display_net(vc_record)
p_vc_record vc_record;
{
    io_printf(" %d New value of net %s is %c \n",
      vc_record->vc_lowtime,
      vc_record->userdata,
      convert_to_char(vc_record-out_value.logic_value));
}


/* 混合路由器轉換為明確 ASCII 性質函數 */
char convert_to_char(logic_val)
char logic_val;
{
  char temp;

  switch(logic_val)
  {
```

```
    /* vc10, vc11, vc1x and vc1z are predefined in acc_
  user.h */
    case vc10:  temp='0';  break;
    case vc11:  temp='1';  break;
    case vc1X: temp='X'; break;
    case vc1z:  temp='Z';  break;
  }
  return(temp);
}
```

如果連結的動作都處理好了，現在就要開始使用他。我們針對範例 13-1 的 2 對 1 多工器，給予測試輸入來看我們寫的程序對不對。使用的方法如下所示：

```
module top;
wire OUT;
reg I0, I1, S;

mux2_to_1 my_mux(OUT, I0, I1, S);

initial /* 選擇待觀察值  */
begin
    $my_monitor("top.my_mux.sbar");
    $my_monitor("top.my_mux.y1");
end

initial /* 測試輸入 */
begin
    I0=1'b0; I1=1'b1; S=1'b0;
    #5 I0=1'b1; I1=1'b1; S=1'b1;
    #5 I0=1'b0; I1=1'b1; S=1'bx;
    #5 I0=1'b1; I1=1'b1; S=1'b1;
```

Chapter **13**

```
end

endmodule
```

輸出結果如下所示：

```
0 New value of net top.my_mux.y1 is 0
0 New value of net top.my_mux.sbar is 1
5 New value of net top.my_mux.y1 is 1
5 New value of net top.my_mux.sbar is 0
5 New value of net top.my_mux.y1 is 0
10 New value of net top.my_mux.sbar is X
15 New value of net top.my_mux.y1 is X
15 New value of net top.my_mux.sbar is 0
15 New value of net top.my_mux.y1 is 0
```

13.4.2　工具程序

工具程序提供很多種類的函式，供使用者處理 Verilog 到 C 語言環境轉換的工作，這些函式都是以 tf_ 開頭的。

工具程序的機制

一般來說有幾個特徵：

● 工具程序都是以 tf_ 開頭的。

● 如果程式中呼叫到工具程序，則必須將 veriuser.h 的標頭檔加入檔頭，因為裡面包含了所有相關的程序與變數的宣告。

```
#include "veriuser.h'
```

工具程序的種類

工具程序可以提供下列的功能：

　取得 Verilog 模擬器的系統的工作環境。

　取得執行期引數。

　取得引數值。

　回傳新的系統引數給系統程序。

　觀察參數值的變化。

　取得模擬時期的時間與排程。

　替使用者執行管理,例如儲存工作區域、儲存指標值。

　執行計算顯示訊息。

　暫停模擬、結束模擬、儲存模擬值、回存模擬值。

在附錄 B 中有一些詳細的資料可以參考。

使用工具程序的範例

到目前為止我們只用了一個工具程序的函式那就是 io_printf,在這一小節中,我們將會用到很多工具函式來處理由 Verilog 到 C 語言環境轉換的工具。

在 Verilog 中我們有 $stop 與 $finish 兩個程序,可以暫停或是停止模擬的工作,但是我們將創造一個可以隨著我們傳遞的參數,做出暫停或是停止的程序,稱為 $my_stop_finish。它的工作模式可以參考下表所示。

表 13-1　$my_stop_finish 性質

第一個參數	第二個參數	動作
0	無	暫停模擬,顯示模擬時間與訊息。
1	無	結束模擬,顯示模擬時間與訊息。
0	任意值	暫停模擬,顯示模擬時間,呼叫這一程序的模組名字與訊息。
1	任意值	結束模擬,顯示模擬時間,呼叫這一程序的模組名字與訊息。

由這一表可以得到我們的 C 語言程式。

Chapter 13

範例 13-5 用 C 語言寫的 my_stop_finish

```c
#include "veriuser.h"

int my_stop_finish()
{

  if(tf_nump()==1)        /* 如果只有一個傳遞參數，就顯示模擬時
                              間與訊息。 */
  {
    if(tf_getp(1)==0)    /* 檢查參數值，如果是 1 就停止模擬，不
                            然就暫停。 */
    {
      io_printf("Mymessages: Simulation stopped at time
                        %d\n",tf_gettime());
      tf_dostop();   /* 暫停模擬 */
    }
    else if(tf_getp(1)== 1)   /* 假如變數為 0 時，則模擬終止 */
    {
      io_printf("Mymessages: Simulation finished at time
                        %d\n",tf_gettime());
      tf_dosfinish();   /* 模擬終止 */
    }
    else
    tf_warning("Bad arguments to \$my_stop_finish at time
                        %d\n",tf_gettime());
  }
  else if(tf_nump()==2)   /* 如果有二個傳遞參數，就顯示工作
                             模組以及呼叫的程序，模擬時間與
                             訊息。 */
  {
```

```
        if(tf_getp(1)==0)/*  檢查參數值，如果是 1 就停止模擬，
                              不然就暫停。 */
    {
      io_printf("Mymessages: Simulation stopped at time
                            %d in instance %s \n",
      tf_gettime(),tf_mipname());
                  tf_dostop();
    }
    else if(tf_getp(1)== 1)  /* 假如變數為 0 則模擬終止 */
    {
      io_printf("Mymessages: Simulation finished at time
                            %d in instance %s \n",
      tf_gettime(),tf_mipname());
                  tf_dosfinish();
    }
    else
      tf_warning("Bad arguments to \$my_stop_finish at
                            time %d \n", tf_gettime());
    }

}
```

　　如果連結的動作都處理好了，現在就要開始使用他。與前面一樣，我們針對範例13-1的2對1多工器，給予測試輸入來看我們寫的程序對不對。使用的方法如下所示：

```
module top;
wire OUT;
reg I0, I1, S;

mux2_to_1 my_mux(OUT, I0, I1, S); // 舉例說明 2 對 1 多工器模式
```

Chapter 13

```
initial /* 測試輸入 */
begin
    I0=1'b0; I1=1'b1; S=1'b0;
    $my_stop_finish(0);       // 暫停
    #5 I0=1'b1; I1=1'b1; S=1'b1;
    $my_stop_finish(0,1);   // 暫停並印出模組名字
    #5 I0=1'b0; I1=1'b1; S=1'bx;
    $my_stop_finish(2,1);   // 傳遞 2 到工作函式中
    #5 I0=1'b1; I1=1'b1; S=1'b1;
    $my_stop_finish(1,1);   // 停止模擬，並列出模組名。
end

endmodule
```

輸出結果如下所示：

```
Mymessages: Simulation stopped at time 0
Type ? for help
C1.
Mymessage: Simulation stopped at time 5 in instance top
C1.
"my_stop_finish.v", 14 warning! Bad arguments to $my_stop_
    finish at time 10

Mymessage: Simulation finished at time 15  in instance top
```

13.5　結論 (Summary)

這一章中，我們介紹了Verilog程式語言介面的使用，底下列出討論過的題材。

● 程式語言介面提供了一系列的C語言函式呼叫，可以讓使用者讀

寫，取得所有模擬時的內部資料，因此，使用者可以寫屬於自己
需要的系統程序。

程式語言介面可以用來作觀察、除錯、轉換、延遲分析計算、自
動產生測試輸入、產生影印檔還有很多有趣的用途。

自定系統任務有相對應的C語言程式，C語言程式由程式語言介
面的函式庫撰寫而成。

將自定系統函式與模擬器結合的過程，稱作連結。不同的模擬器
有不同的作法。

連結好的自定系統程式，只要依照一般系統程序的呼叫方法來使
用即可，他會自動去呼叫相對應的C程式。

設計在模擬之前，都需轉換成模擬器內部的資料型態，每一家都
不同，往往都非常佔用巨大資料量，而程式語言介面提供了一個
統一的介面來處理這些資料。

存取類函式與工具類函式，是程式語言介面函式庫裡的兩大分類。

存取類函數，提供讀寫內部資料的函式，一般來說都是acc_開頭
的函式。存取的架構是透過取得控制權方式進行。

觀察值關連函式是一堆很特別的函式組合而形成，他可以讓你加
入觀察點，並且在觀察點有變化的時候執行你指定的函式。

工具類函式，可以幫助你在Verilog與C語言的環境中一起工作，
他們通常都是以tf_開頭的函式。

　程式的介面真的是非常好用，而且廣泛地被用在很多地方，有興趣
的設計工程師，應該去看看 IEEE language Manual 裡面有關 PLI 程式語言
介面的部份，以下我們列了幾點有趣的研究領域。

Chapter 13

- 在 veriuser.c 中，我們在四個欄位中填上 0 的值，這四個欄位依序是 checktf、sizetf、misctf、forward reference flag，他們負責資料的傳遞工作，對於撰寫大型的程式語言介面程式非常有用。

- 我們並沒有討論如何針對延遲參數，來修改內部的延遲時間資料，其實透過存取函式，我們可以讓延遲計算與倒加入延遲參數這兩項工作，更好處理。

- 針對細胞單元的處理是很細微枝節的，但是要做延遲計算，非得好好處理不可，我們沒提到，不過你應該自己多多注意。

- 程式語言介面有一個延伸的函式稱做 Verilog Procedural Interface，簡稱 VPI。他提供了一個物件導向的環境來使用程式語言介面，在未來它的重要性會逐漸顯示出來。

13.6　習題 (Exercises)

請多多參考附錄 B，有關程式語言介面的部份，作業中有用到一些本章中並未談到的程式語言介面函式，如果不看就寫不出來。

1.　寫一個自定系統程序 $get_in_port，用來找出所有輸入埠的名字，你可以參考範例 13-2 的寫法，並以範例 5-6 一個一位元的全加器為實驗目標。

2.　寫一個自定系統程序 $count_and_gates 來計算，所有使用原有邏輯且(and)的數目，並以範例 5-4 一個 4 對 1 多工器為實驗目標。

3.　寫一個自定系統程序 $monitor_mod_output，來自動找出所有的輸出埠，並把他們加到待觀察值的行列中，當輸出埠的值有改變的時候，就自動顯示 "Output signal has changed"，並以範例 13-1 一個 2 對 1 的多工器為實驗目標。

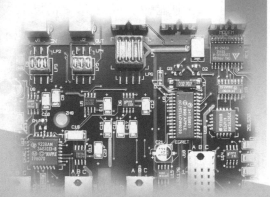

第 14 章

邏輯合成

(Logic Synthesis with Verilog HDL)

14.1 什麼是邏輯合成？

14.2 邏輯合成的影響

14.3 使用 Verilog 作邏輯合成

14.4 使用邏輯合成的設計流程

14.5 驗證邏輯層次的線路

14.6 撰寫適合邏輯合成 Verilog 程式的秘訣

14.7 可以作邏輯合成循序電路設計的範例

14.8 總　結

14.9 習　題

VERILOG

Hardware Descriptive Language

　　進步的邏輯合成技術，已經把Verilog語言由單純的硬體描述程式，變成一個強而有力的數位邏輯設計工具。今天，設計工程師只要在很簡化的設計最高層次，就可以開始做設計的工作。他不需要懂得太多低階的東西，藉由邏輯合成計算機輔助設計的工具軟體，很快地就可以將設計轉換成實際的邏輯閘線路，大大地縮短了設計的時間。本章中，將給各位讀者一個使用 Verilog，配合邏輯合成方式的整體觀念，這一個觀念可以很普及地應用到各個邏輯合成的軟體上。在本書範例結果都是以 Synopsys 公司的 Design Compiler 來做的邏輯合成，但是範例程式一樣可以是相容於其它的邏輯合成工具[1]。讀者只要專心於邏輯合成的觀念，不用擔心不相容的問題。如果你真的很在乎邏輯合成細節與邏輯合成軟體操作方法，筆者建議你去多看看手冊。

學習目標

- 定義什麼是邏輯合成，解釋邏輯合成的好處。
- 瞭解哪些 Verilog 的語法與運算元適合邏輯合成。
- 分辨傳統的設計流程，與使用邏輯合成的流程有何不同，描述使用邏輯合成的流程中的各個步驟。
- 解釋如何驗證邏輯合成後，產生的邏輯閘線路圖。
- 學習如何劃分設計，使得邏輯合成的效果更好。
- 設計可以做邏輯合成的組合邏輯與循序邏輯。

14.1　什麼是邏輯合成 (What Is Logic Synthesis) ？

　　什麼是邏輯合成，那就是將由高層次的程式語言，轉化成低階的硬體邏輯閘線路的過程。一般來說，要轉化到邏輯閘，都會搭配相關標準

註 1　目前許多 EDA 供應商都提供邏輯合成工具。請參考你的邏輯合成工具的參考文件中，有關把暫存器轉移層次合成為邏輯閘的細節，實際的情形可能與本書的內容會有些許的差異。

元件庫，並且給予適當的設計限制。一個標準元件庫，通常會包含小型簡單到巨型複雜的邏輯閘，小型簡單的邏輯閘有邏輯且、邏輯或、邏輯非或、以及等等；巨型複雜的邏輯閘，可能會是一個大型的運算單元，例如加法器、多工器或是記憶單元，最典型的例子是邊緣觸發正反器。標準元件庫又稱作科技資料庫，在以後的章節中將有詳細的討論。

　　邏輯合成的想法，在很久以前就開始有了，從開始需要製作電路圖時就存在了，只是這時，邏輯合成的步驟在工程師的心中進行。設計工程師通常會先瞭解整個架構，然後他會考慮時脈資訊、面積、可測試性與消耗功率等設計需求，然後適當地將設計劃分為若干的高階設計區塊，然後在紙上或是電腦前面畫出來，來看看能不能動作。最後，透過手繪或是電腦輔助，將使用到的邏輯閘一個個畫出。隨後，將所有邏輯閘湊在一起，看看合不合規格，不合就再來一次設計過程，直到合為止，這樣使用思考與手繪來作設計的流程圖如圖 14-1 所示。

　　隨著計算機輔助邏輯合成科技的進步，使得這一個將高階語言轉換到實際邏輯閘的過程自動化。這時，設計工程師只要專心做好他們在架構上的設計，寫好高階的敘述，定義好設計的規格，並且將標準元件庫內的單元最佳化。然後將設計好的程式，輸入進邏輯合成的軟體，然後軟體將會自動反覆地最佳化，最後給予一個接近最佳化的結果。設計工程師再也不用手畫一個個邏輯閘，並一而再地來設計線路。現在，透過 Verilog 直接就可以有線路圖，所以 Verilog 變的非常有用。圖 14-2 就是這一個設計流程。

　　自動化的過程給予了設計工程師一個很大的自由，他們可以專精在設計方面，而不用擔心轉換到邏輯閘的問題，也不用擔心畫電路圖的問題。

Chapter 14

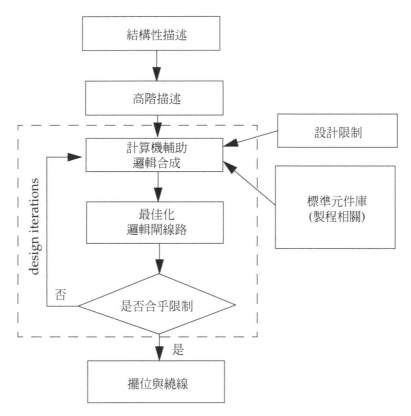

圖 14-1　設計工程師心中的邏輯合成工具著力點

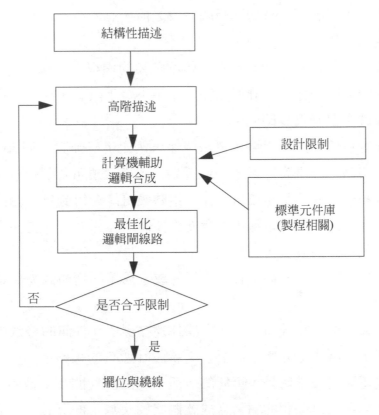

圖 14-2　基本計算機輔助邏輯合成流程

14.2　　邏輯合成的影響 (Impact of Logic Synthesis)

　　邏輯合成可以說對整個數位邏輯設計工業一個革命性的影響，使用它可以大幅地增加生產力，並簡化了設計所需的時間。在這之前，工程師必須手腦並用，才能將想法轉換成邏輯閘，這時候有幾個限制：

● 大型的設計，很容易因為人為因素而發生錯誤，因為一個小小的邏輯閘忘了畫，而必須重新製作所有的設計。

Chapter **14**

- 設計工程師在所有的邏輯閘完成之前，並無法預先知道是否合乎規格限制。

- 設計大部份的時間都花在邏輯閘轉換的過程中。

- 在邏輯閘的總圖設計好之後，如果不合乎限制，要再重複一次流程就會浪費很多時間。

- 設計過程中的因果關係無法確保，例如工程師對一個 20ns 延遲的線路，想要改善到比 15ns 還要好，則必須重新製造整個區塊。

- 每一個工程師都是獨自工作，這時候可能會得到每一個區塊都是最好的區塊，但是卻不能考慮到整體的關係，而使得整合之後，不能有好的表現，而枉費時間。

- 如果最後發現一個錯誤，將面對成千成萬的邏輯閘需要重新思考繪製。

- 時脈關係、設計面積、功率消耗都在標準元件庫的參數中，萬一製造工廠修改參數，將需要重新設計所有的線路。

- 重新使用設計將是不可能的，所有的設計空間都是被固定的。
  如果使用自動化的邏輯合成軟體將解決以上的問題。

- 高階精簡的設計，降低人工疏忽發生錯誤的可能性。

- 高階精簡的設計，並不是很在乎設計限制，一切都由軟體去處理，盡可能在限制範圍以內轉換成功，如果不行的話，只要修改高階的程式，反覆步驟直到滿意為止。

- 從高階語言轉換到低階邏輯閘的速度很快。

- 重新設計的時間變得非常快，重新要合成軟體再作一次就可以了。

- 前面所說的20ns 轉換到15ns 的例子，對於邏輯合成而言，都是由軟體來處理，對工程師的負荷很少。

● 每一個設計工程師只需要撰寫自己的部份，只要合成的時候一起作，就能考慮到整體的情況。

● 如果有錯誤發生，很容易地只要再作一次邏輯合成就可以了。

● 高階的設計本來就與製程無關，所以每次要送到生產線前，依據相對的標準元件庫作邏輯合成，就可以每次都能確保合乎製程的要求。

14.3　使用 Verilog 作邏輯合成 (Verilog HDL Synthesis)

　　為了作邏輯合成，此時多半會採用暫存器轉移層次的硬體描述，暫存器轉移意指混合資料流程與行為結構，此二種體裁的硬體描述。邏輯合成工具處理暫存器轉移層次的硬體描述語言，並轉換成最佳化的邏輯閘線路。Verilog 與 VHDL 是描述暫存器轉移功能兩個最普遍的硬體描述語言，這一章節將討論利用 Verilog 以暫存器轉移為主的邏輯合成。另外，由行為描述轉換到暫存器轉移層次描述的軟體合成工具的演進緩慢，成效不佳，所以，以暫存器轉移層次為主的合成，是目前最普遍的設計方法。因此，這章討論以暫存器轉移層次為主的邏輯合成。

14.3.1　Verilog 語法

　　配合邏輯合成工具寫邏輯描述時，並非所有的結構(constructs)都能使用。一般來說，邏輯合成工具接受時脈順序為基準(cycle-by-cycle)的暫存器轉移層次描述中使用的任何結構，下面列出典型可被邏輯合成工具接受的結構(表 14-1)，每種邏輯合成工具可接受的語法可能略有不同。

表 14-1　適合邏輯合成的 Verilog 語法

語法	關鍵字	說明
輸出入埠	input，inout，output	
參數	parameter	
模組定義	module	
訊號與變數	wire，reg，tri	不允許使用向量
模組別名	module instances，primitive gate instances	E.g., mymux m1(out, i-, i1, s); E.g., nand(out, a, b);
函數與工作	function，task	內含的時間設定無效
區塊控制	always，if，then，else，case，casex，casez	不支持 initial 的語法
循序執行區塊	begin，end，named blocks，disable	不可以使用 disable 取消某一個模組的功能
資料流	assign	內含的延遲設定無效
迴圈	for，while，forever	必須要配合@(posedge clk)或@(negedge clk)的使用

　　請注意我們是針對以時脈順序為基準的邏輯描述。因此，這些結構用在邏輯合成工具上有所限制。例如，while 和 forever 迴圈必須能被@(posedge clock)和@(negedge clock)敘述中斷，才能限制在以時脈順序為基準的行為，以防止組合電路的反饋(combinational feedback)。另一項限制是邏輯合成會忽略所有由 #<delay>設定的延遲。所以，邏輯合成前後的模擬結果可能會不相符。同時，initial 語法邏輯合成工具並不支援，設計師必須使用重設(reset)的機制，對電路的信號作初始化。

　　同時建議所有的信號與變數的位元寬度要清楚的定義，宣告不定寬度的變數可能導致大而無當的邏輯閘線路，因為邏輯合成工具會因為你的變數定義，而產生不必要的邏輯電路。

14.3.2　Verilog 運算元

　　幾乎所有 Verilog 的運算元都可作邏輯合成，表 14-2 列出容許的運算元，只有像 === 或 !== 這種與 x 和 z 相關的運算元才不被允許，因爲邏輯合成裡與 x 和 z 的關係並無太大意義。因此在寫運算式時，建議的方式是按照你想要的方式，用括號把邏輯敘述組合起來。如果你只依靠預設的運算元優先順序來作的話，邏輯合成工具可能製造出你不想要的邏輯架構。

表 14-2　可合成的運算元

運算元	運算元符號	所做的運算形式
算術類	* / + - % + -	multiply divide add subtract modulus unary plus unary minus
邏輯類	! && ‖	logical negation logical and logical or
關係類	> < >= <=	greater than less than greater then or equal less than or equal
等不等類	== !=	equality inequality
位元導向類	~ & ‖ ^ ^~ or~^	bitwise negation bitwise and bitwise or bitwise ex-or bitwise ex-nor

Chapter 14

表 14-2　可合成的運算元(續)

運算元	運算元符號	所做的運算形式
縮減類	& ~& | ~| ^ ^~ or~^	reduction and reduction nand reduction or reduction nor reduction ex-or reduction ex-nor
位移類	>> << >>> <<<	right shift left shift arithmetic right shift arithmetic left shift
集合類	{ }	concatencation
條件類	?:	conditional

14.3.3　一些 Verilog 語法的解釋

前兩個小節中，已經講了很多的語法與運算元，這一小節內，我們將來看看一些小例子，看看邏輯合成是如何處理的。

指定語法(assign)

指定敘述語法是描述組合邏輯最基本的語法，底下是一個例子。

```
assign out=(a& b)| c;
```

一般來說沒有意外的話，應該會轉換成如下圖所式的邏輯閘組合。

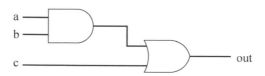

　　如果 a、b、c 都是兩位元的向量，則以上的敘述會轉換成以下的邏輯閘圖，與上面的圖一模一樣，只是重複一次。

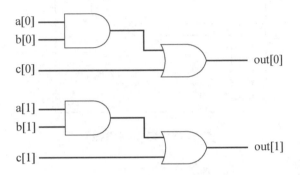

　　如果使用算術運算子，每一個運算子將會轉換成邏輯合成軟體中相對應的運算組合。例如以下的加法器範例。

```
assign {c_out, sum}=a + b + c_in;
```

　　如果邏輯合成軟體，以傳統全加器的作法來處理，會產生以下的邏輯圖。

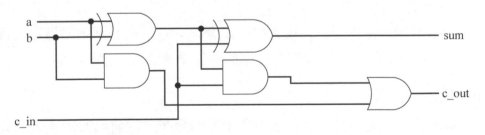

　　如果一個很多位元加法器敘述，則不一定只是單純地重複上述區塊的邏輯圖，一般來講會依照位元數與限制與不同軟體而有很不同的最佳化。

　　如果使用條件運算元?，通常會產生多工器。

```
assign out =(s)? i1 : i0 ;
```

　　通常會產生如下的邏輯圖。

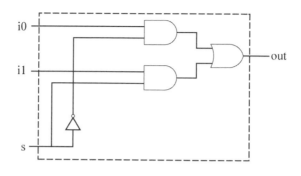

圖 14-3　多工器描述

if-else 判斷語法

　　簡單少位元的 if-else 敘述，通常會像條件運算元一樣，產生多工器的邏輯，而多工器的選擇輸入，就是 if 裡面的判斷敘述。

```
if(s)
    out = i1;
    else
    out = i0;
```

　　一般來說，像上面的敘述會轉換出像圖 14-3 的邏輯圖，如果是複雜的 if-else 敘述，則不一定會用很巨型的多工器來處理。

case 語法

　　case 敘述區塊通常也是對應到多工器的邏輯，就前面的例子改寫成 case 的敘述。

```
case(s)
    1'b0 : out = i0;
    1'b1 : out = i1;
endcase
```

　　大型的 case 敘述，通常會產生大型的多工器。

for 迴圈語法

　　for 迴圈可以幫我們很快地建立很多重複的組合邏輯區塊，例如一個八位元的加法器。

```
c = c_in;
for(i=0 ; i <= 7 ; i = i + 1)
    {c, sum[i]} = a[i] + b[i] + c; //建立一個 8 位元漣波加法器
c_out = c;
```

always 語法

　　always 敘述建構出的語法，一般都是對應到循序邏輯與組合邏輯都有的線路。循序邏輯部份，一般來說都是以時脈訊號為基準來作控制。

```
always @(posedge clk)
         q = d;
```

　　這一個敘述通常會產生一個正緣觸發的 D 型暫存器，如下所示。

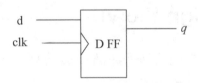

　　如果換成底下的敘述，就會變成一個位準敏感的正反器。

```
always @(clk or d)
       if(clk)
          q = d;
```

　　如果目的是要產生組合線路，則 always 的控制敘述裡面就不要有 clk、preset、reset 這些訊號，一般來說就是把所有的輸入，都填到 always 控制裡面，譬如底下的加法器例子。

Chapter 14

```
always @(a or b or c_in)
        { c_out, sum } = a + b + c_in;
```

功能區塊

　　功能區塊就只有一個輸出埠，但是可以是一位元或是多位元寬度的訊號，底下是一個四位元加法器的例子，輸出的最高位元是進位位元。

```
function [4:0] fulladd;
input [3:0] a, b;
input c_in;
begin
    fulladd = a + b + c_in ; // fulladd[4]是進位位元，fulladd
                             // [3:0]是積。
end
endfunction
```

14.4　使用邏輯合成的設計流程 (Synthesis Design Flow)

　　前面已經講解了相關的 Verilog 語法與運算元，這一節中我們將針對邏輯合成的整個設計流程予以詳細的討論，從高階語言到低階的邏輯閘的處理過程都作一個說明。

14.4.1　由高階語言到邏輯閘

　　為了要能全盤地瞭解，邏輯合成的好處，設計者必須要能通曉所有經過的流程關卡，圖 14-4 中我們將看到這一個流程及所有的關卡。

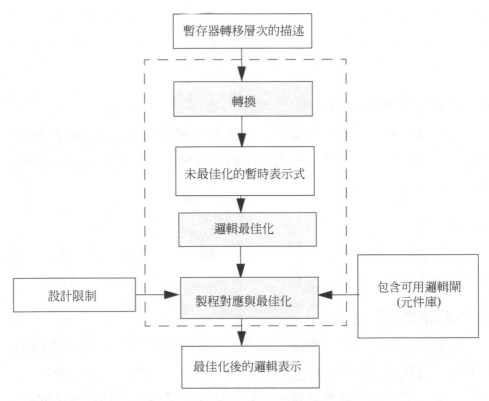

圖 14-4 邏輯合成流程圖

以下，我們將針對上面這一張圖上的每一個區塊都作仔細說明。

暫存器轉移層次的敘述

設計工程師使用高階語言來描述設計，一般都是在暫存器轉移層次來作。設計者只要專心確保設計的功能正確性就好，做好功能驗證後，就丟給邏輯合成的軟體去處理。

轉換過程

暫存器轉移層次的Verilog程式被軟體吃進去後，會先將所有的資料轉換成相對應的內部資料處理型態，這些型態都是未經最佳化處理的，

Chapter 14

所以這一個轉換動作很快。而且轉換出的型態，基本上依據 14.3.3 中所敘述的，這時候合成軟體會分析記憶，每一模組所使用到的內部物件多寡、資源多少。

未最佳化的處理中型態

在轉換過程中，會有暫時的未最佳化的處理中型態，這些型態的表示方法，隨著每一家軟體廠商有不同的表示方法，但對於設計者來說，這些都是無意義的資訊。

邏輯最佳化

這一個過程中，做布林邏輯最佳化的處理，去除掉無用的線路，產生邏輯最佳化後的待處理資料。

製程相關的對應與最佳化

在這一步驟中，開始需要針對某一特定的製程予以考慮，這個時候需要科技資料庫的幫忙，裡面記載著所有相關的資訊，例如有哪些可以使用的邏輯閘。有了這些資料，才知道如何將這些邏輯最佳化後的待處理資料，對應到真實的邏輯閘上。

例如你想要找 ABC 電子公司下單，他提供 0.5 微米的 CMOS 製程，並提供abc_100 的科技資料庫。這個時候abc_100 的資料庫就是你的轉換目標，軟體會依照 abc_100 內所提供的邏輯閘，將你的設計對應過去，並同時針對這一個製程在面積上、功率消耗上等等限制作最佳化處理。

科技資料庫

科技資料庫一般是由晶片製造工廠所提供，也有一些專門提供資料庫的軟體廠商，標準元件庫與科技資料庫其實都是指同一樣東西，只是說法不同。

　　標準元件庫在建構的過程，很依賴製程所提供的彈性與適合性，然後依據訂立的目標來設計各種不同的邏輯閘，從小到大都有，尤其是大型的邏輯閘，往往必須配合著製程參數而有修改或增刪。有了邏輯閘設計目標以後，就可以畫出實際線路光罩圖，然後就有了實際的面積，也可以針對延遲時間、功率消耗等等數值做出詳細的估計值，來給予這一個元件庫特徵資料。

　　當然，最後所有的元件，都必須賦予邏輯合成的參考資料，這些資料包括：

　　　　元件的功能。

　　　　元件的面積。

　　　　元件的延遲參數。

　　　　元件的功率消耗值。

　　把這些元件都集合在一起，就稱作一個科技資料庫或是標準元件庫。資料庫裡面提供的參數越多，可以選擇的元件越多，合成軟體就會有很大的發揮空間來作最佳化。相反地，合成處理的效果就會差很多。

設計限制

　　設計的限制一般都是針對底下這三項：

　　　　時間—設計必須符合時脈的時間限制，至少能通過靜態時脈檢查。

　　　　面積—設計的面積必須不超過某一個特定值。

　　　　功率—功率消耗也有一個上限值。

　　通常，面積與時間這兩項限制彼此可以做出交換，速度快面積就大。由圖 14-5 可以看出這一個趨勢。

Chapter 14

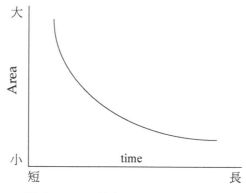

圖 14-5　面積與時間之間的取捨

其實在這之外，製程本身與元件庫本身就有先天的限制，例如輸出延遲、輸入延遲、推力、負載能力、操作溫度，通通會影響到最佳化的結果。這些一樣要記錄在資料庫中，讓軟體知道這一個環境條件。

最佳化後的邏輯閘層次敘述

經過針對製程的最佳化，我們可以得到很詳細的邏輯閘資料，然後驗證，如果不符合，則反覆步驟再多做幾次，直到符合為止。然後，製造廠會在一段時間以後，將製造好的晶片交給設計者。

有三個重點值得注意：

● 針對高速的使用環境，有時候設計者會放棄使用製造廠提供的標準元件庫，轉而尋求與製造商溝通，設計針對自己需求專用的標準元件庫。

● 轉換、邏輯最佳化、製程最佳化，這些都是軟體內部處理的工作，工程師無法有效地控制，最多只能在高階語言部份作修改，以及合成限制上作一些配合。所以，必須要一個好的元件庫，才能產生有效率的最佳化成果。

● 製程進入深次微米的階段，連接線延遲所佔的比例會變大。為了能有效掌握這一個因素，合成工具必須知道更多了細節資料。除此之外，現在的設計通常不會計算連接線的延遲，但是在深次微米的製程下，這一個延遲時間佔了相當大的比例，非得計算不可。

14.4.2　一個由高階語言到邏輯閘的範例

在這一小節中，我們將以一個四位元比較器作例子，將他的設計過程，依照前述所說，由設計開始、轉換、邏輯最佳化，到完成合成。因為這些步驟很多都是軟體處理，所以我們只專心在講解設計工程師需要瞭解的部份，譬如高階語言的模型、標準元件庫、設計限制，以及最後的最佳化處理，與瞭解合成後的結果。

設計規格

一個比較器，處理的是比較大、相等與比較小三個情況。所以歸納出來，分成幾項：

- 設計名稱，大小比較器 magnitude_comparator 。
- 輸入 A 與輸入 B，都是四位元的向量，A 與 B 都不可以有不確定或高阻抗的值。
- 當 A 大於 B 時，輸出埠 A_gt_B 為 1。
- 當 A 小於 B 時，輸出埠 A_lt_B 為 1。
- 當 A 等於 B 時，輸出埠 A_eq_B 為 1。
- 比較器的速度要越快越好，其次再考慮面積。

暫存器轉移層次的敘述

在範例 14-1 中，我們列出比較器的暫存器轉移層次的敘述，這部份與製程無關。

Chapter 14

範例 14-1 暫存器轉移層次的敘述

```
module magnitude_comparator(A_gt_b,A_lt_B,A_eq_B,A,B);
output A_gt_b, A_lt_B, A_eq_B;

input  [3:0] A, B;

assign A_gt_B=(AB);   // A greater than B
assign A_lt_B=(A<B);  // A less than B
assign A_eq_B=(A==B);  // A equal to B

endmodule
```

科技資料庫

我們決定使用某公司 0.5 微米互補式半導體製程，他們提供一個稱作 abc_100 的元件庫。這一個元件庫中，提供了很多樣的元件，有一些是定義如下。

```
VNAND   // 兩個輸入的邏輯非且
VAND    // 兩個輸入的邏輯且
VNOR    // 兩個輸入的邏輯非或
VOR     // 兩個輸入的邏輯或
VNOT    // 反邏輯
VBUF    // 緩衝器
NDFF    // 負緣觸發的 D 型暫存器
PDFF    // 正緣觸發的 D 型暫存器
```

功能、延遲資訊、面積大小、功率消耗等資訊都存在科技資料庫中。

設計限制

由規格得知速度是最高指導原則，所以我們的唯一的限制就是，儘可能地快。

邏輯合成

　　使用 abc_100 的元件資料庫，將設計一起作邏輯合成，由軟體本身來作所有的最佳化工作，考慮設計的限制條件等等。

最後步驟，已經最佳化後的邏輯閘描述

　　最後的結果可以在圖 14-6 中很清楚看到。

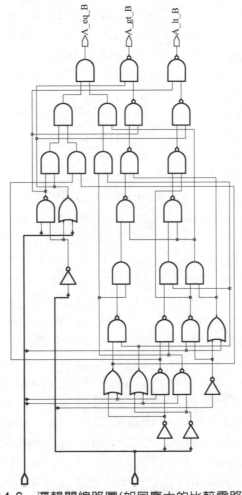

圖 14-6　邏輯閘線路圖(如同龐大的比較電路)

Chapter 14

邏輯閘層次的描述檔列在範例 14-2 供參考，所有輸出入埠的連接是以名字為準，非依照順序來指定，這樣可以避免誤排順序。

範例 14-2 比較器的邏輯閘層次的描述

```
module magnitude_comparator(A_gt_B,A_lt_B,A_eq_B,A,B);
input [3:0] A;
input [3:0] B;
output A_gt_B, A_lt_B, A_eq_B;
  wire n60, n61, n62, n50, n63, n51, n64, n52, n65, n40,
       n53,n41, n54, n42, n55, n43, n56, n44, n57, n45,
       n58, n46,n59, n47, n48, n49, n38, n39;
  VAND U7(.in0(n48), .in1(n49), .out(n38));
  VAND U8(.in0(n51), .in1(n52), .out(n50));
  VAND U9(.in0(n54), .in1(n55), .out(n53));
  VNOT U30(.in(A[2]), .out(n62));
  VNOT U31(.in(A[1]), .out(n59));
  VNOT U32(.in(A[0]), .out(n60));
  VNAND U20(.in0(B[2]), .in1(n62), .out(n45));
  VNAND U21(.in0(n61), .in1(n45), .out(n63));
  VNAND U22(.in0(n63), .in1(n42), .out(n41));
  VAND U10(.in0(n55), .in1(n52), .out(n47));
  VOR U23(.in0(n60), .in1(B[0]), .out(n57));
  VAND U11(.in0(n56), .in1(n57), .out(n49));
  VNAND U24(.in0(n57), .in1(n52), .out(n54));
  VAND U12(.in0(n40), .in1(n42), .out(n48));
  VNAND U25(.in0(n53), .in1(n44), .out(n64));
  VOR U13(.in0(n58), .in1(B[3]), .out(n42));
  VOR U26(.in0(n62), .in1(B[2]), .out(n46));
  VNAND U14(.in0(B[3]), .in1(n58), .out(n40));
  VNAND U27(.in0(n64), .in1(n46), .out(n65));
  VNAND U15(.in0(B[1]), .in1(n59), .out(n55));
```

```
VNAND U28(.in0(n65), .in1(n40), .out(n43));
VOR U16(.in0(n59), .in1(B[1]), .out(n52));
VNOT U29(.in(A[3]), .out(n58));
VNAND U17(.in0(B[0]), .in1(n60), .out(n56));
VNAND U18(.in0(n56), .in1(n55), .out(n51));
VNAND U19(.in0(n50), .in1(n44), .out(n61));
VAND U2(.in0(n38), .in1(n39), .out(A_eq_B));
VNAND U3(.in0(n40), .in1(n41), .out(A_lt_B));
VNAND U4(.in0(n42), .in1(n43), .out(A_gt_B));
VAND U5(.in0(n45), .in1(n46), .out(n44));
VAND U6(.in0(n47), .in1(n44), .out(n39));
endmodule
```

　　如果設計工程師使用 XYZ 公司所提供 xyz_100 的科技資料庫由，而且有比較佳的製程，這時候所有的設計都不用改，設計限制也不用改，只要讓合成軟體再做一次就可以了。

　　如果設計者沒有合成軟體，這時候換了元件庫，將花費他所有的力氣，重新設計、重新最佳化邏輯、重新考慮連接線的關係、重新做所有的事一次，甚至數十次。

IC 製造

　　經過適當的驗證，製造公司也驗證沒問題，製程安排上也沒問題後，這時候就可以下線製造生產。

14.5　驗證邏輯層次的線路 (Verification of the Gate-Level Netlist)

　　經過合成過的線路，必須要做驗證的工作才能保證他與原有的設計一模一樣，也許合成軟體有瑕疵或是有考慮不週的地方，造成與規格有些出入，這時候就有必要使用另一套工具來做檢查驗證的工作。

Chapter 14

14.5.1 功能驗證

　　測試模組都需同時都能應付暫存器轉移層次的設計，與邏輯閘層次的設計，觀察彼此的輸出值來做錯誤檢查。如果以比較器的例子來說，可以看看它的測試模組範例 14-3。

範例 14-3 比較器的測試模組

```
module stimulus;

reg [3;0] A, B;
wire A_GT_B,A_LT_B,A_EQ_B;

maginitude_comparator MC(A_GT_B,A_LT_B,A_EQ_B,A,B);

initial
   $monitor($time,'A = %b, B = %b, A_GT_B = %b, A_LT_B=%b,
       A_EQ_B = %b",A,B, A_GT_B,A_LT_B,A_EQ_B);
   // 模擬比較器的數量
initial
begin
   A=4'b1010;B=4'b1001;
   #10 A=4'b1110;B=4'b1111;
   #10 A=4'b0000;B=4'b0000;
   #10 A=4'b1000;B=4'b1100;
   #10 A=4'b0110;B=4'b1110;
   #10 A=4'b1110;B=4'b1110;
end

endmodule
```

　　同樣的測試模組一樣可以用在暫存器轉移層次如範例 14-1，與邏輯閘層次如範例 14-2 觀察彼此的輸出是否相符。然而這時通常會遇到一個問題，Verilog 並不認得 VAND…等等這些元件，我們必須要有一個模擬資料庫，來提供 Verilog 所需的所有資訊，以 abc_100 的元件庫為例，他提供了一個abc_100.v的檔案裡面有記載著這些資訊，這些資訊的寫法大概該如何寫呢？範例 14-4 提供一小小的例子，並不是一個完全設定好的例子，但足夠瞭解功能的運作情形。

範例 14-4 一個簡單的例子(並沒有時間的檢查)

```
// 一個簡單的例子，並沒有時間的檢查。
module VAND(out, in0, in1);
input in0;
input in1;
output out;
// timing information, rise/fall and min : typ : max
specify
(in0=>out)=(0.260604:0.513000:0.955206,0.25524:0.503000:
           0.936586);
(in1=>out)=(0.260604:0.513000:0.955206,0.25524:0.503000:
           0.936586);
endspecify
// 以 verilog HDL 原函數為實例
and(out, in0, in1);
endmodule
...
// 所有程式單元將有相關的模式定義
// 在 Verilog 原函數項裡
...
```

Chapter 14

使用這一個輸入模組的方法有二，如下所示。

```
// 面對暫存器轉移層次
verilog stimulus.v mag_comparator.v
// 面對邏輯閘模式
verilog stimulus.v mag_comparator.v -v abc_100.v
```

將上述的指令分別指定給這兩種層次的設計，可以看看範例 14-5。

範例 14-5 輸出波形圖

```
 0 A = 1010, B = 1001, A_GT_B = 1, A_LT_B = 0, A_EQ_B = 0;
10 A = 1110, B = 1111, A_GT_B = 0, A_LT_B = 1, A_EQ_B = 0;
20 A = 0000, B = 0000, A_GT_B = 0, A_LT_B = 0, A_EQ_B = 1;
30 A = 1000, B = 1100, A_GT_B = 0, A_LT_B = 1, A_EQ_B = 0;
40 A = 0110, B = 1110, A_GT_B = 0, A_LT_B = 1, A_EQ_B = 0;
50 A = 1110, B = 1110, A_GT_B = 0, A_LT_B = 0, A_EQ_B = 1;
```

如果輸出結果不一致，則設計工程師必須檢查任何可能的錯誤，一再地反覆執行模擬驗證，直到找出所有的錯誤為止。

比較模擬輸出結果的方式，只是眾多驗證方式的一種，驗證的工作就是要確保不同層次的設計功能一致。另一常用的驗證方法，撰寫高階的C++語言，將它與不同層次設計一起做模擬比較輸出結果，本書中並不針對這一個作法作深入的探討。

時脈驗證

通常邏輯閘層次的設計，我們會對它做詳細的時脈模擬或是靜態時脈檢查，以確保符合所有的設計時脈要求。如果不符合，則要調整設計或是做出一些讓步、反覆操作，一定要確實做到遵守時脈的限制為止。這一部份深入的探討，不是本書在短短篇幅內就能詳細地說明。

14.6 撰寫適合邏輯合成Verilog程式的秘訣 (Modeling Tips for Logic Synthesis)

Verilog語法風格強烈地左右邏輯合成的結果，好的寫法會產生有效率的硬體，不好的寫法有時連合成都會失敗。本小節中，將帶領大家瞭解該怎麼寫比較好。

14.6.1 Verilog 語法的風格[2]

因為撰寫的語法強烈左右合成的結果，所以我們要努力於寫一個適當的Verilog描述。一般來說，暫存器移轉層次的敘述，通常都與硬體沒有關係，所以會有可能因而產生出不需要的硬體。但是與硬體有密切關係的寫法，卻又會犧牲設計的可攜性，如何在中間做取捨，需要一些經驗秘訣。

針對模組與接線取有意義的名字

能給模組與連接線取適當有意義的名字，一看就知道是什麼用途的，非常有益於除錯以及避免人為出錯。

避免混用正緣與負緣觸發的暫存器

同時使用正緣與負緣觸發的暫存器，將會在時鐘的路徑上加入反相器與緩衝器，如果時脈訊號有一些歪斜時，將會發生不可預期的結果。

註2 這些 Verilog 語法風格的建議，可能會隨著不同的邏輯合成工具，而有些許的差異，這個章節提供的建議適用於大部分的情形。在IEEE標準 Verilog硬體描述語言文件中，同時也加入了一個新的語法 attribute。許多特性像是 full_case、parallel_case、state_variable，以及optimize現在可以被定義在 Verilog 設計內，這些特性可以被邏輯合成工具拿來操縱合成的過程。

使用基本的建構區塊與連續指定敘述的不同

　　如何在使用基本的建構區塊，與使用連續指定敘述之間做取捨，連續指定敘述的寫法是非常直覺的作法，也非常適合組合邏輯的作法，但是做出來的線路，通常會比較難以辨識。而使用建構區塊的寫法，做出來的線路會是小小一塊塊地，配合邏輯合成軟體處理小區塊的能力也較優良。但是使用建構區塊的程式，難免會依賴一些製程特性來處理，這樣子如果要重新針對新的製程，來做邏輯合成會比較困難。而且區塊一多，模擬的速度會變慢。我們可以比較看看如果一個 2 對 1 八位元的多工器，用這兩種寫法會有什麼不同。

```verilog
// 以連續敘述的語法來做
module mux2_1L32(out, a, b, select);
output [31;0] out;
input [31:0] a, b;
input select;

assign out = select ? a : b;
endmodule


// 以區塊的方法來做
// 合成會比較有效率，比較快的線路
// 模擬速度較慢。
module mux2_1L32(ouL, a, b, select);
output [31:0] out;
input [31:0] a, b;
input select;

mux2_1L8 m0(out[7:0], a[7:0], b[7:0], select);
mux2_1L8 m1(out[15:7], a[15:7], b[15:7], select);
```

```
mux2_1L8 m2(out[23:16], a[23:16], b[23;16], select);
mux2_1L8 m3(out[31:24], a[31:24], b[31:24], select);

endmodule
```

使用多工器敘述與使用 if-else 敘述的不同

在前面的章節中我們看到，不論是用 if-else 或 case 的語法，都會對應到多工器的線路，但是如果你就是需要多工器這樣子的結構，最好就是用多工器的指定敘述，如果使用 if-else 的敘述，有可能會多合成出一些多餘的邏輯閘。但是使用多工器的方式會犧牲掉可攜性，而且需要撰寫比較長的程式碼，而以 if-else 或 case 的語法，較有可攜性。

使用括號來輔助邏輯最佳化

設計工程師可以利用括弧去做一些指定最佳化的工作，同時使用括弧也可以增加程式的閱讀性。

```
// 加入三個加法器
out = a + b + c + d;
// 先做兩個加法器，再將其結果作加法。
out =(a + b)+(c + d);
```

使用算數運算元與使用區塊的關係

乘法、除法、取餘數的設計，通常需要佔極大的面積，在設計可攜性與製程最佳化兩方面上就必須有所取捨，可攜性的設計，所合成出來的線路通常都比較慢，也比較大。如果針對製程所做的設計，一般來說可以做出比較快的線路，但也犧牲了可攜性。

避免對同一個變數作重覆的指定

如果同時有兩個區塊，對同一個變數作重覆的指定，這時候合成軟體有可能會出現不可預期的現象，也許會自動忽略某一個指定，也許將

Chapter 14

指定用並接的方式直接連在一起。以下面例子來看，這時候合成軟體會產生兩個暫存器，並將它們的輸出接在一起產生 q。

```verilog
// 對同一個變數作重覆的指定
always @(posedge clk)
      if(load1)q <= a1;

always @(posedge clk)
      if(load2)q <= a2;
```

明白地定義 if-else 與 case 敘述

　　這兩種判斷敘述都必須要能完整地指定，合成的工作才能正常運作。如果不完整，也許就會產生位準敏感的正反器，而不會用多工器，底下就是一個活生生的例子。if-else 要完整就是最後一定要有一個 else 區，case 要完整就要寫 default 的敘述區。

```verilog
// 會產生正反器的設計
// control = 1 out=a，control=0 不會有變化，就像正反器的作用一
//   樣。
always @(control or a)
    if(control)
        out <= a;

// 會使用多工器的設計
always @(control or a or b)
    if(control)
        out = a;
    else
        out = b;
```

14.6.2　區分設計

　　適當地將設計區分開，將幫助做出有效的邏輯合成線路，設計者必須視情況來做區分的工作，這樣可以做出好的線路。

水平區分

　　使用較小的設計切片來做區分，這個時候合成軟體對於小區塊會比較有效率，這個動作稱做水平區分。這一個好處是，每一塊都是小小的，易於維護，也易於做最佳化。以一個十六位元的計算單位為例，只要建構好一個四位元的版本，四份加在一起就形成一個十六位元的版本。這樣只要針對四位元版本做最佳化就可以了，就如圖 14-7 所示。但很多時候整體的最佳化，與最佳化的單元組合效果不一樣，像水平區分的方式，會忽略對整體的考量。

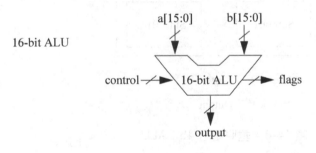

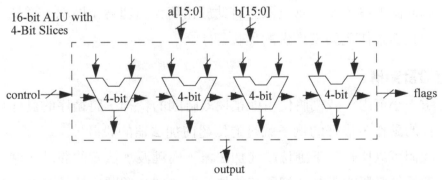

圖 14-7　水平區分 16bit ALU

Chapter 14

垂直區分

　　垂直區分是將大的模組，區分成一個個小的次模組，與水平區分不一樣的是，每一個模組的功能都不一定一樣，而水平區分的模組則每一個都是一樣的。以前面的運算單元爲例，如果可以將功能分爲加、減、右移、左移這四種，就如圖 14-8 所示。

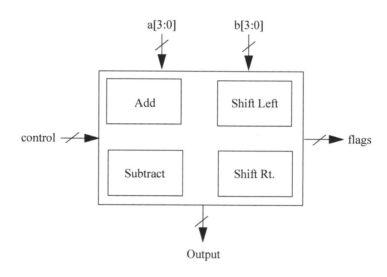

圖 14-8　垂直區分 4bit ALU

　　如同圖 14-8 所示，垂直區分有助於化簡大區塊爲小區塊，這樣能讓邏輯簡化與最佳化的工作做的比較好。

平行設計架構

　　這一小節內，我們將使用面積換取時間的精神，將循序的動作轉換成平行的動作，最好的例子就是進位超前加法器的設計。

　　我們可以比較一下進位超前加法器，與漣波加法器的設計，漣波加法器就是很直觀的設計，把所有的加法器一個一個順序地連接在一起，一個四位元的漣波加法器，需要 9 個邏輯閘的延遲才能完成所有和與進位的計算。然而進位超前加法器，如果允許有 5 個輸入埠的邏輯且與邏輯或邏輯閘，則只需要 4 個邏輯閘的時間就可以完成，可是也用了多很多的面積。

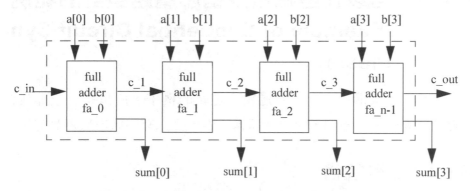

(a) Ripple Carry Adder (n-bit), Delay=9 gate delays, fewer logic gat

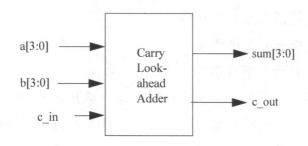

(b) Carry Lookahead Adder, Delay = 4 gate delays, more logic gates

圖 14-9　平行運算加法器

14.6.3　設計限制指定

設計限制的指定是自然的，所有的產品總是有一個最重要的設計目標或是設計規格，然後是其他其次的目標，這些就是我們希望軟體能幫我們考慮做到的。設定的適當，出來的線路就會合乎規格，敘述指定的不好，往往甚至會產生出來不正確的線路。如果都不給限制指定，軟體會不知所措，隨便亂作最佳化。

14.7 可以作邏輯合成循序電路設計的範例 (Example of Sequential Circuit Synthesis)

在前面 14.4.2 節中，已經看過組合邏輯的例子，所以這一小節我們將針對循序邏輯來做範例，而循序邏輯之中，又以有限狀態機器最有用。

14.7.1 設計規格

我們的目標是要做一個電動報紙販賣機的投幣部份。

● 假設每份報紙價值十五元。

● 只能接受十元與五元的硬幣。

● 必須要投滿十五元，不找零。

● 所以可能的組合為三個五元，或一個十元一個五元，或是一個五元一個十元。其它的組合都不被允許，而且不退錢，通常利用有限狀態機器來處理。

14.7.2 線路需求

有一些設計需求要滿足：

● 當每一個錢幣被投入，需要給一個兩位元的訊號coin[1:0]給這一個數位線路，訊號必須在時脈訊號負緣開始，必且保持一個時脈週期以上。

● 只有一個輸出訊號，當投幣超過十五元時，輸出變成高位準，然後報紙便送出。

● 有一個清除訊號輸入，用來使有限狀態機器的內部狀態清除到開始點。

14.7.3 有限狀態機器(Finite State Machine)

為了要將這些設計要求同時滿足，我們將它統一規定如下：

● 輸入埠：兩位元 coin[1:0]，狀態 x0 = 2'b 00 表示沒有硬幣，狀態 x5= 2'b01 表示五元硬幣，狀態 x10 =2'b10 表示十元硬幣。

● 輸出埠：一位元 newspaper，當 newspaper =1'b1 則報紙送出。

● 狀態：四個狀態，分別是s0沒錢、s5有五塊錢、s10有十塊錢、s15有十五塊錢。

畫成狀態圈圈如圖 14-10 所示，每一個連接弧，分別註記代表<輸入>/<輸出>，例如 x5/0，表示狀態將轉換到箭號所指的狀態。

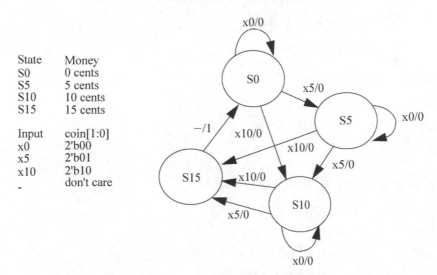

圖 14-10 Newspaper 販賣內的有限狀態機器

Chapter 14

14.7.4 Verilog 語法

在範例 14-6 中我們列出它的程式。

範例 14-6 報紙販賣機的暫存器移轉層次的敘述

```verilog
// 使用有限狀態機器
module vend(coin, clock, reset, newspaper);

// 輸出入埠
input [1:0] coin;
input clock;
input reset;
output newspaper;
wire newspaper;

// 內部狀態的宣告
wire [1:0] NEXT_STATE;
reg [1:0] PRES_STATE;

// 狀態編碼
paramter s0 = 2'b00;
paramter s5 = 2'b01;
paramter s10 = 2'b10;
paramter s15 - 2'b11;

// 組合邏輯
function [2:0] fsm;
  input [1:0] fsm_coin;
  input [1:0] fsm_PRES_STATE;
```

```verilog
  reg fsm_newspaper;
  reg [1:0] fsm_NEXT_STATE;

begin
  case(fsm_PRES_STATE)
  s0:  // state = s0
  begin
    if(fsm_coin ==2'b10)
    begin
      fsm_newspaper = 1'b0;
      fsm_NEXT_STATE = s10;
    end
    else if(fsm_coin == 2'b01)
    begin
      fsm_newspaper = 1'b0;
      fsm_NEXT_STATE = s5;
    end
    else
    begin
      fsm_newspaper = 1'b0;
      fsm_NEXT_STATE = s0;
    end
  end

  s5:  // state = s5
  begin
    if(fsm_coin ==2'b10)
    begin
      fsm_newspaper = 1'b0;
      fsm_NEXT_STATE = s15;
    end
```

```verilog
     else if(fsm_coin == 2'b01)
     begin
       fsm_newspaper = 1'b0;
       fsm_NEXT_STATE = s10;
     end
     else
     begin
       fsm_newspaper = 1'b0;
       fsm_NEXT_STATE = s5;
     end
   end

s10:  // state = s10
 begin
   if(fsm_coin ==2'b10)
   begin
     fsm_newspaper = 1'b0;
     fsm_NEXT_STATE = s15;
   end
   else if(fsm_coin == 2'b01)
   begin
     fsm_newspaper = 1'b0;
     fsm_NEXT_STATE = s15;
   end
   else
   begin
     fsm_newspaper = 1'b0;
     fsm_NEXT_STATE = s10;
   end
 end
```

```
s15:  // state = s15
  begin
    fsm_newspaper = 1'b1;
    fsm_NEXT_STATE = s0;
  end
  endcase
  fsm={ fsm_newspaper, fsm_NEXT_STATE };
end
endfunction

assign {newspaper, NEXt_STATE}= fsm(coin,PRES_STATE);

// 同步更新狀態
always @(posedge clock)
begin
  if(reset == 1'b1)
    PRES_STATE <= s0;
  else
    PRES_STATE <= NEXT_STATE;
end

endmodule
```

14.7.5　科技資料庫

我們決定使用 ABC 公司的製程，他們提供一個稱作 abc_100 的元件庫。這一個元件庫中，提供了很多樣的元件，有一些是定義如下。

```
VNAND   // 兩個輸入的邏輯非且
VAND    // 兩個輸入的邏輯且
VNOR    // 兩個輸入的邏輯非或
```

Chapter **14**

```
VOR     // 兩個輸入的邏輯或
VNOT    // 反邏輯
VBUF    // 緩衝器
NDFF    // 負緣觸發的 D 型暫存器
PDFF    // 正緣觸發的 D 型暫存器
```

14.7.6　設計限制

時間是唯一的設計限制，此外基本的製程條件當然要滿足。

14.7.7　邏輯合成

我們讓軟體一口氣做完所有的工作，一直到送出邏輯閘層次的設計為止。

14.7.8　最佳化後的邏輯閘層次的設計

經由使用 abc_100 的資料庫，我們可以產生如範例 14-7 所示邏輯合成後的檔案。

範例 14-7　經過最佳化後的邏輯層次程式

```
module vend(coin, clock, reset,newspaper);
input [1:0] coin;
input clock, reset;
output newspaper;
  wire \PRES_STATE[1],n289,n300,n301,n302,\PRES_STATE243
      [1],n303,n304,\PRES_STATE[0],n290,n291,n292,n293,
      n294,n295,n296,n297,n298,n299,\PRES_STAT243[0];
  PDFF \PRES_STATE_reg[1](.clk(clock),.d(\PRES_STATE243
      [1]),.clrbar(1'b1),.prebar(1'b1),.q(\PRES_STATE243
      [1]);PDFF \PRES_STATE_reg[0](.clk(clock),.d(\PRES_
```

```
        STATE243[0]),.clrbar(1'b1),.prebar(1'b1),.q(\PRES_
        STATE243[0]);
    VOR U119(.in0(n292), .in1(n295), .out(n302));
    VAND U118(.in0(\PRES_STATE[0]), .in1(\PRES_STATE[1],
            .out(newspaper));
    VNAND U117(.in0(n300), .in1(n301), .out(n291));
    VNOR U116(.in0(n298), .in1(coin[0]), .out(n299));
    VNOR U115(.in0(reset), .in1(newspaper), .out(n289));
    VNOT U128(.in(\PRES_STATE[1]), .out(n298));
    VAND U114(.in0(n297), .in1(n298), .out(n296));
    VNOT U127(.in(\PRES_STATE[0]), .out(n295));
    VAND U113(.in0(n295), .in1(n292), .out(n294));
    VNOT U126(.in(coin[1]), .out(n293));
    VNAND U117(.in0(coin[0]), .in1(n293), .out(n292));
    VNAND U117(.in0(n294), .in1(n303), .out(n300));
    VNOR U115(.in0(291),.in1(reset),.out(\PRES_STATE243
        [0]));
    VNAND U117(.in0(n\PRES_STATE[0]), .in1(n304),
            .out(n301));
    VAND U117(.in0(n289), .in1(n290), .out(\PRES_STATE243
        [1]));
    VNAND U117(.in0(n292), .in1(n298), .out(n304));
    VNAND U117(.in0(n299), .in1(coin[1]), .out(n303));
    VNAND U117(.in0(n296), .in1(n302), .out(n290));
    VOR U120(.in0(n293), .in1(coin[0]), .out(n297));
endmodule
```

相對應的邏輯閘圖如圖 14-11。

Chapter 14

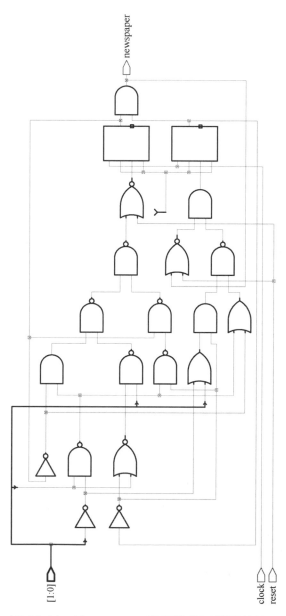

圖 14-11 Newspaper 販賣機的邏輯閘線路圖

14.7.9　驗證

　　產生好了設計當然要來驗證一下正確與否。我們將範例 14-8 的測試模組同時給予合成前後的模組執行。

範例 14-8　報紙販賣機的測試模組

```
module stimulus;
reg clock;
reg [1:0] coin;
reg reset;
wire newspaper; //說明販賣機狀態
vend vendY(coin, clock, reset, newspaper);
// Display the output
initial
begin
  $display("\t\tTime Reset Newspaper\n");
  $monitor("%d %d %d",$time, reset, newspaper);
end
// 應用販賣機模組
initial
begin
  clock =0;
  coin = 0;
  reset = 1;
  #50  reset = 0;
  @(negedge clock); // 等待直到時脈負緣觸發

  // 放入三個五元
  #80 coin = 1; #40 coin = 0;
  #80 coin = 1; #40 coin = 0;
  #80 coin = 1; #40 coin = 0;
```

Chapter 14

```
  // 放入一個五元，一個十元。
  #180 coin = 1; #40 coin = 0;
  #80 coin = 2; #40 coin = 0;

  //放入兩個十元
  #180 coin = 2; #40 coin = 0;
  #80 coin = 2; #40 coin = 0;

  //放入一個十元，一個五元。
  #180 coin = 2; #40 coin = 0;
  #80 coin = 1; #40 coin = 0;

  #80 $finish;
end
// setup clock; cycle time = 40 units
always
begin
  #20 clock =~clock;
end

endmodule
```

執行模擬的結果如下所示。

範例 14-9 報紙販賣機的測試輸出

Time	Reset	Newspaper
0	1	x
20	1	0
50	0	0
420	0	1

460	0	0
780	0	1
820	0	0
1100	0	1
1140	0	0
1460	0	1
1500	0	0

　　然後將線路圖，送給 ABC 公司，然後過一段時間後，他們會將 IC 製造好。

14.8　總結 (Summary)

　　本章中討論幾項重點，分述如下：

● 邏輯合成是高階語言設計的線路，利用標準元件庫，經由最佳化，轉換成低階邏輯閘線路的過程。

● 計算機輔助邏輯合成的工具大大地縮短了設計的時間，藉由這項軟體的輔助，設計者可以撰寫可攜性極高的 Verilog 程式，然後一路產生各個層次 Verilog 描述的設計，直到最低階，而且不論是組合邏輯或是循序邏輯都可以。

● 邏輯合成軟體接受暫存器轉移層次的設計檔，但是只支援限制的語法，不是所有的 Verilog 語法都可以處理。本章中，我們討論過幾種合適的描述語法與相對應的線路實現方式。

● 邏輯合成軟體接受暫存器轉移層次的設計檔、技術資料庫、設計限制條件，然後產生好最佳化過後的邏輯閘線路、邏輯轉換、最佳化等過程，都是軟體內部的動作，通常不牽涉到與使用者的互動。

Chapter 14

● 功能驗證通常以相同的輸入，同時看合成前與合成後的線路是否產生相同的輸出爲準。時脈的驗證，則以時脈模擬與靜態時脈檢查爲準。

● 適當的 Verilog 撰寫語法，能有效改善合成後的結果，產生好的設計，本章中討論了很多這方面的建議。

● 設計區分是將設計區分成幾個小部份，小的區塊也較容易有好的合成效果。

● 正確的規格指定，是整個流程中很重要的一部份。

高層次的邏輯合成工具，允許設計者在演算法層次著手設計。雖然如此，高層次的合成仍舊屬於新興的設計典範，暫存器轉移層次目前還是邏輯合成工具最廣爲使用的高層次描述方法。

14.9　習題 (Exercises)

1. 設計一個進位超前的四位元加法器，使用你手邊的科技資料庫做邏輯合成，盡可能地做到最快，給予相同的測試模組比較輸出結果。

2. 一個減法器有 x、y、z(前一位借位)三個輸入埠，兩個輸出 D(差值)與 B(借位)它的邏輯關係式如下：

   $D = x'y'z + x'yz' + xy'z' + xyz$

   $B = x'y + x'z + yz$

   使用你手邊的科技資料庫做邏輯合成，盡可能地做到最快，給予相同的測試模組比較輸出結果。

3. 設計一個 3 對 8 的解碼器，輸入一個三位元的二進位數，輸出端八位元代表相對應的值，如果輸入是 000，則輸出第一個埠爲 1，其他為 0。使用你手邊的科技資料庫做邏輯合成，盡可能地做到最快，給予相同的測試模組比較輸出結果。

4. 設計一個二進位加法器，使用高位準同步清除訊號。使用你手邊的科技資料庫做邏輯合成，盡可能地做到最快，給予相同的測試模組比較輸出結果。

5. 設計一個同步的有限狀態機器，輸出入埠各是一個位元，當發現連續輸入訊號出現 10101 的組合時，輸出就為 1，其餘時候為 0，同時要有一個同步清除訊號。使用你手邊的科技資料庫做邏輯合成，盡可能地做到最快，給予相同的測試模組比較輸出結果。

Chapter **14**

第15章

進階驗證技巧
(Advanced Verification Techniques)

15.1 傳統驗證流程

15.2 查驗式驗證法

15.3 正規驗證

15.4 總　結

VERILOG

Hardware Descriptive Language

　　Verilog語言可應用於硬體描述語言或是模擬模型語言，隨後廣泛延伸到測試平台的驗證與模擬、測試環境、模擬模型與硬體架構模型，針對過去開發的小型或簡單設計都使用得很好。

　　但是隨著科技的進步，一顆積體電路允許超過百萬個的電晶體設計，驗證的工作如果依然使用傳統的流程，將會嚴重影響設計的工作進度，預估一個傳統的設計團隊，將會花費整體50～70%的時間來做驗證的工作。

　　很快地設計人員瞭解到他們需要更強大的驗證工具，來處理更複雜的積體電路設計，不只是自動化來處理一些常做的事，更重要的是能在第一時間內找出錯誤的工具，避免浪費經費於昂貴的重新再製造過程。

　　針對這一個問題，過去的數年內，已經有無數的驗證方法與工具開發出來，其中最新的一種觀念是查驗式驗證法(assertion-based verification)。即使如此，Verilog依然是設計流程中重要的一個環節，新的驗證方法可以加快驗證Verilog設計的速度。這一章中將為讀者介紹使用Verilog，做設計時需要的基本驗證觀念。

學習目標

- 定義一個簡化的驗證流程。
- 瞭解架構模型(architectural modeling)的觀念。
- 解釋為何需要使用高階驗證語言(high-level verification languages, HVLs)。
- 說明如何使用不同技巧來做有效率的模擬。
- 說明涵蓋(coverage)的技巧。
- 說明查驗式驗證法的精神。
- 說明正規驗證法(formal verification)的精髓。
- 說明半正規驗證法。
- 定義等效檢查方法(equivalent checking)。

15.1　傳統驗證流程(Traditional Verification Flow)

　　圖 15-1 是一個傳統的驗證流程，包含了應有的標準驗證步驟。相關連邏輯設計的細節不在討論的範圍，所以隱藏在這流程之下。

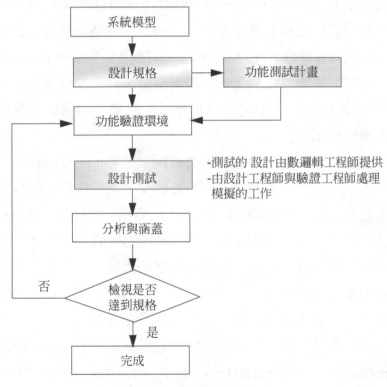

圖 15-1　傳統驗證流程

　　針對圖 15-1 的流程，將其中的關鍵步驟區分為：

1. 系統設計師首先針對所需的功能，定義出明確的系統規格。一個好的規格，必須能針對系統個方面的要求，取一個良好的平衡

Chapter 15

點，系統設計師通常需要在系統模型上利用反覆的模擬，來找出合適的架構，然後依照所選取的架構來訂出規格。

2. 當系統規格訂定好之後，就可以根據這一份規格，開始來規劃系統功能的測試計畫，而這一個測試計畫將會是功能驗證環境(Functional Verification Modeling)的基礎。在這一個基礎上，使用Verilog語言，針對被測試設計(Design-under-test, DUT)開發出測試向量(test vector)，並將測試向量應用到測試環境中。目前市面也已經有很多種這一個的計算機輔助設計工具，可以產生測試向量與應用到測試環境上，同時也能幫助建立測試的環境。

3. 在傳統的軟體模擬器上，模擬被測試設計在測試向量下的狀態。(通常被測試設計是由邏輯設計師所開發，由驗證工程來做這一個模擬的工作)

4. 接著，模擬結果將會被分析與檢視。通常，工程師會以人工操作波形檢視器，或是除錯器來檢查結果，或是在測試環境下利用自動化的工具，來幫助檢驗的工作進行，或是利用一些簡單的程式語言(例如 Perl)來撰寫檢查模擬記錄的程式。在檢查之後，會有涵蓋率的數據，由這一個數據來確認測試向量，是否達到預先設定的驗證的標準。如果達到了，就完成驗證的過程，如果達不到，就得產生更多的測試向量來提升涵蓋率。

5. 在軟體模擬之後，為了避免驗證有所不足，會再加上硬體加速模擬(Hardware Acceleration)、硬體模擬機(Hardware Emulator)，與查驗式驗證法。早期，驗證的每一個步驟都建立在Verilog上，但是隨著時代的演進與製程技術的進展，只有在設計被測試設計的時候還是使用 Verilog，其他的步驟都陸續有所改變，在底下的小節中，將會一一介紹。

15.1.1　架構模型(Architectural Modeling)

這一階段的架構模型，主要讓系統設計師可以尋找最適合的系統架構。一般來說，這一個模型只包含最基本的系統行為，並沒有實際硬體細節的部分，以一個MPEG解碼器來說，只有寫解碼的演算法，並不會去管處理器，與記憶體之間匯流排的資料位元數多寡。在這一階段，系統設計師會嘗試不同的架構，並試圖在過程中確定一些系統的基礎參數，例如微處理機的數目、演算法、記憶體架構，與其他相關系統參數，這些參數的取捨，將會決定最後硬體實現的方式。

一般都是使用 C 語言或是 C++語言來撰寫架構模型，雖然 C++語言擁有物件導向的優點，但是它並沒有一些硬體描述語言，特有的平行處理觀念與時脈關係。因此，系統設計師必須設法將這些遺失硬體的屬性也寫入模型中，如此一來將會耗費甚大的時間與精力，在處理這些與架構無關的語言部分。

好一點方式，就是需要開發一個架構描述語言，可以兼具C++物件導向的優點，又可以有硬體描述語言特有的平行處理與時脈觀念，這樣就非常適合用在架構模型上。

未來，如果這一個架構描述語言使用得當，也許會發展出由架構模型開始的系統合成步驟，直接由高階的架構描述，讓計算機輔助電路設計軟體，合成出暫存器轉移層的Verilog描述，接著在經過傳統的晶片設計流程與驗證流程到邏輯閘線路，圖 15-2 系統模型使用的流程。

Chapter 15

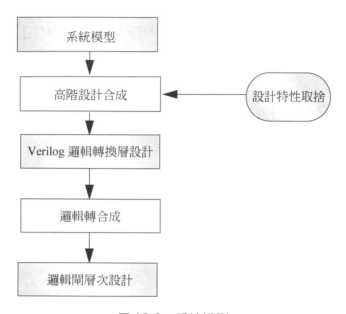

圖 15-2　系統模型

15.1.2　功能驗證環境(Functional Verification Modeling)

晶片功能驗證可以分成三個部分：

● 區塊驗證(Block-level verification)：區塊驗證一般都是區塊的設計師來處理，在 Verilog 的基礎上建立設計與驗證。通常會執行一些簡單的小測試，來確保往後在系統整合時候的完整性。

● 完整晶片驗證(Full-Chip Verification)：完整晶片的驗證，要能完整對於系統的每一項規格都能驗證。

● 延長驗證(Extended Verification)：在這一項驗證中，主要是針對規格中不夠完整的部分做檢查，尤其是設法能針對所有的邊界條件(corner case)做驗證。一般而言，都使用亂數的方式，利用很長的模擬時間，盡可能地試探所有的規格。有時已經進入晶片廠生產後，仍持續進行這一項驗證工作。

在功能驗證的這一階段，同時會進行直接模擬與亂數模擬。在直接模擬中，測試的輸入資料由驗證工程師依照規格的特性所設計，有時候也會利用指定順序的亂數方式產生輸入資料。亂數模擬用在功能驗證的末期，在延長驗證的階段，利用亂數的方式，試圖找出工程師遺漏的地方。

隨著 Verilog 大量地被使用在高階設計上，設計師也開始利用 Verilog，於待測試設計與配合的功能驗證環境上。一般來說一個標準的硬體描述語言的驗證環境包含：

● 使用硬體描述語言程序建立的測試平台，來產生輸入的資料與讀取測試後的結果。

● 使用硬體描述語言建立的測試組合，基於依照功能測試計畫中規劃的測試目標，設定測試的輸入資料，應有的測試結果與涵蓋的功能。

然而隨著設計越來越大，已經超過百萬個電晶體的規模，傳統的方式已經不敷所需。

● 因為設計太大，每一個模組的可控制性變差，導致越來越難也越來越花時間，來寫出合適的測試組合。

● 因為設計太大，每一個模組的可觀察性變差，所以很難將測試後的結果，輸出到設計外做檢驗。

● 測試組合過於巨大，難以閱讀與維護。

● 太多的邊界條件。

● 過多種類的測試環境，彼此又使用不相容的程式所建立而成，難以開發與維護。

Chapter 15

在這樣的環境下，想要建立一個可以重複使用，又有使用彈性的驗證環境，測試工程師便需要一個有物件導向特性的高階驗證語言(High Level Verification Language, HVLs)，附錄 E 中有列出幾種常見的高階驗證語言。

因為擁有物件導向的特性，高階驗證語言的功能非常強大，可以撰寫平行處理與時脈處理的測試組合，同時也可以快速建立有彈性的整合測試環境，包含有測試輸入級、測試輸出級、資料檢查、協定檢查與涵蓋率分析。高階驗證語言大大縮短了驗證環境的建立困難度，與降低維護的複雜度。

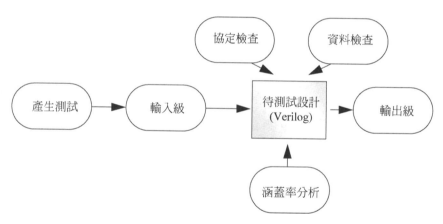

圖 15-3　一個標準的功能驗證環境

圖 15-3 顯示一個使用高階驗證語言標準的功能驗證環境，在這環境下，工程師只需要較少的時間就可以維護這一個環境。當然，設計的本身一般還是由硬體描述語言所設計而成。在高階驗證語言的驗證流程中，驗證的區塊執行於高階驗證語言模擬器，而帶測試設計仍在硬體描述語言 Verilog 環境中模擬，這兩種不同的模擬器必須相互交換資料，與同步彼此的動作，圖 15-4 顯示這兩種模擬器如何互動的範例。基本來說，兩個模擬器各自執行在獨自的程序，利用 Verilog 的可程式介面相互

溝通傳遞資料，高階驗證語言模擬器，負責輸入資料的產生、輸出結果的分析、資料檢查、協定檢查與涵蓋率分析；而Verilog硬體模擬器則負責，待測試設計的硬體模擬。

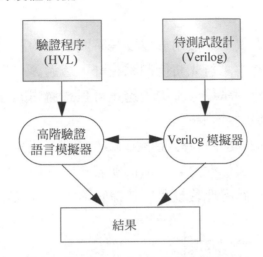

圖 15-4　高階驗證語言模擬器與硬體模擬器的交互動作

　　未來，希望能進一步加速高階驗證語言模擬器的執行速度，這一部份將在 15.1.3 小節來討論。

15.1.3　模擬(Simulation)

　　基本上有三種方式可以加速驗證模擬器的速度：軟體模擬(Software Simulation)、硬體加速(Hardware Acceleration)與硬體模擬機(Hardware Emulator)。

軟體模擬

　　軟體模擬的方式，已經被大量應用於Verilog的模擬上，軟體執行於一般電腦或是運算伺服器上，將Verilog語言做設計載入，並在模擬軟體上執行模擬操作的運算。在附錄 E 有列出常用的軟體模擬程式。

Chapter 15

　　面對超過百萬電晶體的設計時，軟體模擬需要耗費很大的記憶體與佔用很長的計算時間，這將會是驗證過程的一個瓶頸，所以便有硬體加速與硬體模擬機的加入，來解決這一個窘境。

硬體加速

　　硬體加速的方式，一般用於需要長時間模擬的狀況下，例如功能測試與延長驗證步驟中。首先將待測試設計，透過專有程式對應到可程式邏輯的硬體上，將測試輸入直接透過，可程式邏輯的硬體來執行，可以有二到三個數量級的加速。

　　硬體加速器可以是由可程式邏輯(FPGA)組成，或是微處理器(processor)組成，模擬分成一部份軟體與一部份硬體偕同工作，硬體處理可以合成到硬體的部分，軟體處理驗證環境其餘的部分。可以在圖 15-5 中看到這一個環境。

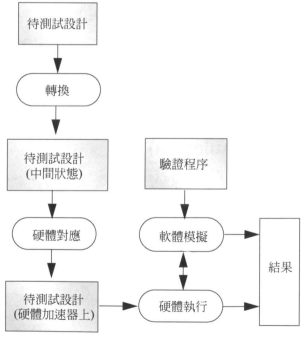

圖 15-5　硬體加速

　　驗證的程序可以由 Verilog 模擬器，或是高階驗證語言所執行，軟體與硬體加速器彼此必須配合交換資料。

　　通常來講，使用硬體加速器可以將數天的模擬工作，縮短至數小時，大大加速驗證的時間。但是付出的代價是，每一次需要花費冗長時間，將設計對應的可程式硬體上，並且建立軟硬體溝通的管道，所以用於需要長時間的驗證工作上。小的設計依然使用軟體的模擬技巧，附錄 E 中列出幾種常見的硬體加速工具。

硬體模擬機

　　硬體模擬機一般應用於在實際系統操作下的驗證工作，特別是在設計已經很穩定之後的延長驗證階段。使用硬體模擬機的主要優勢在於，能在真正的硬體還沒由工廠製造出來之前，便可以讓應用軟體執行起來，開始進行軟體開發的工作。這樣一來，便可以有效節省專案開發的時間，與提早發現軟體的缺失。如果要使用單純的軟體模擬環境，來進行軟體開發的工作，在執行時間上與複雜度上都幾乎是不可能的事。

　　當硬體設計完成的時候，等候真正硬體製造的時間，軟體工程會希望能有方法直接在硬體上開發應用程式。底下列出幾種常見的應用：

● 微處理器設計工程師，希望能進行 UNIX 作業系統的開機程序。

● MPEG 解碼器工程師，希望能直接針對真正視訊解碼，並且輸出到螢幕上。

● 圖形處理器設計工程師，希望可以直接看到光影的處理結果。

　　在驗證的過程中，如果能執行真實的系統，可以降低臭蟲發生的風險與減少硬體重新設計的時間。而前面兩種模擬的方式，都不能達到所要的模擬速度，與真實系統的執行需求。在 UNIX 作業系統開機的例子中，如果使用前兩種模擬方式，可能需要數年的時間才能達到開機完成，而使用硬體模擬器，只需要數小時的運作；相對於真正硬體，只需要數分鐘的時間。圖 15-6 是一個標準硬體模擬機運作的流程，應用程式直接在硬體模擬器上執行，並不知道其實不是在真正的硬體上運作。通常來說，硬體模擬機可以達到數百萬兆赫的運作速度，在價位上有幾乎達到相同昂貴的水準。只有極少數系統級的設計，需要使用這一個方式。附錄 E 中有列出幾種常見的硬體模擬器。

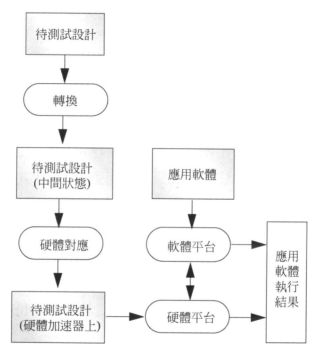

圖 15-6 硬體模擬

15.1.4 分析(Analysis)

在傳統的驗證流程中，分析解釋一個重要的步驟：

1. 是否輸出的結果與預期相符？

2. 是否輸出的結果符合介面的通訊協定。

針對輸出的結果與資料通訊協定檢驗，通常需要：

1. 波形瀏覽器(Waveform Viewer)來觀察輸出的結果，工程師可以透過圖形輸出，來檢視輸出資料的正確性與通訊協定的完整性。

2. 輸出記錄檔(Log Files)追蹤模擬過程中所有的狀態，工程師可以藉此判斷模擬的正確性與通訊協定的完整性。

這樣的過程，對於工程師而言是繁瑣無聊又花時間的工作，易於有人工的失誤，又不能處理大型設計，所造成的巨大輸出資料，需要一個自動化的環境來幫助工程師處理這些資料，這便是：

1. 資料檢查器(Data Checker)

2. 通訊協定檢查器(Protocol Checker)

資料檢查器可以線上比對輸出值與參考值，如果一發現錯誤可以立刻中斷模擬，輸出錯誤訊息。如果沒有錯誤，模擬就可以執行到最後。一般都利用計分版(Scoreboards)的方式來量化檢查的結果，針對每一個動作、輸出的正確性與時間點做記錄，確保沒有任何遺漏的錯誤資料。

通訊協定檢查器，現在比對每一個輸出入介面的操作序列，如果有違反正常操作序列的狀況發生，立刻暫停模擬的動作，並輸出錯誤的訊號。如果沒有錯誤，模擬便可以執行到底。整合上述兩種的檢查，可以建立一個自動檢查的驗證環境，設計需要通過數百種檢查，而不需耗費任何人力。只有在錯誤發生的時候，工程師可以在進一步去探究錯誤發生的原因。

15.1.5 涵蓋率(Coverage)

涵蓋率可以幫助工程師瞭解驗證是否夠完整，不同的驗證方法會有不同的驗證目標物，需要有一個量化的分析，來幫助工程師做判斷。通常涵蓋率包含：結構性與功能性兩方面。

　　結構性涵蓋率通常可以看出Verilog硬體描述的那些部分，有被輸入資料改變過狀態，一般來說可分成三部分：

1. 程式涵蓋率(Code Coverage)這一個指標，可以顯示那些程式段落沒有被模擬器執行過，通常沒有被執行過的區塊，都會隱含有未知的錯誤，所以是否所有的程式段落都有被執行過，是一個重要的參考指標，但不是絕對完整的指標。

2. 切換涵蓋率(Toggle Coverage)這是最古老的檢查方式，這是一個方式計算值變化的次數，但是並不包含 0 變 1，或是 1 變 0 的次數。這一個方式並不能有效保證待測試設計的正確性，即使次數對，也不一定是發生在正確時間的變化。而且對於縮短驗證時間沒有很大的幫助，只能供做一項參考的指標。

3. 分支涵蓋率(Branch Coverage)記錄是否控制流程中，所有的分支都有發生過。

功能性涵蓋率(Functional Coverage)

　　功能性涵蓋率分析，可以提供一個系統觀點的量化分析，一般來說利用時間點上所有可能的輸入值組合，執行模擬分析，檢查所有的結果來確認系統的正確性。通常，這一個模擬中也會得出有限狀態機器的涵蓋率，其中包含狀態與轉態的數據。

　　可以利用加入分析點與查驗點的方式，來強化功能性分析的效果。例如可以在中斷服務啟動的時候或是先進先出暫存器(FIFO)滿的時候，檢查動作的狀況。附錄 E 中有列出常見的一些涵蓋率分析的工具。

15.2　查驗式驗證法 (Assertion Checking)

　　傳統的驗證方式，是基於處理黑盒子的精神，只需要瞭解待測試設計的輸出值關係，便開始的驗證方式。過去的數年發展經驗來看，黑盒子的方式有利也有弊，針對涵蓋率不足的狀況下，便需要利用白盒子的方式來增加涵蓋率。白盒子驗證，便是利用對設計的知識，來做的驗證工作。

　　查驗式驗證方法便是一種白盒子的驗證方式，通常包含兩種類型：

● 　時間關係查驗(Temporal Assertions)：檢查訊號變化的前後關係。

● 　穩態查驗(Static Assertions)：檢查訊號在穩定態的訊號位準。

　　查驗式方法被大量使用在暫存器轉換層級的硬體描述語言設計上，底下是兩個常見的查驗點：

● 　有限狀態機器的狀態，是單點高訊號組合方式(one-hot)。

● 　先進先出暫存器中的滿位與空置訊號，不可以同時被開啟。

　　查驗式驗證法可以被用來檢查，對內與對外介面操作的正確性，例如回應訊號應該在需求訊號開始後五個週期發出。查驗的結果可以利用模擬的時候計算，或是使用正規驗證的方式得知。

　　通常查驗式驗證法的敘述，以註解的方式存在於待測試設計裡面。這樣的描述方式，可以滿足設計工程師的需求，又不會干擾邏輯合成的自動化設計過程。圖 15-7 是一個針對先進先出暫存器驗證規劃。

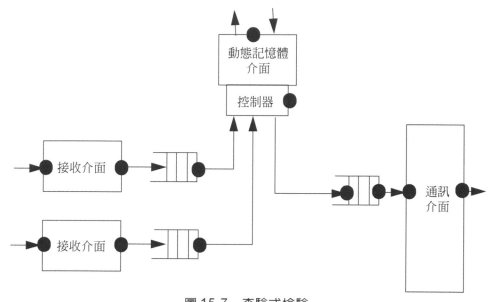

圖 15-7　查驗式檢驗

　　查驗式檢驗可以搭配傳統驗證流程(參看 15.1 小節)使用，工程師可以把查驗點放在關鍵路徑上，檢查關鍵點的變化。

　　查驗式驗證(Assertion-based verification, ABV)有底下這些特性：

1. 查驗式驗證可以增加可觀察性，因爲可以阻隔其他區塊的干擾。
2. 查驗式驗證可以增加驗證效率，因爲他降低了驗證過程所需的人力，不用看波形圖便可以知道臭蟲發生的位置。

　　附錄 E 中列出目前較熱門的相關產品。

15.3　正規驗證 (Formal Verification)

　　另一種廣爲人知的白盒子驗證方式便是正規驗證，利用數學的方式來證實查驗條件的正確性，或是設計的屬性(property)。通常屬性可以反映出系統規格或是設計的內部結構，透過對細部結構的瞭解，工程師可以歸納出有用的屬性。透過分析的過程，可以證實屬性的正確性，而不用執行任何模擬的運算。另一個應用，便是在暫存器轉移層次的設計開始之前，就能證實系統架構的正確性。

　　一個正規驗證的工具軟體，會儘可能探索設計所有可能的狀態，在輸入端使用查驗式的條件，利用這些條件可以歸納出正確的輸入範圍。如果條件不夠多，那麼輸入的範圍便會太廣，就有可能會有不屬於正常功能的訊號進入設計中，造成誤判。如果條件太嚴謹，就不能涵蓋到所有的可能狀態，這樣可能把錯的設計都認為是正確的。在圖 15-8 便是一個標準的正規驗證流程，在最好的時候，這一個工具可以證實所有的查驗條件，或是提供一個狀態來證明查驗條件有誤。

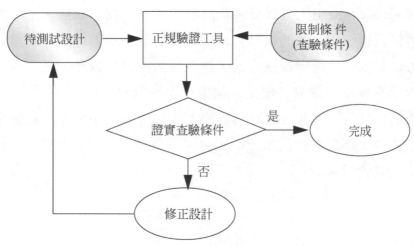

圖 15-8　正規驗證流程

　　既然正規驗證會完整地探索所有設計的可能性，只能處理小型的設計，通常小於一萬個電晶體。一旦超過，執行所需要的記憶體與執行時間將會難以忍受。正規驗證的限制，便是在於查驗條件與設計結構的複雜度，而不在於設計的行數。更嚴格來看，這一個限制在於正規驗證的演算法所需的運算週期數(由種子狀態(Seed State)到完成狀態)。因為如此，便有混合式的驗證方法，下一章節的半正規驗證。

Chapter 15

15.3.1　半正規驗證 (Semi-formal verification)

半正規驗證法結合了傳統模擬方式的驗證流程，與正規驗證法的完整性，包含以下特點：

1. 半正規驗證是補充方式，不能取代測試輸入的模擬。
2. 內嵌式查驗條件提供正規驗證所需的屬性。
3. 內嵌式查驗條件提供輸入的正確範圍。
4. 半正規驗證法只由模擬結果開始，尋找有限的狀態，可以增加模擬的效率，又不會犧牲掉時間於找尋所有的可能狀態。

在 Verilog 模擬中，可以提供正規驗證所需的種子狀態，這一個種子狀態可以當作一個尋找的起點，來檢驗查驗條件與執行正規驗證。如此一來可以有效尋找透過模擬方式，難以達到的邊界條件，就不會造成太高的執行複雜度。圖 15-9 便是一個半正規驗證的流程。

隨著科技日益進步，設計日益複雜化的今日，不論是正規驗證或是半正規驗證，都是現在與未來的主要研究目標。附錄 E 中列出目前已知的相關工具軟體。

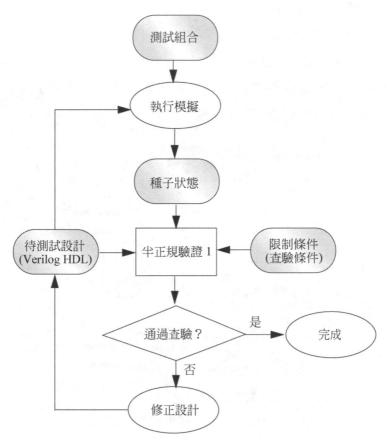

圖 15-9　半正規驗證的流程

15.3.2　等效驗證(Equivalance Checking)

　　邏輯轉換層設計，在經過邏輯合成與自動化擺位與繞線工具後，會分別產生邏輯閘層次設計與實體線路。如果想要瞭解在自動化工具執行的過程中，是否與原有設計相符，可以執行一遍原來所有的測試輸入，對於邏輯閘層次設計與實體線路而言，這個模擬的步驟將會消耗巨量的記憶體與運算資源。

Chapter **15**

　　等效驗證便是為了解決這一個問題所提出的方法，可以視為正規驗證的一個應用。他會確保邏輯閘層次設計與實體線路的功能與原邏輯層設計相符，而不用透過模擬的方式。在動作的過程中，等效驗證會建立高階的邏輯模型，透過數學分析的方式比對由不同層次所建立的模型。在圖 15-10 中，等效驗證的運作流程。

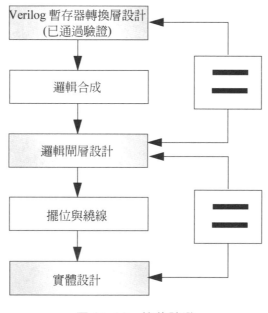

圖 15-10　　等效驗證

15.4　總結 (Summary)

● 一個制式化驗證流程，通常包含已測試向量為基礎的方式，利用架構模型來分析系統在不同取捨下的表現，在設計完成後，利用測試向量來做模擬，模擬的結果分析並計算出涵蓋率，如果涵蓋率夠高，那就完成驗證的工作。

● 架構模型被系統設計師用來尋找最適合的系統架構，這一個初始的架構，通常不會包含太多系統的細節，只供做系統分析使用。一般來說，系統模型的描述語言，通常用來描述架構的組成，並不包含細項。

● 功能驗證環境通常包含測試產生器、輸入驅動級、輸出接收級、資料檢查器、協定檢查緝與涵蓋率分析模組，可以使用高階驗證語言，來簡化功能驗證環境建立與維護的工作。

● 軟體模擬是模擬以 Verilog 做設計時，最常用的的方式，硬體加速器比軟體模擬增加一兩個數量級的模擬速度，而硬體模擬機可以運作在數百萬 Hz 的頻率，可以用來執行真實的軟體應用程式，就像直接執行在真正的晶片上。

● 波形與運算記錄檔是最基本用來分析模擬結果的兩項資料，如果要做有效率的模擬，便需要建立自動化的資料檢查器與協定檢查器模組。當有任何資料不符合原先設定的值與協定，便自動將模擬工作暫停並輸出錯誤訊息。一個好的自我檢查架構，可以在不干擾工程師的狀況下，執行數千個測試程式，並產生模擬結果的分析報告。

● 切換涵蓋率、程式碼涵蓋率與分支涵蓋率是基礎的三類結構性涵蓋率分析項目。功能涵蓋率則是以系統的觀點來分析設計，同時也包含有限狀態機器涵蓋率，以及其中的狀態分析與狀態轉換分析。一般建議，功能涵蓋率與其他涵蓋率方式並行，可以對設計的品質有比較清楚的分析。

● 查驗式驗證法是屬於白盒子的驗證方式，需要有內部線路的深度理解後才能施作。查驗式驗證法的確可以有效增進可觀察度與驗證效率，但是需要花費甚大人工。通常只會在設計最關鍵的幾個位置中來設置查驗點，一旦這些點有錯誤，便需要立即通知設計師。

● 正規驗證屬於白盒子方式的驗證方式，利用數學的技巧針對系統的特性與查驗處，做地毯式的推演運算。半正規驗證則是結合傳統使用測試向量的，驗證方式與正規驗證的精髓。等效驗證則是用來檢查設計由暫存器轉換層級，經過合成工具到實際邏輯閘層級後，兩種層級的線路是否一致。

Part3 附錄

A	**強度模型與進階接線定義** 強度等級、訊號競爭、進階接線定義。
B	**PLI 常式列表** 列出各種有關存取與工具的常式。
C	**關鍵字、系統任務、編譯器指令的列表** 列出各種關鍵字、系統任務與編譯器指令。
D	**正式的語法定義** 以標準的語言定義描述,來說明整個 Verilog 的語法。
E	**Verilog 的趣聞** Verilog 的起源,直譯、編譯與先天性的模擬,事件驅動與遺忘式的模擬、週期性的模擬,錯誤模擬,新聞討論群,匿名傳輸站,全球新聞<WWW 網站>。
F	**Verilog 範例** 兩個範例,一是 FIFO 的可邏輯合成模型,另一是動態記憶體的行為模型。

附錄 **A**

強度模型和進階
接線定義
(Strength Modeling and Advanced
Net Definitions)

A.1 強度等級

A.2 信號競爭

A.3 進階的接線型態

VERILOG

Hardware Descriptive Language

A.1　強度驗證等級 (Traditional Verification Flow)

Verilog 允許信號具有邏輯值與強度值。邏輯值有 0、1、x 和 z。邏輯的強度值是用來解決多個信號的組合，以及用來盡可能精確表示實際硬體元素的行為。表 A-1 顯示信號的強度等級，驅動強度是用來界定驅動接線的信號值。儲存強度是用來界定 trireg 這一類接線的電荷儲存量，稍後在附錄中會加以討論。

表 A-1　強度等級

強度等級	縮寫	程度	強度類型
supply1	Su1	最強的 1	驅動
strong1	St1		驅動
pull1	Pu1		驅動
large1	La1		儲存
weak1	We1		驅動
medium1	Me1		儲存
small1	Sm1		儲存
highz1	HiZ1	最弱的 1	高阻抗
highz	HiZ0	最弱的 0	高阻抗
small0	Sm0		儲存
medium0	Me0		儲存
weak0	We0		驅動
large0	La0		儲存
pull0	Pu0		驅動
strong0	St0		驅動
supply0	Su0	最強的 0	驅動

A.2　信號競爭 (Signal Contention)

邏輯的強度值可以用來解決，當接線上有多個驅動源時造成的信號競爭。競爭的解決有很多規則可用，底下只舉出最常見的兩種情形。

A.2.1　具有相同值與不同強度的多個信號

若兩個信號有相同的已知值，以及不同的強度，同時驅動一條接線，較高強度的信號會獲勝。

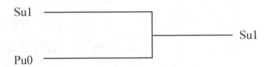

以這個例子，supply 的強度高過 pull，因此 Su1 獲勝。

A.2.2　具有不同值與相同強度的多個信號

當兩個信號具有相反的值，以及相同的強度組合起來，最後的值是 x。

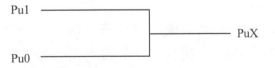

A.3　進階的接線型態 (Advanced Net Types)

我們討論過利用強度等級，解決信號競爭的方法，解決信號競爭還有其他的方法，Verilog 提供進階的接線宣告來界定邏輯的競爭。

Chapter A

A.3.1　tri

關鍵字wire與tri具有相同的語法和功能。然而,用不同的名稱可以分辨出接線的目的。關鍵字wire表示單一驅動源的接線,而tri表示具有多重驅動源的接線。多工器 (multiplexer),如下所定義,使用tri的宣告。

```
module mux(out, a, b, control);
output out;
input a, b, control;
tri out;
wire a, b, control;

bufif0 b1(out,a,control); // 當control為0時驅動a;否則為z。
bufif1 b2(out,b,control); // 當control為1時驅動b;否則為z。

endmodule
```

接線是被 b1 與 b2 以互補的方式驅動。當 b1 驅動 a,b2 的值是 3 態 (tristated)。當 b2 驅動時 b,b1 的值是 3 態,因此並無邏輯競爭。如果在tri接線上有競爭,則需以強度等級來解決。如果有兩個信號具有一樣的強度和相反的值,tri 接線上的值則為 x。

A.3.2　trireg

關鍵字 trireg 是用在具有儲值電容的接線上,trireg 接線內定的強度是 medium,型態是 trireg 的接線會有下列兩種狀態其中之一。

● 驅動狀態－－接線至少有一個驅動源驅動 0、1 或 x 值。這個值會連續性的儲存在 trireg 接線上,它的強度由驅動源而來。

● 電容狀態－－所有接線上的驅動源的值皆為高阻抗(z),接線則保持上一個驅動值,強度則為 small、medium 或 large(內定值是 medium)。

```
trireg (large) out;
wire a, control;

bufif1 (out, a, control); // 當 control 為 1，接線 out 得到
                          // a 的值，當 control 為 0，接線
                          // out 保持 a 的上一個值，而非改變
                          // 成 3 態，強度則是 large。
```

A.3.3　tri0 與 tri1

關鍵字 tri0 與 tri1 適用於電阻性的提升與拉低元件。如果接線上沒有任何驅動源，tri0 接線會保持在 0。同理，如果接線上沒有任何驅動源，tri1 接線會保持在 1，內定的強度是 pull。

```
tri0 out;
wire a, control;

bufif1 (out, a, control); // 當 control 為 1，接線 out 得到
                          // a 的值，當 control 為 0，接線
                          // out 為 0 而非 z。如果 out 宣告成
                          // tri1，則內定的值會是 1 而非 0。
```

A.3.4　supply0 與 supply1

關鍵字 supply1 是用在電源上，關鍵字 supply0 是用在於地線。宣告成 supply1 或 supply0 的接線邏輯值是常數，強度等級是 supply(最強的等級)。

```
supply1 vcc;  // 所有的接線接到 vcc 則接到電源
supply0 gnd;  // 所有的接線接到 gnd 則接到地線
```

Chapter A

A.3.5 wor、wand、trior 與 triand

當有邏輯競爭時,如果對於 tri 接線,得到的結果是 x,這可能表示設計上的問題。可是有時候即使接線上有多重的驅動源,設計者仍需要得到最終的邏輯值,而且不藉由強度等級。關鍵字 wor、wand、trior 和 triand 是用來解決這種衝突。接線 wand 對接線上的多重驅動源,執行 and 的運算;接線 wor 則對接線上的多重驅動源,執行 or 的運算。如果任何一個值為 0,接線 wand 的值為 0。如果任何一個值為 1,接線 wor 的值為 1。接線 triand 與 trior 的語法,和功能跟接線 wor 與 wand 相同。下面的例子描述他們的功能。

```
wand out1;
wor out2;
buf (out1, 1'b0);
buf (out1, 1'b1); // out1 是 wand 接線;最後的值是 1'b0。

buf (out2, 1'b0);
buf (out2, 1'b1); // out2 是 wor 接線;最後的值是 1'b1。
```

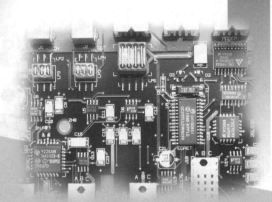

附錄 **B**

PLI 常式列表

(List of PLI Routines)

B.1 慣　例

B.2 存取常式

B.3 工具(tf_)常式

VERILOG

Hardware Descriptive Language

這個附錄提供所有存取 acc_和工具 tf_兩個 PLI 常式。VPI 常式並未列出[1]，每一個PLI常式的名稱、句法列表和敘述都會列出。更詳細的說明請參考 IEEE 語言參考手冊(IEEE Language Reference Manual)。

B.1　慣例 (Conventions)

句法所用的慣例爲下。

慣例	意義
char * format	傳送具格式的字串
char *	以字串傳送物件的名字
underlined arguments (加底線的引數)	選擇性的引數
*	資料型態的指標
....	更多相同型態的引數

B.2　存取常式 (Access Routines)

存取常式可分爲五類：處理、接鄰、觀察值關連、提取以及修改常式。

B.2.1　處理常式

處理常式傳回設計內物件的處理權，處理常式的名稱以前置的acc_handle_開頭。

註 1　請參考"IEEE Standard Verilog Hardware Description Language"的文件中 VPI 常式的詳細說明。

表 B-1　處理常式

傳回值	名稱	引數列表	敘述
handle	acc_handle_by_name	(char *name, handle scope)	與 scope 相關的物件名稱
handle	acc_handle_condition	(handle object)	模組路徑或時序檢查處理權的條件敘述
handle	acc_handle_conn	(handle terminal);	取得與資料元素、模組路徑、或時序檢查終端相連的接線
handle	acc_handle_datapath	(handle modpath);	取得邊緣感測模組路徑的資料路徑的處理權
handle	acc_handle_hiconn	(handle port);	取得模組埠上一個層級的接線
handle	acc_handle_interactive_scop	( );	取得目前模擬的交談範圍
handle	acc_handle_loconn	(handle port);	取得模組埠下一個層級的接線
handle	acc_handle_modpath	(handle module, char *src, char *dest) or (handle module, handle src, handle dest);	取得特定來源與目的的模組路徑處理權。模組路徑可由名稱或處理權給定。
handle	acc_handle_notifier	(handle tchk);	取得暫存器相關於特別的時序檢查
handle	acc_handle_object	(char *name);	取得任何物件的處理權,給定物件的完整或相對的層級路徑名稱。
handle	acc_handle_parent	(handle object);	取得擁有的資料元素或模組或物件的處理權
handle	acc_handle_path	(handle outport, handle inport);	取得由某模組的輸出埠至另一模組的輸入埠的處理權
handle	acc_handle_pathin	(handle modpath);	取得第一個接線連接到模組路徑輸入埠的處理權
handle	acc_handle_pathout	(handle modpath);	取得第一個接線連接到模組路徑輸出埠的處理權
handle	acc_handle_port	(handle module, int port#);	取得模組埠的處理權。port# 是由模組定義左側算起的位置(由零開始)。
handle	acc_handle_scope	(handle object);	取得包含物件範圍的處理權
handle	acc_handle_simulated_net	(handle collapsed_net_handle);	取得接線的處理權相關於相接的接線
handle	acc_handle_tchk	(handle module, int tchk_type, char *netname1, edge1, ...);	取得模組特定時序檢查的處理權

Chapter　B

表 B-1　處理常式(續)

傳回值	名稱	引數列表	敘述
handle	acc_handle_tchkarg1	(handle tchk);	取得時序檢查的第一個引述的接線
handle	acc_handle_tchkarg2	(handle tchk);	取得時序檢查的第二個引述的接線
handle	acc_handle_aterminal	(handle primitive, int ter-minal#);	取得資料元素的端點處理權。ter-minal# 為引數列的位置。
handle	acc_handle_tfarg	(int arg#);	取得目前使用者定義系統任務或函式的引數的處理權
handle	acc_handle_tfinst	( );	取得目前使用者定義系統任務或函式的處理權

B.2.2　接鄰常式

接鄰常式傳回鍵列串列中下一個物件的處理權。

接鄰常式的名稱以前置的acc_next_開頭而且接受參照物件為引數。

參照物件以前置的 current_ 列出。

表 B-2　接鄰常式

傳回值	名稱	引數列表	敘述
handle	acc_next	(int obj_type_array[], handle module, handle current_ob-ject);	取得範圍內特定的下個物件。物件型態如accRegister 或accNet定義在obj_type_array 內
handle	acc_next_bit	(handle vector, handle cur-rent_bit);	取得向量埠或陣列的下個位元
handle	acc_next_cell	(handle module, handle cur-rent_cell);	取得下個模組內的別名元件,元件由元件庫定義。
handle	acc_next_cell_load	(handle net, handle current_cell_load);	取得下個承載在接線的元件
handle	acc_next_child	(handle module, handle cur-rent_child);	取得下個目前模組內的模組別名
handle	acc_next_driver	(handle net, handle current_driver_terminal);	取得下個驅動接線的資料元素終端驅動源
handle	acc_next_hiconn	(handle port, handle current_net);	取得下個較高的接線連接

表 B-2   接鄰常式(續)

傳回值	名稱	引數列表	敘述
handle	acc_next_input	(handle path_or_tchk, handle current_terminal);	取得下個特殊模組路徑或時序檢查的輸入端點
handle	acc_next_load	(handle net, handle current_load);	取得下個由與層級無相關的接線驅動的資料端點
handle	acc_next_loconn	(handle port, handle current_net);	取得下個較低的接線連接
handle	acc_next_modpath	(handle module, handle path);	取得下個模組內的路徑
handle	acc_next_net	(handle module, handle current_net);	取得下個模組內的接線
handle	acc_next_output	(handle path, handle current_terminal);	取得下個模組路徑或資料路徑的輸出端點
handle	acc_next_parameter	(handle path, handle current_parameter);	取得下個模組內的參數
handle	acc_next_port	(handle path, handle current_port);	取得下個模組埠列表的埠
handle	acc_next_portout	(handle path, handle current_port);	取得下個模組的輸出或輸出入埠
handle	acc_next_primitive	(handle path, handle current_primitive);	取得下個模組內的資料元素
handle	acc_next_scope	(handle scope, handle current_scopt);	取得一定範圍內的下個層級範圍
handle	acc_next_specparam	(handle path, handle current_specparam);	取得下個模組內定義的 specparam
handle	acc_next_tchk	(handle path, handle current_tchk);	取得下個模組內的時序檢查
handle	acc_next_terminal	(handle primitive, handle current_terminal);	取得下個資料元素的端點
handle	acc_next_topmod	(handle current_topmod);	取得設計的下個最上層模組

B.2.3   觀察值關連(VCL)常式

VCL常式允許使用者系統任務,由監看物件列表中的數值改變而增加 或刪除物件。VCL 常式的名稱,以前置的acc_vcl_開頭而且無傳回值。

Chapter **B**

表 B-3　觀察值關連常式

傳回值	名稱	引數列表	敘述
void	acc_vcl_add	(handle object, int (*consumer_routine)(), char * user_data, int VCL_flags);	指揮 Verilog 模擬器只要物件的數值有變化，就依照數值的變化來呼叫使用者常式。
void	acc_vcl_delete	(handle object, int (*consumer_routine)(), char * user_data, int VCL_flags);	指揮 Verilog 模擬器當物件的數值改變時，停止呼叫使用者常式。

B.2.4　提取常式

提取常式可以擷取物件中不同的資訊，如完整的階組路徑名稱、相對名稱和其他的屬性。提取常式的名稱以前置的 acc_fetch_ 開頭。

表 B-4　提取常式

傳回值	名稱	引數列表	敘述
int	acc_fetch_argc	( );	取得執行命令列引數的數目
char **	acc_fetch_argv	( );	取得執行命令列引數的陣列
double	acc_fetch_attribute	(handle object, char *attribute, double default);	取得參數或 specparam 的屬性
char *	acc_fetch_defname	(handle object);	取得模組或資料元素別名的定義名稱
int	acc_fetch_delay_mode	(handle module);	取得模組別名的延遲模式
bool	acc_fetch_delays	(handle object, double *rise, double *fall, double *turnoff); (handle object, double *d1, *d2, *d3, *d4, *d5, *d6);	取得典型的延遲值，對於資料元素、模組路徑、時序檢查或模組輸入埠。
int	acc_fetch_direction	(handle object);	取得埠或端點的方向，如輸出、輸入或輸出入。
int	acc_fetch_edge	(handle path_or_tchk_term);	取得輸出或輸入端點路徑或時序檢查的邊緣型態
char *	acc_fetch_fullname	(handle object);	取得任何物件或模組路徑的完整層級名稱
int	acc_fetch_fulltype	(handle object);	取得物件的型態。傳回預先定義代表型態的整數常數。

表 B-4　提取常式 (續)

傳回值	名稱	引數列表	敘述
int	acc_fetch_index	(handle port_or_terminal);	取得邏輯閘、交換器、UDP 別名、模組的埠或端點的索引。第一個端點傳回零。
void	acc_fetch_location	(p_location loc_p, handle object);	取得 Verilog 原始檔中物件的位置。p_location是預先定義的資料結構包含檔案的檔名及行數。
char *	acc_fetch_name	(handle object);	取得模組內物件的別名或模組的路徑
int	acc_fetch_paramtype	(handle parameter);	取得參數、整數、字串、實數等的資料型態。
double	acc_fetch_paramval	(handle parameter);	取得參數或specparam的值。傳回整數、字串或倍精確浮點數。
int	acc_fetch_polarity	(handle path);	取得路徑的極性
int	acc_fetch_precision	( );	取得模擬時間的準確度
bool	acc_fetch_pulsere	(handle path, double *r1, double *e1, double *r2, double *e2.........)	取得模組路徑的脈衝控制值,根據變遷的 reject 與 e_value 兩個值。
int	acc_fetch_range	(handle vector, int *msb, int *lsb);	取得向量的最高位元與最低位元的範圍
int	acc_fetch_size	(handle object);	取得接線、暫存器、埠的位元數目。
double	acc_fetch_tfarg	(int arg#);	取得系統任務或函是引數的值,由 arg# 索引。
int	acc_fetch_tfarg_int	(int arg#);	取得系統任務或函是引數的整數值,由 arg# 索引。
char *	acc_fetch_tfarg_str	(int arg#);	取得系統任務或函是引數的字串值,由 arg#索引。
void	acc_fetch_timescale_info	(handle object, p_timescale_info timescale_p);	取得物件的時間比例資訊。p_timescale_info是一個預先定義的時間比例資料結構的指標。
int	acc_fetch_type	(handle object);	取得物件的型態。傳回預先定義的整數常數,如 accIntegerVar、accModule 等。
char *	acc_fetch_type_str	(handle object);	取得字串格式的物件型態。傳回字串,如accIntegerVar、accParameter等。
char *	acc_fetch_value	(handle object, char *format);	取得接線、暫存器或變數的邏輯或強度 s

Chapter **B**

B.2.5　工具存取常式

工具存取常式提供各式各樣的有關存取常式的運算。

表 B-5　工具存取常式

傳回值	名稱	引數列表	敘述
void	acc_close	( );	釋放存取常式所用的記憶體並且清除所有的組態參數到內定值
handle *	acc_collect	(handle *next_routine, handle ref_object, int *count);	收集關於特殊參考物件的所有物件，經由連續呼叫 acc_next 常式。傳回處理權陣列。
bool	acc_compare_handles	(handle object1, handle object2);	傳回真值，如果兩個處理權參照相同的物件。
void	acc_configure	(int config_param, char * config_value);	設定參數控制不同的存取常式的運作
int	acc_count	(handle *next_routine, handle ref_object);	計數在一個參考物件中物件的個數，經由連續呼叫 acc_next 常式。
void	acc_free	(handle *object_handles);	釋放由 acc_collect 配置的記憶體用來儲存物件處理權
void	acc_initialize	( );	清除所有的存取函式組態參數。當進入使用者定義 PLI 常式時呼叫。
bool	acc_object_in_typelist	(handle object, int object_types[]);	符合物件型態或特性經由型態或特性的陣列
bool	acc_object_of_type	(handle object, int object_type);	符合物件型態或特性經由特別的型態或特性
int	acc_product_type	( );	取得使用中軟體的型態
char *	acc_product_version	( );	取得使用中軟體的版本
int	acc_release_object	(handle object);	解除輸入或輸出端點路徑的記憶體配置
void	acc_reset_buffer	( );	重置字串緩衝器
handle	acc_set_interactive_scope	( );	設定軟體實現的交談範圍
void	acc_set_scope	(handle module, char *module name);	設定在設計層級搜尋物件的範圍
char *	acc_version	( );	取得使用中的存取常式的版本

B.2.6　修改常式

修改常式可修改內部資料結構。

表 B-6　修改常式

傳回值	名稱	引數列表	敘述
void	acc_append_delays	(handle object, double rise, double fall, double a); or(handle object, double d1, ..., double d6); or(handle object, double limit); or(handle object double delay[]);	在現存的資料元素、模組路徑、時序檢查獲模組輸入埠的延遲值上增加延遲。可詳列上昇/下降/關閉或是 6 延遲或是時序檢查或是 mm:typ:max 的格式。
bool	acc_append_pulsere	(handle path, double r1, ..., double r12, double e1, ..., double e12);	增加現存模組路徑的時脈控制值
void	acc_replace_delays	(handle object, double rise, double fall, double a); or	(handle object, double d1, ..., double d6); or
(handle object, double limit); or	(handle object double delay[]);	取代資料元素、模組路徑、時序檢查獲模組輸入埠的延遲值。可詳列上昇／下降／關閉或是 6 組延遲或是時序檢查或是 mm:typ:max 的格式	bool
acc_replace_pulsere	(handle path, double r1, ..., double r12, double e1, ..., double e12);	設定模組路徑的時脈控制值，以路徑延遲的百分比	void
acc_set_pulsere	(handle path, double reject, double e);	設定模組路徑的時脈控制百分比	void
acc_set_value	(handle object, p_setval_value value_P, p_setval_delay delay_P);	設定暫存器或循序UDP的數值	取得下個較高的接線連接

B.3　　工具(tf_)常式 (Utility (tf_) Routines)

工具常式(tf_)是用來在 Verilog/使用者 C 常式邊界雙向的傳遞資料。所有的 tf_常式，都假設在目前的別名內執行。每一個 tf_都有反面的 tf_i 常式，使得運算所進行的別名指標，必須在引數列之後傳遞額外的引數。

Chapter　B

B.3.1　取得呼叫任務與函式的資訊

表 B-7　取得呼叫任務與函式的資訊

傳回值	名稱	引數列表	敘述
char *	tf_getinstance	( );	取得指標指向呼叫使用者 PLI 應用程式的系統任務或函式
char *	tf_mipname	( );	取得包含呼叫使用者 PLI 應用程式模擬模組的 Verilog 層級路徑名稱
char *	tf_ispname	( )	取得包含呼叫使用者 PI 應用程式範圍的 Verilog 層級路徑名稱

B.3.2　取得引數列的資訊

表 B-8　取得引數列的資訊

傳回值	名稱	引數列表	敘述
int	tf_nump	( );	取得引數列中參數的數目
int	tf_typep	(int param_index#);	取得引數列中某個特別參數的型態
int	tf_sizep	(int param_index#);	取得參數的位元長度
t_tfexprinfo	tf_expinfo	(int param_index#, struct t_tfexprinfo *exprinfo_p);	取得關於參數表示式的資訊
t_tfexprinfo *	tf_nodeinfo	(int param_index#, struct t_tfexprinfo *exprinfo_p);	取得關於節點數值參數的資訊

B.3.3　取得參數值

表 B-9　取得參數值

傳回值	名稱	引數列表	敘述
int	tf_getp	(int param_index#);	取得整數型態的參數值
double	tf_getrealp	(int param_index#);	取得倍精確浮點型態的參數值
int	tf_getlongp	(int *aof_highvalue, int para_index#);	取得長 64 位元整數型態的參數值
char *	tf_strgetp	(int param_index#, char format_character);	取得格式化字串型態的參數值
char *	tf_getcstringp	(int param_index#);	取得 C 語言字串型態的參數值
void	tf_evaluatep	(int param_index#);	對參數表示式做運算並取得結果

B.3.4　放置參數值

表 B-10　放置參數值

傳回值	名稱	引數列表	敘述
void	tf_putp	(int param_index#, int value);	傳回整數值到呼叫的任務或函式
void	tf_putrealp	(int param_index#, double value);	傳回倍精確浮點值到呼叫的任務或函式
void	tf_putlongp	(int param_index#, int low-value, int highvalue);	傳回倍精確 64 位元整數值到呼叫的任務或函式
void	tf_propagatep	(int param_index#);	傳送節點參數值
int	tf_strdelputp	(int param_index#, int bit-length, char format_char, int delay, int delaytype, char * value_p);	傳回值並依據參數對事件排裎。數值是以格式化的字串,延遲是以整數表示。
int	tf_strrealdelputp	(int param_index#, int bit-length, char format_char, int delay, double delaytype, char *value_p);	傳回字串值並附上實數延遲
int	tf_strlongdelputp	(int param_index#, int bit-length, char format_char, int lowdelay, int highdelay, int delaytype, char *value_p);	傳回字串值並附上長延遲

B.3.5　監看參數的變化

表 B-11　監看參數的變化

傳回值	名稱	引數列表	敘述
void	tf_asynchon	( );	當參數改變數值則啓動使用者 PLI 常式
void	tf_asynchoff	( );	使非同步呼叫失效
void	tf_synchronize	( );	同步參數改變數值的時間到目前模擬時間槽的結束
void	tf_rosynchronize	( );	在目前模擬的時間槽同步參數改變數值的時間並抑制新的事件產生
int	tf_getpchange	(int param_index#);	取得產生變化的參數個數
int	tf_copypvc_flag	(int param_index#);	複製參數數值變化旗標
int	tf_movepvc_flag	(int param_index#);	儲存參數數值變化旗標
int	tf_testpvc_flag	(int param_index#);	測試參數數值變化旗標

Chapter　B

B.3.6　同步化任務

表 B-12　同步化任務

傳回值	名稱	引數列表	敘述
int	tf_gettime	( );	取得以整數型態表示的目前模
	tf_getrealtime		
int	tf_getlongtime	(int *aof_hightime);	取得以長整數型態表示的目前模擬時間
char *	tf_strgettime	( );	取得以字串表示的目前模擬時間
int	tf_getnextlongtime	(int *aof_lowtime, int *aof_high-time);	取得下一個排程的模擬物件的時間
int	tf_setdelay	(int delay);	在以整數值為延遲的未來時間重新觸發使用者任務
int	tf_setlongdelay	(int lowdelay, int highdelay);	在以長整數值為延遲的未來時間重新觸發使用者任務
int	tf_setrealdelay	(double delay, char *instance);	在特定模擬時間觸發 misctf 應用
void	tf_scale_longdelay	(char *instance, int lowdelay, int hidelay, int *aof_lowtime, int * aof_hightime);	轉換 64 位元整數延遲到內部模擬時間單位
void	tf_scale_realdelay	(char *instance, double delay, doubel *aof_realdelay);	轉換倍精確浮點延遲到內部模擬時間單位
void	tf_unscale_longdelay	(char *instance, int lowdelay, int hidelay, int *aof_lowtime, int * aof_hightime);	把延遲時間由內部模擬時間單位轉換同樣時間比例的特定模組
void	tf_unscale_realdelay	(char *instance, double delay, doubel *aof_realdelay);	把延遲時間由內部模擬時間單位轉換同樣時間比例的特定模組
void	tf_clearalldelays	( );	清除所有重新觸發的延遲
int	tf_strdelputp	(int param_index#, int bitlength, char format_char, int delay, int delaytype, char *value_p),	傳回參數的數值並排程。數值是以格式化的字串與整數延遲所表示
int	tf_strrealdelputp	(int param_index#, int bitlength, char format_char, int delay, double delaytype, char *value_p);	傳回字串值並附上實數延遲
int	tf_strlongdelputp	(int param_index#, int bitlength, char format_char, int lowdelay, int highdelay, int delaytype, char *value_p);	傳回字串值並附上長延遲

B.3.7　長算術

表 B-13　長算術

傳回值	名稱	引數列表	敘述
void	tf_add_long	(int *aof_low1, int *aof_high1, int low2, int high2);	相加兩個 64 位元長數值
void	tf_subtract_long	(int *aof_low1, int *aof_high1, int low2, int high2);	相減兩個長數值
void	tf_multiply_long	(int *aof_low1, int *aof_high1, int low2, int high2);	相乘兩個長數值
void	tf_divide_long	(int *aof_low1, int *aof_high1, int low2, int high2);	相除兩個長數值
int	tf_compare_long	(int low1, int high1, int low2, int high2);	比較兩個長數值
char *	tf_longtime_tostr	(int lowtime, int hightime)	轉換長數值到字串
void	tf_real_to_long	(double real, int *aof_low, int *aof_high);	轉換實數到 64 位元整數
void	tf_long_to_real	(int low, int high, double * aof_real);	轉換長整數到實數

B.3.8　顯示訊息

表 B-14　顯示訊息

傳回值	名稱	引數列表	敘述
void	io_printf	(char *format, arg1,......);	將訊息寫到標準輸出或記錄檔
void	io_modprintf	(char *format, arg1,......);	將訊息寫到多頻道的描述符號檔
void	tf_error	(char *format, arg1,......);	列印錯誤訊息
void	tf_warning	(char *format, arg1,......);	列印警告訊息
void	tf_message	(int level, char facility, char code, char *message, arg1, ...)	利用 Verilog 模擬器提供的標準錯誤處理權設備列印錯誤和警告訊息
void	tf_text	(char *format, arg1,......);	儲存錯誤訊息到暫存器。當 tf_message 被呼叫則顯示出來。

Chapter　B

B.3.9　各式的工具常式

表 B-15　各式的工具常式

傳回值	名稱	引數列表	敘述
void	tf_dostop	( );	中止模擬並進入交談模式
void	tf_dofinish	( );	終止模擬
char *	mc_scanplus_args	(char *startarg);	在交談模式取得命令列選項
void	tf_write_save	(char *blockptr, int block-length);	將 PLI 應用資料寫入儲存檔
int	tf_read_restart	(char *blockptr, int block-length);	取得先前寫入儲存檔的區塊資料
void	tf_read_restore	(char *blockptr, int block-length);	取回儲存檔的資料
void	tf_dumpflush	( );	將參數值的變化傾印至系統傾印檔
char *	tf_dumpfilename	( );	取得系統傾印檔的名稱

B.3.10　管理任務

表 B-16　管理任務

傳回值	名稱	引數列表	敘述
void	tf_setworkarea	(char *workarea);	儲存指標指向 PLI 應用任務/函式別名的工作區
char *	tf_getworkarea	( );	取回指向工作區的指標
void	tf_setroutine	(char (*routine)());	儲存指標指向 PLI 應用任務/函式
char *	tf_getroutine	( );	取回指標指向 PLI 應用任務/函式
void	tf_settflist	(char *tflist);	儲存指標指向 PLI 應用任務/函式別名
char *	tf_gettflist	( );	取回指標指向 PLI 應用任務/函式別名

附錄 **C**

關鍵字、系統任務、
編譯器指令的列表
(List of Keywords, System Tasks,
and Compiler Directives)

C.1 關鍵字

C.2 系統任務與函式

C.3 編譯器指令

VERILOG
Hardware Descriptive Language

C.1　　關鍵字 (Keywords 385)

關鍵字[1]是預先定義、非跳脫的確認字，用來定義語言的結構。可跳脫的確認字並非關鍵字。所有的關鍵字都定義為小寫。下表依照字母順序編排。

always	ifnone	rnmos
and	incdir	rpmos
assign	include	rtran
automatic	initial	rtranif0
begin	inout	rtranif1
buf	input	scalared
bufif0	instance	showcancelled
bufif1	integer	signed
case	join	small
casex	large	specify
casez	liblist	specparam
cell	library	strong0
cmos	localparam	strong1
config	macromodule	supply0
deassign	medium	supply1
default	module	table
defparam	nand	task
design	negedge	time
disable	nmos	tran
edge	nor	tranif0
else	noshowcancelled	tranif1
end	not	tri
endcase	notif0	tri0
endconfig	notif1	tri1
endfunction	or	triand
endgenerate	output	trior
endmodule	parameter	trireg
endprimitive	pmos	unsigned
endspecify	posedge	use
endtable	primitive	vectored
endtask	pull0	wait
event	pull1	wand
for	pulldown	weak0
force	pullup	weak1
forever	pulsestyle_onevent	while
fork	pulsestyle_ondetect	wire
function	rcmos	wor
generate	real	xnor
genvar	realtime	xor
highz0	reg	
highz1	release	
if	repeat	

註 1　　依照 IEEE Std. 1364-2001 而來。IEEE 擁有其著作權。

C.2　系統任務與函式 (System Tasks and Functions 387)

以下列的是 Verilog 模擬器中關於系統任務與函式的常用關鍵字列表。並非所有的系統任務與函式在本書中都有解釋。詳細的內容請參考 Verilog HDL Language Reference Manual。下表依照字母順序編排。

$bitstoreal	$countdrivers	$display	$fclose
$fdisplay	$fmonitor	$fopen	$fstorbe
$fwrite	$finish	$getpattern	$history
$incsave	$input	$itor	$key
$list	$log	$monitor	$monitoroff
$monitoron	$nokey		

C.3　編譯器指令 (Compiler Directives 387)

以下所列的是 Verilog 模擬器中關於特定編譯器指令的常用關鍵字列表，只有最常用的指令才列出。詳細的內容請參考 Verilog HDL Language Reference Manual。下表依照字母順序編排。

`accelerate	`autoexpand_vectornets	`celldefine
`default_nettype	`define	`define
`else	`elsif `endcelldefine	`endif
`endprotect	`endprotected	`expand_vectornets
`ifdef	`ifndef `include	`no accelerate
`noexpand_vectornets	`noremove_gatenames	`nounconnected_drive
`protect	`protected	`remove_gatenames
`remove_netnames	`resetall	`timescale
`unconnected_drive		

Chapter C

附錄 **D**

正式的語法定義
(Formal Syntax Definition)

D.1 Source Text

D.2 Declarations

D.3 Primitive Instances

D.4 Module and Generated Instantiation

D.5 UDP Declaration and Instantiation

D.6 Behavioral Statements

D.7 Specify Section

D.8 Expressions

D.9 General

VERILOG
Hardware Descriptive Language

　　這個部分包含 Verilog-2001 標準的 Backus-Naur 形式(BNF)正式的定義[1]，正式定義包含 Verilog HDL 的每一個可能用法的描述。因此，在對某一個 VerilogDHL 語法的使用有所疑慮時，這個章節將非常有用。

　　雖然BNF一開始可能不太容易被理解，底下的說明可以幫助讀者瞭解正式語法格式。

1.　粗體字表示字面原意(Literal Word，也稱為 Terminal)。例如：module。

2.　非粗體字(有時附帶底線)表示句法的類型(Syntactic Category，也稱為 Non Terminal)。例如：port_identifier。

3.　句法類型以下列形式來定義：syntactic_category ::= definition

4.　[ ] 角括弧(非粗體)括住選擇性的項目。

5.　{ } 大括弧(非粗體)括住可重複零或多次的項目。

6.　| 垂直線(非粗體)用來分開可替代的項目。

註 1　依照IEEE Std. 1364-2001 而來。IEEE 擁有其著作權。下面的項目整理了正式語法描述的格式：
　　　1. From IEEE Std. 1364-2001. Copyright 2001 IEEE. All rights reserved.

D.1　Source Text

D.1.1　Library Source Text

library_text ::= { library_descriptions }

library_descriptions ::=

　　　library_declaration

　　| include_statement

　　| config_declaration

library_declaration ::=

　　　library library_identifier file_path_spec [{ , file_path_spec }]

　　　[**-incdir** file_path_spec [{ , file_path_spec }] ;

file_path_spec ::= file_path

include_statement ::= **include** <file_path_spec> ;

D.1.2　Configuration Source Text

config_declaration ::=

　　　config config_identifier ;

　　　design_statement

　　　{ config_rule_statement }

　　　endconfig

design_statement ::= **design** { [library_identifier.]cell_identifier } ;

config_rule_statement ::=

　　　default_clause liblist_clause

　　| inst_clause liblist_clause

　　| inst_clause use_clause

　　| cell_clause liblist_clause

　　| cell_clause use_clause

default_clause ::= **default**

inst_clause ::= **instance** inst_name

inst_name ::= topmodule_identifier{.instance_identifier}

cell_clause ::= **cell** [library_identifier.]cell_identifier

liblist_clause ::= **liblist** [{library_identifier}]

use_clause ::= **use** [library_identifier.]cell_identifier[:config]

Chapter D

D.1.3　Module and Primitive Source Text

source_text ::= { description }

description ::=

       module_declaration

    | udp_declaration

module_declaration ::=

      { attribute_instance } module_keyword module_identifier [module_parameter_port_list]

          [list_of_ports] ; { module_item }

        endmodule

    | { attribute_instance } module_keyword module_identifier [module_parameter_port_list]

          [list_of_port_declarations] ; { non_port_module_item }

        endmodule

module_keyword ::= **module** | **macromodule**

D.1.4　Module Parameters and Ports

module_parameter_port_list ::= # (parameter_declaration { , parameter_declaration })

list_of_ports ::= (port { , port })

list_of_port_declarations ::=

      (port_declaration { , port_declaration })

    | ( )

port ::=

      [port_expression]

    | .port_identifier ([port_expression])

port_expression ::=

      port_reference

    | {port_reference { , port_reference } }

port_reference ::–

      port_identifier

    | port_identifier [constant_expression]

      port_identifier [range_expression]

port_declaration ::=

      {attribute_instance} inout_declaration

    | {attribute_instance} input_declaration

    | {attribute_instance} output_declaration

D.1.5 Module Items

module_item ::=

    module_or_generate_item

    | port_declaration ;

    | { attribute_instance } generated_instantiation

    | { attribute_instance } local_parameter_declaration

    | { attribute_instance } parameter_declaration

    | { attribute_instance } specify_block

    | { attribute_instance } specparam_declaration

module_or_generate_item ::=

    { attribute_instance } module_or_generate_item_declaration

    | { attribute_instance } parameter_override

    | { attribute_instance } continuous_assign

    | { attribute_instance } gate_instantiation

    | { attribute_instance } udp_instantiation

    | { attribute_instance } module_instantiation

    | { attribute_instance } initial_construct

    | { attribute_instance } always_construct

module_or_generate_item_declaration ::=

    net_declaration

    | reg_declaration

    | integer_declaration

    | real_declaration

    | time_declaration

    | realtime_declaration

    | event_declaration

    | genvar_declaration

    | task_declaration

    | function_declaration

non_port_module_item ::=

    { attribute_instance } generated_instantiation

    | { attribute_instance } local_parameter_declaration

    | { attribute_instance } module_or_generate_item

Chapter **D**

    | { attribute_instance } parameter_declaration
    | { attribute_instance } specify_block
    | { attribute_instance } specparam_declaration
parameter_override ::= **defparam** list_of_param_assignments ;

D.2   Declarations

D.2.1   Declaration Types

Module parameter declarations

local_parameter_declaration ::=
        localparam [**signed**] [range] list_of_param_assignments ;
        | **localparam integer** list_of_param_assignments ;
        | **localparam real** list_of_param_assignments ;
        | **localparam realtime** list_of_param_assignments ;
        | **localparam time** list_of_param_assignments ;
parameter_declaration ::=
        parameter [**signed**] [range] list_of_param_assignments ;
        | **parameter integer** list_of_param_assignments ;
        | **parameter real** list_of_param_assignments ;
        | **parameter realtime** list_of_param_assignments ;
        | **parameter time** list_of_param_assignments ;
specparam_declaration ::= **specparam** [range] list_of_specparam_assignments ;

Port declarations

inout_declaration ::= **inout** [net_type] [**signed**] [range]
            list_of_port_identifiers
input_declaration ::= **input** [net_type] [**signed**] [range]
            list_of_port_identifiers
output_declaration ::=
        output [net_type] [**signed**] [range]
            list_of_port_identifiers
        | **output** [**reg**] [**signed**] [range]

```
                list_of_port_identifiers
    | output reg [ signed ] [ range ]
            list_of_variable_port_identifiers
    | output [ output_variable_type ]
            list_of_port_identifiers
    | output output_variable_type
            list_of_variable_port_identifiers
```

Type declarations

```
event_declaration ::= event list_of_event_identifiers ;
genvar_declaration ::= genvar list_of_genvar_identifiers ;
integer_declaration ::= integer list_of_variable_identifiers ;
net_declaration ::=
        net_type [ signed ]
            [ delay3 ] list_of_net_identifiers ;
    | net_type [ drive_strength ] [ signed ]
            [ delay3 ] list_of_net_decl_assignments ;
    | net_type [ vectored | scalared ] [ signed ]
            range [ delay3 ] list_of_net_identifiers ;
    | net_type [ drive_strength ] [ vectored | scalared ] [ signed ]
            range [ delay3 ] list_of_net_decl_assignments ;
    | trireg [ charge_strength ] [ signed ]
            [ delay3 ] list_of_net_identifiers ;
    | trireg [ drive_strength ] [ signed ]
            [ delay3 ] list_of_net_decl_assignments ;
    | trireg [ charge_strength ] [ vectored | scalared ] [ signed ]
            range [ delay3 ] list_of_net_identifiers ;
    | trireg [ drive_strength ] [ vectored | scalared ] [ signed ]
            range [ delay3 ] list_of_net_decl_assignments ;
real_declaration ::= real list_of_real_identifiers ;
realtime_declaration ::= realtime list_of_real_identifiers ;
reg_declaration ::= reg [ signed ] [ range ]
            list_of_variable_identifiers ;
time_declaration ::= time list_of_variable_identifiers ;
```

Chapter D

D.2.2　Declaration Data Types

Net and variable types

net_type ::=

      supply0 | **supply1**

      | **tri** | **triand** | **trior** | **tri0** | **tri1**

      | **wire** | **wand** | **wor**

output_variable_type ::= **integer** | **time**

real_type ::=

      real_identifier [= constant_expression]

      | real_identifier dimension { dimension }

variable_type ::=

      variable_identifier [= constant_expression]

      | variable_identifier dimension { dimension }

Strengths

drive_strength ::=

      (strength0 , strength1)

      | (strength1 , strength0)

      | (strength0 , **highz1**)

      | (strength1 , **highz0**)

      | (**highz0** , strength1)

      | (**highz1** , strength0)

strength0 ::= **supply0** | **strong0** | **pull0** | **weak0**

strength1 ::= **supply1** | **strong1** | **pull1** | **weak1**

charge_strength ::= (**small**) | (**medium**) | (**large**)

Delays

delay3 ::= # delay_value | # (delay_value [, delay_value [, delay_value]])

delay2 ::= # delay_value | # (delay_value [, delay_value])

delay_value ::=

      unsigned_number

      | parameter_identifier

      | specparam_identifier

      | mintypmax_expression

D.2.3　Declaration Lists

list_of_event_identifiers ::= event_identifier [dimension { dimension }]
        { , event_identifier [dimension { dimension }] }
list_of_genvar_identifiers ::= genvar_identifier { , genvar_identifier }
list_of_net_decl_assignments ::= net_decl_assignment { , net_decl_assignment }
list_of_net_identifiers ::= net_identifier [dimension { dimension }]
        { , net_identifier [dimension { dimension }] }
list_of_param_assignments ::= param_assignment { , param_assignment }
list_of_port_identifiers ::= port_identifier { , port_identifier }
list_of_real_identifiers ::= real_type { , real_type }
list_of_specparam_assignments ::= specparam_assignment { , specparam_assignment }
list_of_variable_identifiers ::= variable_type { , variable_type }
list_of_variable_port_identifiers ::= port_identifier [= constant_expression]
        { , port_identifier [= constant_expression] }

D.2.4　Declaration Assignments

net_decl_assignment ::= net_identifier = expression
param_assignment ::= parameter_identifier = constant_expression
specparam_assignment ::=
    specparam_identifier = constant_mintypmax_expression
  | pulse_control_specparam
pulse_control_specparam ::=
    PATHPULSE$ = (reject_limit_value [, error_limit_value]) ;
    | **PATHPULSE$**specify_input_terminal_descriptor$specify_output_terminal_descriptor =
        (reject_limit_value [, error_limit_value]) ;
error_limit_value ::= limit_value
reject_limit_value ::= limit_value
limit_value ::= constant_mintypmax_expression

D.2.5　Declaration Ranges

dimension ::= [dimension_constant_expression : dimension_constant_expression]
range ::= [msb_constant_expression : lsb_constant_expression]

Chapter **D**

D.2.6　Function Declarations

function_declaration ::=

      function [**automatic**] [**signed**] [range_or_type] function_identifier ;

      function_item_declaration { function_item_declaration }

      function_statement

      endfunction

     | **function** [**automatic**] [**signed**] [range_or_type] function_identifier

          (function_port_list) ;

      block_item_declaration { block_item_declaration }

      function_statement

      endfunction

function_item_declaration ::=

      block_item_declaration

     | tf_input_declaration ;

function_port_list ::= { attribute_instance } tf_input_declaration { , { attribute_instance }

          tf_input_declaration }

range_or_type ::= range | integer | real | realtime | time

D.2.7　Task Declarations

task_declaration ::=

      task [**automatic**] task_identifier ;

      { task_item_declaration }

      statement

      endtask

     | **task** [**automatic**] task_identifier (task_port_list) ;

      { block_item_declaration }

      statement

      endtask

task_item_declaration ::=

      block_item_declaration

     | { attribute_instance } tf_input_declaration ;

     | { attribute_instance } tf_output_declaration ;

     | { attribute_instance } tf_inout_declaration ;

task_port_list ::= task_port_item { , task_port_item }
task_port_item ::=
　　　{ attribute_instance } tf_input_declaration
　　　| { attribute_instance } tf_output_declaration
　　　{ attribute_instance } tf_inout_declaration
tf_input_declaration ::=
　　　input [**reg**] [**signed**] [range] list_of_port_identifiers
　　　| **input** [task_port_type] list_of_port_identifiers
tf_output_declaration ::=
　　　output [**reg**] [**signed**] [range] list_of_port_identifiers
　　　| **output** [task_port_type] list_of_port_identifiers
tf_inout_declaration ::=
　　　inout [**reg**] [**signed**] [range] list_of_port_identifiers
　　　| **inout** [task_port_type] list_of_port_identifiers
task_port_type ::=
　　　time | **real** | **realtime** | **integer**

D.2.8　Block Item Declarations

block_item_declaration ::=
　　　{ attribute_instance } block_reg_declaration
　　　| { attribute_instance } event_declaration |
　　　| { attribute_instance } integer_declaration
　　　| { attribute_instance } local_parameter_declaration
　　　| { attribute_instance } parameter_declaration
　　　| { attribute_instance } real_declaration
　　　| { attribute_instance } realtime_declaration
　　　| { attribute_instance } time_declaration
block_reg_declaration ::= **reg** [**signed**] [range]
　　　　　list_of_block_variable_identifiers ;
list_of_block_variable_identifiers ::=
　　　　block_variable_type { , block_variable_type }
block_variable_type ::=
　　　variable_identifier
　　　| variable_identifier dimension { dimension }

Chapter　D

D.3　Primitive Instances

D.3.1　Primitive Instantiation and Instances

gate_instantiation ::=

      cmos_switchtype [delay3]

           cmos_switch_instance { , cmos_switch_instance } ;

    | enable_gatetype [drive_strength] [delay3]

           enable_gate_instance { , enable_gate_instance } ;

    | mos_switchtype [delay3]

           mos_switch_instance { , mos_switch_instance } ;

    | n_input_gatetype [drive_strength] [delay2]

           n_input_gate_instance { , n_input_gate_instance } ;

    | n_output_gatetype [drive_strength] [delay2]

           n_output_gate_instance { , n_output_gate_instance } ;

    | pass_en_switchtype [delay2]

           pass_enable_switch_instance { , pass_enable_switch_instance

    | pass_switchtype

           pass_switch_instance { , pass_switch_instance } ;

    | **pulldown** [pulldown_strength]

           pull_gate_instance { , pull_gate_instance } ;

    | **pullup** [pullup_strength]

           pull_gate_instance { , pull_gate_instance } ;

cmos_switch_instance ::= [name_of_gate_instance] (output_terminal , input_terminal ,

      ncontrol_terminal , pcontrol_terminal)

enable_gate_instance ::= [name_of_gate_instance] (output_terminal , input_terminal ,

      enable_terminal)

mos_switch_instance ::= [name_of_gate_instance] (output_terminal , input_terminal ,

        enable_terminal)

n_input_gate_instance ::= [name_of_gate_instance] (output_terminal , input_terminal { ,

        input_terminal })

n_output_gate_instance ::= [name_of_gate_instance] (output_terminal { , output_terminal }

        , input_terminal)

pass_switch_instance ::= [name_of_gate_instance] (inout_terminal , inout_terminal)
pass_enable_switch_instance ::= [name_of_gate_instance] (inout_terminal , inout_terminal
　　　　　, enable_terminal)
pull_gate_instance ::= [name_of_gate_instance] (output_terminal)
name_of_gate_instance ::= gate_instance_identifier [range]

D.3.2　Primitive Strengths

pulldown_strength ::=
　　　(strength0 , strength1)
　　| (strength1 , strength0)
　　| (strength0)
pullup_strength ::=
　　　(strength0 , strength1)
　　| (strength1 , strength0)
　　| (strength1)

D.3.3　Primitive Terminals

enable_terminal ::= expression
inout_terminal ::= net_lvalue
input_terminal ::= expression
ncontrol_terminal ::= expression
output_terminal ::= net_lvalue
pcontrol_terminal ::= expression

D.3.4　Primitive Gate and Switch Types

cmos_switchtype ::= **cmos** | **rcmos**
enable_gatetype ::= **bufif0** | **bufif1** | **notif0** | **notif1**
mos_switchtype ::= **nmos** | **pmos** | **rnmos** | **rpmos**
n_input_gatetype ::= **and** | **nand** | **or** | **nor** | **xor** | **xnor**
n_output_gatetype ::= **buf** | **not**
pass_en_switchtype ::= **tranif0** | **tranif1** | **rtranif1** | **rtranif0**
pass_switchtype ::= **tran** | **rtran**

Chapter　D

D.4　Module and Generated Instantiation

D.4.1　Module Instantiation

module_instantiation ::=
  module_identifier [parameter_value_assignment]
   module_instance { , module_instance } ;
parameter_value_assignment ::= # (list_of_parameter_assignments)
list_of_parameter_assignments ::=
  ordered_parameter_assignment { , ordered_parameter_assignment }
  named_parameter_assignment { , named_parameter_assignment }
ordered_parameter_assignment ::= expression
named_parameter_assignment ::= . parameter_identifier ([expression])
module_instance ::= name_of_instance ([list_of_port_connections])
name_of_instance ::= module_instance_identifier [range]
list_of_port_connections ::=
  ordered_port_connection { , ordered_port_connection }
 | named_port_connection { , named_port_connection }
ordered_port_connection ::= { attribute_instance } [expression]
named_port_connection ::= { attribute_instance } .port_identifier ([expression])

D.4.2　Generated Instantiation

generated_instantiation ::= **generate** { generate_item } **endgenerate**
generate_item_or_null ::= generate_item | ;
generate_item ::=
  generate_conditional_statement
 | generate_case_statement
 | generate_loop_statement
 | generate_block
 | module_or_generate_item
generate_conditional_statement ::=
  if (constant_expression) generate_item_or_null [**else** generate_item_or_null]
generate_case_statement ::= **case** (constant_expression)
   genvar_case_item { genvar_case_item } **endcase**
genvar_case_item ::= constant_expression { , constant_expression } :

generate_item_or_null | **default** [:] generate_item_or_null

generate_loop_statement ::= **for** (genvar_assignment ; constant_expression ;

　　　　genvar_assignment)

　　　　begin : generate_block_identifier { generate_item } **end**

genvar_assignment ::= genvar_identifier = constant_expression

generate_block ::= **begin** [: generate_block_identifier] { generate_item } **end**

D.5　UDP Declaration and Instantiation

D.5.1　UDP Declaration

udp_declaration ::=

　　{ attribute_instance } **primitive** udp_identifier (udp_port_list) ;

　　udp_port_declaration { udp_port_declaration }

　　udp_body

　　endprimitive

　| { attribute_instance } **primitive** udp_identifier (udp_declaration_port_list) ;

　　udp_body

　　endprimitive

D.5.2　UDP Ports

udp_port_list ::= output_port_identifier , input_port_identifier { , input_port_identifier }

udp_declaration_port_list ::=

　　　udp_output_declaration , udp_input_declaration { , udp_input_declaration }

udp_port_declaration ::=

　　　udp_output_declaration ;

　| udp_input_declaration ;

　| udp_reg_declaration ;

udp_output_declaration ::=

　　　{ attribute_instance } **output** port_identifier

　| { attribute_instance } **output reg** port_identifier [= constant_expression]

udp_input_declaration ::= { attribute_instance } **input** list_of_port_identifiers

udp_reg_declaration ::= { attribute_instance } **reg** variable_identifier

Chapter **D**

D.5.3　UDP Body

udp_body ::= combinational_body | sequential_body

combinational_body ::= table combinational_entry { combinational_entry } **endtable**

combinational_entry ::= level_input_list : output_symbol ;

sequential_body ::= [udp_initial_statement] **table** sequential_entry { sequential_entry } **endtable**

udp_initial_statement ::= **initial** output_port_identifier = init_val ;

init_val ::= **1'b0** | **1'b1** | **1'bx** | **1'bX** | **1'B0** | **1'B1** | **1'Bx** | **1'BX** | **1** | **0**

sequential_entry ::= seq_input_list : current_state : next_state ;

seq_input_list ::= level_input_list | edge_input_list

level_input_list ::= level_symbol { level_symbol }

edge_input_list ::= { level_symbol } edge_indicator { level_symbol }

edge_indicator ::= (level_symbol level_symbol) | edge_symbol

current_state ::= level_symbol

next_state ::= output_symbol | -

output_symbol ::= **0** | **1** | **x** | **X**

level_symbol ::= **0** | **1** | **x** | **X** | **?** | **b** | **B**

edge_symbol ::= **r** | **R** | **f** | **F** | **p** | **P** | **n** | **N** | *****

D.5.4　UDP Instantiation

udp_instantiation ::= udp_identifier [drive_strength] [delay2]
udp_instance { , udp_instance } ;

udp_instance ::= [name_of_udp_instance] (output_terminal , input_terminal { ,
input_terminal })

name_of_udp_instance ::= udp_instance_identifier [range]

D.6　　Behavioral Statements

D.6.1　Continuous Assignment Statements

continuous_assign ::= **assign** [drive_strength] [delay3] list_of_net_assignments ;

list_of_net_assignments ::= net_assignment { , net_assignment }

net_assignment ::= net_lvalue = expression

D.6.2　Procedural Blocks and Assignments

initial_construct ::= **initial** statement

always_construct ::= **always** statement

blocking_assignment ::= variable_lvalue = [delay_or_event_control] expression

nonblocking_assignment ::= variable_lvalue <= [delay_or_event_control] expression

procedural_continuous_assignments ::=

     assign variable_assignment

    | **deassign** variable_lvalue

    | **force** variable_assignment

    | **force** net_assignment

    | **release** variable_lvalue

    | **release** net_lvalue

function_blocking_assignment ::= variable_lvalue = expression

function_statement_or_null ::=

    function_statement

    | { attribute_instance } ;

D.6.3　Parallel and Sequential Blocks

function_seq_block ::= **begin** [: block_identifier

    { block_item_declaration }] { function_statement } **end**

variable_assignment ::= variable_lvalue = expression

par_block ::= **fork** [: block_identifier

    { block_item_declaration }] { statement } **join**

seq_block ::= **begin** [: block_identifier

    { block_item_declaration }] { statement } **end**

D.6.4　Statements

statement ::=

    { attribute_instance } blocking_assignment ;

    | { attribute_instance } case_statement

    | { attribute_instance } conditional_statement

    | { attribute_instance } disable_statement

Chapter　D

    | { attribute_instance } event_trigger

    | { attribute_instance } loop_statement

    | { attribute_instance } nonblocking_assignment ;

    | { attribute_instance } par_block

    | { attribute_instance } procedural_continuous_assignments ;

    | { attribute_instance } procedural_timing_control_statement

    | { attribute_instance } seq_block

    | { attribute_instance } system_task_enable

    | { attribute_instance } task_enable

    | { attribute_instance } wait_statement

statement_or_null ::=

    statement

    | { attribute_instance } ;

function_statement ::=

    { attribute_instance } function_blocking_assignment ;

    | { attribute_instance } function_case_statement

    | { attribute_instance } function_conditional_statement

    | { attribute_instance } function_loop_statement

    | { attribute_instance } function_seq_block

    | { attribute_instance } disable_statement

    | { attribute_instance } system_task_enable

D.6.5   Timing Control Statements

delay_control ::=

    # delay_value

    | # (mintypmax_expression)

delay_or_event_control ::=

    delay_control

    | event_control

    | **repeat** (expression) event_control

disable_statement ::=

    disable hierarchical_task_identifier ;

    | **disable** hierarchical_block_identifier ;

event_control ::=

```
        @ event_identifier
    | @ ( event_expression )
    | @*
    | @ (*)
event_trigger ::=
        -> hierarchical_event_identifier ;
event_expression ::= expression
    | hierarchical_identifier
    | posedge expression
    | negedge expression
    | event_expression or event_expression
    | event_expression , event_expression
procedural_timing_control_statement ::=
        delay_or_event_control statement_or_null
wait_statement ::=
        wait ( expression ) statement_or_null
```

D.6.6　Conditional Statements

```
conditional_statement ::=
        if ( expression )
                statement_or_null [ else statement_or_null ]
    | if_else_if_statement
if_else_if_statement ::=
        if ( expression ) statement_or_null
        { else if ( expression ) statement_or_null }
        [ else statement_or_null ]
function_conditional_statement ::=
        if ( expression ) function_statement_or_null
                [ else function_statement_or_null ]
    | function_if_else_if_statement
function_if_else_if_statement ::=
        if ( expression ) function_statement_or_null
        { else if ( expression ) function_statement_or_null }
        [ else function_statement_or_null ]
```

Chapter **D**

D.6.7　Case Statements

case_statement ::=
      case (expression)
            case_item { case_item } **endcase**
    | **casez** (expression)
            case_item { case_item } **endcase**
    | **casex** (expression)
            case_item { case_item } **endcase**
case_item ::=
     expression { , expression } : statement_or_null
    | **default** [:] statement_or_null
function_case_statement ::=
      case (expression)
            function_case_item { function_case_item } **endcase**
    | **casez** (expression)
            function_case_item { function_case_item } **endcase**
    | **casex** (expression)
            function_case_item { function_case_item } **endcase**
function_case_item ::=
     expression { , expression } : function_statement_or_null
    | **default** [:] function_statement_or_null

D.6.8　Looping Statements

function_loop_statement ::=
      forever function_statement
    | **repeat** (expression) function_statement
    | **while** (expression) function_statement

    | **for** (variable_assignment ; expression ; variable_assignment)
         function_statement
loop_statement ::=
     forever statement
    | repeat (expression) statement

| while (expression) statement

| for (variable_assignment ; expression ; variable_assignment)

　　statement

D.6.9　Task Enable Statements

system_task_enable ::= system_task_identifier [(expression { , expression })] ;

task_enable ::= hierarchical_task_identifier [(expression { , expression })] ;

D.7　　Specify Section

D.7.1　Specify Block Declaration

specify_block ::= **specify** { specify_item } **endspecify**

specify_item ::=

　　specparam_declaration

　| pulsestyle_declaration

　| showcancelled_declaration

　| path_declaration

　| system_timing_check

pulsestyle_declaration ::=

　　pulsestyle_onevent list_of_path_outputs ;

　| **pulsestyle_ondetect** list_of_path_outputs ;

showcancelled_declaration ::=

　　showcancelled list_of_path_outputs ;

　| **noshowcancelled** list_of_path_outputs ;

D.7.2　Specify Path Declarations

path_declaration ::=

　　simple_path_declaration ;

　| edge_sensitive_path_declaration ;

　| state_dependent_path_declaration ;

simple_path_declaration ::=

　　parallel_path_description = path_delay_value

Chapter D

      | full_path_description = path_delay_value

parallel_path_description ::=

     (specify_input_terminal_descriptor [polarity_operator] =>

               specify_output_terminal_descriptor)

full_path_description ::=

     (list_of_path_inputs [polarity_operator] *> list_of_path_outputs)

list_of_path_inputs ::=

     specify_input_terminal_descriptor { , specify_input_terminal_descriptor }

list_of_path_outputs ::=

     specify_output_terminal_descriptor { , specify_output_terminal_descriptor }

D.7.3　Specify Block Terminals

specify_input_terminal_descriptor ::=

     input_identifier

     | input_identifier [constant_expression]

     | input_identifier [range_expression]

specify_output_terminal_descriptor ::=

     output_identifier

     | output_identifier [constant_expression]

     | output_identifier [range_expression]

input_identifier ::= input_port_identifier | inout_port_identifier

output_identifier ::= output_port_identifier | inout_port_identifier

D.7.4　Specify Path Delays

path_delay_value ::=

     list_of_path_delay_expressions

     | (list_of_path_delay_expressions)

list_of_path_delay_expressions ::=

     t_path_delay_expression

     | trise_path_delay_expression , tfall_path_delay_expression

     | trise_path_delay_expression , tfall_path_delay_expression , tz_path_delay_expression

     | t01_path_delay_expression , t10_path_delay_expression , t0z_path_delay_expression ,

     tz1_path_delay_expression , t1z_path_delay_expression , tz0_path_delay_expression

| t01_path_delay_expression , t10_path_delay_expression , t0z_path_delay_expression ,
tz1_path_delay_expression , t1z_path_delay_expression , tz0_path_delay_expression
t0x_path_delay_expression , tx1_path_delay_expression , t1x_path_delay_expression ,
tx0_path_delay_expression , txz_path_delay_expression , tzx_path_delay_expression
t_path_delay_expression ::= path_delay_expression trise_path_delay_expression ::=
path_delay_expression tfall_path_delay_expression ::= path_delay_expression
tz_path_delay_expression ::= path_delay_expression t01_path_delay_expression ::=
path_delay_expression t10_path_delay_expression ::= path_delay_expression
t0z_path_delay_expression ::= path_delay_expression tz1_path_delay_expression ::=
path_delay_expression t1z_path_delay_expression ::= path_delay_expression
tz0_path_delay_expression ::= path_delay_expression t0x_path_delay_expression ::=
path_delay_expression tx1_path_delay_expression ::= path_delay_expression
t1x_path_delay_expression ::= path_delay_expression tx0_path_delay_expression ::=
path_delay_expression txz_path_delay_expression ::= path_delay_expression
tzx_path_delay_expression ::= path_delay_expression path_delay_expression ::=
constant_mintypmax_expression
edge_sensitive_path_declaration ::=
      parallel_edge_sensitive_path_description = path_delay_value
    | full_edge_sensitive_path_description = path_delay_value
parallel_edge_sensitive_path_description ::=
      ([edge_identifier] specify_input_terminal_descriptor =>
            specify_output_terminal_descriptor [polarity_operator] : data_source_expression)
full_edge_sensitive_path_description ::=
      ([edge_identifier] list_of_path_inputs *>
            list_of_path_outputs [polarity_operator] : data_source_expression)
data_source_expression ::= expression
edge_identifier ::= **posedge | negedge**
state_dependent_path_declaration ::=
    if (module_path_expression) simple_path_declaration
    | **if** (module_path_expression) edge_sensitive_path_declaration
    | **ifnone** simple_path_declaration
polarity_operator ::= + | -

Chapter D

D.7.5 System Timing Checks

System timing check commands

system_timing_check ::=

     $setup_timing_check

    | $hold _timing_check

    | $setuphold_timing_check

    | $recovery_timing_check

    | $removal_timing_check

    | $recrem_timing_check

    | $skew_timing_check

    | $timeskew_timing_check

    | $fullskew_timing_check

    | $period_timing_check

    | $width_timing_check

    | $nochange_timing_check

$setup_timing_check ::=

    $setup (data_event , reference_event , timing_check_limit [, [notify_reg]]) ;

$hold _timing_check ::=

    $hold (reference_event , data_event , timing_check_limit [, [notify_reg]]) ;

$setuphold_timing_check ::=

    $setuphold (reference_event , data_event , timing_check_limit , timing_check_limit

            [, [notify_reg] [, [stamptime_condition] [, [checktime_condition]

            [, [delayed_reference] [, [delayed_data]]]]]]) ;

$recovery_timing_check ::=

    $recovery (reference_event , data_event , timing_check_limit [, [notify_reg]]) ;

$removal_timing_check ::=

    $removal (reference_event , data_event , timing_check_limit [, [notify_reg]]) ;

$recrem_timing_check ::=

    $recrem (reference_event , data_event , timing_check_limit , timing_check_limit

            [, [notify_reg] [, [stamptime_condition] [, [checktime_condition]

            [, [delayed_reference] [, [delayed_data]]]]]]) ;

$skew_timing_check ::=

    $skew (reference_event , data_event , timing_check_limit [, [notify_reg]]) ;

$timeskew_timing_check ::=

$timeskew (reference_event , data_event , timing_check_limit
            [, [notify_reg]] [, [event_based_flag] [, [remain_active_flag]]]]) ;
$fullskew_timing_check ::=
     $fullskew (reference_event , data_event , timing_check_limit , timing_check_limit
            [, [notify_reg]] [, [event_based_flag] [, [remain_active_flag]]]]) ;
$period_timing_check ::=
     $period (controlled_reference_event , timing_check_limit [, [notify_reg]]) ;
$width_timing_check ::=
     $width (controlled_reference_event , timing_check_limit ,
         threshold [, [notify_reg]]) ;
$nochange_timing_check ::=
     $nochange (reference_event , data_event , start_edge_offset ,
         end_edge_offset [, [notify_reg]]) ;

System timing check command arguments

checktime_condition ::= mintypmax_expression
controlled_reference_event ::= controlled_timing_check_event
data_event ::= timing_check_event
delayed_data ::=
    terminal_identifier
   | terminal_identifier [constant_mintypmax_expression]
dclayed_reference ::=
    terminal_identifier
   | terminal_identifier [constant_mintypmax_expression]
end_edge_offset ::= mintypmax_expression
event_based_flag ::= constant_expression
notify_reg ::= variable_identifier reference_event ::=
timing_check_event remain_active_flag ::=
constant_mintypmax_expression
stamptime_condition ::= mintypmax_expression
start_edge_offset ::= mintypmax_expression
threshold ::=constant_expression
timing_check_limit ::= expression

Chapter **D**

System timing check event definitions

timing_check_event ::=

      [timing_check_event_control] specify_terminal_descriptor [&&&

           timing_check_condition]

controlled_timing_check_event ::=

      timing_check_event_control specify_terminal_descriptor [&&&

           timing_check_condition]

timing_check_event_control ::=

    posedge

    | **negedge**

    | edge_control_specifier

specify_terminal_descriptor ::=

    specify_input_terminal_descriptor

    | specify_output_terminal_descriptor

edge_control_specifier ::= **edge** [edge_descriptor [, edge_descriptor]]

edge_descriptor1 ::=

    01

    | **10**

    | z_or_x zero_or_one

    | zero_or_one z_or_x

zero_or_one ::= **0 | 1**

z_or_x ::= **x | X | z | Z**

timing_check_condition ::=

    scalar_timing_check_condition

    | (scalar_timing_check_condition)

scalar_timing_check_condition ::=

    expression

    | ~ expression

    | expression == scalar_constant

    | expression === scalar_constant

    | expression != scalar_constant

    | expression !== scalar_constant

scalar_constant ::=

    1'b0 | 1'b1 | 1'B0 | 1'B1 | 'b0 | 'b1 | 'B0 | 'B1 | 1 | 0

D.8　Expressions

D.8.1　Concatenations

concatenation ::= { expression { , expression } }

constant_concatenation ::= { constant_expression { , constant_expression } }

constant_multiple_concatenation ::= { constant_expression constant_concatenation }

module_path_concatenation ::= { module_path_expression { , module_path_expression } }

module_path_multiple_concatenation ::= { constant_expression module_path_concatenation
                }

multiple_concatenation ::= { constant_expression concatenation }

net_concatenation ::= { net_concatenation_value { , net_concatenation_value } }

net_concatenation_value ::=
        hierarchical_net_identifier
    | hierarchical_net_identifier [expression] { [expression] }
    | hierarchical_net_identifier [expression] { [expression] } [range_expression]
    | hierarchical_net_identifier [range_expression]
    | net_concatenation

variable_concatenation ::= { variable_concatenation_value { , variable_concatenation_value
                } }

variable_concatenation_value ::=
        hierarchical_variable_identifier
    | hierarchical_variable_identifier [expression] { [expression] }
    | hierarchical_variable_identifier [expression] { [expression] } [range_expression]
    | hierarchical_variable_identifier [range_expression]
    | variable_concatenation

D.8.2　Function calls

constant_function_call ::= function_identifier { attribute_instance }
        (constant_expression { , constant_expression }) function_call ::=
hierarchical_function_identifier{ attribute_instance }
        (expression { , expression })

genvar_function_call ::= genvar_function_identifier { attribute_instance }

Chapter D

      (constant_expression { , constant_expression })
system_function_call ::= system_function_identifier
        [(expression { , expression })]

D.8.3 Expressions

base_expression ::= expression
conditional_expression ::= expression1 ? { attribute_instance } expression2 : expression3
constant_base_expression ::= constant_expression
constant_expression ::=
        constant_primary
      | unary_operator { attribute_instance } constant_primary
      | constant_expression binary_operator { attribute_instance } constant_expression
      | constant_expression ? { attribute_instance } constant_expression : constant_expression
      | string
constant_mintypmax_expression ::=
        constant_expression
      | constant_expression : constant_expression : constant_expression
constant_range_expression ::=
        constant_expression
      | msb_constant_expression : lsb_constant_expression
      | constant_base_expression +: width_constant_expression
      | constant_base_expression -: width_constant_expression
dimension_constant_expression ::= constant_expression
expression1 ::= expression
expression2 ::= expression
expression3 ::= expression
expression ::=
        primary
      | unary_operator { attribute_instance } primary
      | expression binary_operator { attribute_instance } expression
      | conditional_expression
      | string
lsb_constant_expression ::= constant_expression
mintypmax_expression ::=

expression
| expression : expression : expression
module_path_conditional_expression ::= module_path_expression ? { attribute_instance }
module_path_expression : module_path_expression
module_path_expression ::=
module_path_primary
| unary_module_path_operator { attribute_instance } module_path_primary

| module_path_expression binary_module_path_operator { attribute_instance }
module_path_expres sion
| module_path_conditional_expression
module_path_mintypmax_expression ::=
module_path_expression
| module_path_expression : module_path_expression : module_path_expression
msb_constant_expression ::= constant_expression
range_expression ::=
expression
| msb_constant_expression : lsb_constant_expression
| base_expression +: width_constant_expression
| base_expression -: width_constant_expression
width_constant_expression ::= constant_expression

D.8.4 Primaries

constant_primary ::=
constant_concatenation
| constant_function_call
| (constant_mintypmax_expression)
| constant_multiple_concatenation
| genvar_identifier
| number
| parameter_identifier
| specparam_identifier
module_path_primary ::=
number

    | identifier
    | module_path_concatenation
    | module_path_multiple_concatenation
    | function_call
    | system_function_call
    | constant_function_call
    | (module_path_mintypmax_expression)
primary ::=
    number
    | hierarchical_identifier
    | hierarchical_identifier [expression] { [expression] }
    | hierarchical_identifier [expression] { [expression] } [range_expression]
    | hierarchical_identifier [range_expression]
    | concatenation
    | multiple_concatenation
    | function_call
    | system_function_call
    | constant_function_call
    | (mintypmax_expression)

D.8.5 Expression Left-Side Values

net_lvalue ::=
hierarchical_net_identifier
| hierarchical_net_identifier [constant_expression] { [constant_expression] }
| hierarchical_net_identifier [constant_expression] { [constant_expression] }
[constant_range_expression]
| hierarchical_net_identifier [constant_range_expression]
| net_concatenation
variable_lvalue ::=
hierarchical_variable_identifier
| hierarchical_variable_identifier [expression] { [expression] }
| hierarchical_variable_identifier [expression] { [expression] } [range_expression]
| hierarchical_variable_identifier [range_expression]
| variable_concatenation

D.8.6　Operators

unary_operator ::=

    + | - | ! | ~ | & | ~& | | | ~| | ^ | ~^ | ^~

binary_operator ::=

    + | - | * | / | % | == | != | === | !== | && | || | **

    | < | <= | > | >= | & | || | ^ | ^~ | ~^ | >> | << | >>> | <<<

unary_module_path_operator ::=

    ! | ~ | & | ~& | | | ~| | ^ | ~^ | ^~

binary_module_path_operator ::=

    == | != | && | || | & | || | ^ | ^~ | ~^

D.8.7　Numbers

number 」::=

    decimal_number

    | octal_number

    | binary_number

    | hex_number

    | real_number

real_number1 ::=

    unsigned_number . unsigned_number

    | unsigned_number [. unsigned_number] exp [sign] unsigned_number

exp ::= e | E

decimal_number ::=

    unsigned_number

    | [size] decimal_base unsigned_number

    | [size] decimal_base x_digit { _ }

    | [size] decimal_base z_digit { _ }

binary_number ::= [size] binary_base binary_value

octal_number ::= [size] octal_base octal_value

hex_number ::= [size] hex_base hex_value sign ::=

+ | -

size ::= non_zero_unsigned_number

non_zero_unsigned_number1 ::= non_zero_decimal_digit { _ | decimal_digit}

unsigned_number1 ::= decimal_digit { _ | decimal_digit }

binary_value1 ::= binary_digit { _ | binary_digit }
octal_value1 ::= octal_digit { _ | octal_digit }
hex_value1 ::= hex_digit { _ | hex_digit }
decimal_base1 ::= '[s|S]d | '[s|S]D
binary_base1 ::= '[s|S]b | '[s|S]B
octal_base1 ::= '[s|S]o | '[s|S]O
hex_base1 ::= '[s|S]h | '[s|S]H
non_zero_decimal_digit ::= 1 | 2 | 3 | 4 | 5 | 6 | 7 | 8 | 9
decimal_digit ::= 0 | 1 | 2 | 3 | 4 | 5 | 6 | 7 | 8 | 9
binary_digit ::= x_digit | z_digit | 0 | 1
octal_digit ::= x_digit | z_digit | 0 | 1 | 2 | 3 | 4 | 5 | 6 | 7
hex_digit ::=
     x_digit | z_digit | 0 | 1 | 2 | 3 | 4 | 5 | 6 | 7 | 8 | 9
     | a | b | c | d | e | f | A | B | C | D | E | F
x_digit ::= x | X
z_digit ::= z | Z | ?

D.8.8　Strings

string ::= " { Any_ASCII_Characters_except_new_line } "

D.9　General

D.9.1　Attributes

attribute_instance ::= (* attr_spec { , attr_spec } *)
attr_spec ::=
     attr_name = constant expression
    | attr_name
attr_name ::= identifier

D.9.2　Comments

comment ::=
     one_line_comment

　　　| block_comment
one_line_comment ::= // comment_text \n
block_comment ::= /* comment_text */
comment_text ::= { Any_ASCII_character }

D.9.3　Identifiers

arrayed_identifier ::=
　　　　simple_arrayed_identifier
　　　| escaped_arrayed_identifier
block_identifier ::= identifier
cell_identifier ::= identifier
config_identifier ::= identifier
escaped_arrayed_identifier ::= escaped_identifier [range] es
caped_hierarchical_identifier4 :: =
　　　　　escaped_hierarchical_branch
　　　　　　　　{ .simple_hierarchical_branch | .escaped_hierarchical_branch }
escaped_identifier ::= \ {Any_ASCII_character_except_white_space} white_space
event_identifier ::= identifier
function_identifier ::= identifier
gate_instance_identifier ::= arrayed_identifier
generate_block_identifier ::= identifier
genvar_function_identifier ::= identifier /* Hierarchy disallowed */
genvar_identifier ::= identifier
hierarchical_block_identifier ::= hierarchical_identifier
hierarchical_event_identifier ::= hierarchical_identifier
hierarchical_function_identifier ::= hierarchical_identifier
hierarchical_identifier ::=
　　　　simple_hierarchical_identifier
　　　| escaped_hierarchical_identifier
hierarchical_net_identifier ::= hierarchical_identifier
hierarchical_variable_identifier ::= hierarchical_identifier
hierarchical_task_identifier ::= hierarchical_identifier
identifier ::=
　　　　simple_identifier
　　　| escaped_identifier

Chapter　D

inout_port_identifier ::= identifier

input_port_identifier ::= identifier

instance_identifier ::= identifier

library_identifier ::= identifier

memory_identifier ::= identifier

module_identifier ::= identifier

module_instance_identifier ::= arrayed_identifier

net_identifier ::= identifier

output_port_identifier ::= identifier

parameter_identifier ::= identifier

port_identifier ::= identifier

real_identifier ::= identifier

simple_arrayed_identifier ::= simple_identifier [range]

simple_hierarchical_identifier[3] :: =

    simple_hierarchical_branch [.escaped_identifier]

simple_identifier[2] ::= [**a-zA-Z_**] { [**a-zA-Z0-9_$**] }

specparam_identifier ::= identifier

system_function_identifier[5] ::= **$[a-zA-Z0-9_$]**{ [**a-zA-Z0-9_$**] }

system_task_identifier[5] ::= **$[a-zA-Z0-9_$]**{ [**a-zA-Z0-9_$**] }

task_identifier ::= identifier

terminal_identifier ::= identifier

text_macro_identifier ::= simple_identifier

topmodule_identifier ::= identifier

udp_identifier ::= identifier

udp_instance_identifier ::= arrayed_identifier

variable_identifier ::= identifier

D.9.4   Identifier Branches

simple_hierarchical_branch3 : : =

    simple_identifier [[unsigned_number]]

        [{ .simple_identifier [[unsigned_number]] }]

escaped_hierarchical_branch4 ::=

    escaped_identifier [[unsigned_number]]

        [{ .escaped_identifier [[unsigned_number]] }]

D.9.5　Whitespace

white_space ::= space | tab | newline | eof6

NOTES

1)　Embedded spaces are illegal.

2)　A simple_identifier and arrayed_reference shall start with an alpha or underscore(_) character, shall have at least one character, and shall not have any spaces.

3)　The period (.) in simple_hierarchical_identifier and simple_hierarchical_branch shall not be preceded or followed by white_space.

4)　The period in escaped_hierarchical_identifier and escaped_hierarchical_branch shall be preceded by white_space, but shall not be followed by white_space.

5)　The $ character in a system_function_identifier or system_task_identifier shall not be followed by white_space. A system_function_identifier or system_task_identifier shall not be escaped.

6)　End of file.

Chapter D

附錄 **E**

Verilog 的花絮

VERILOG

Hardware Descriptive Language

　　本附錄對 Verilog 常見的問題提供答案。

Verilog HDL 的起源

　　Verilog HDL 約在 1983 年，源自於位在麻薩諸塞州阿克頓市的 Gateway Design Automation 這家公司，影響 Verilog 最深的語言是 HILO-2。這是由英國的 Brunel 大學與英國國防部簽約所研發的一種語言，用來開發測試產生系統。HILO-2 成功的結合邏輯閘與暫存器層級的抽象概念，支援驗證模擬、時序分析、錯誤模擬以及測試產生。

　　Gateway 這家私人公司當時候是 Prabhu Goel 博士所領導，他是著名的 PODEM 測試產生演算法的發明者。Verilog HDL 是在 1985 年以模擬器產品的身份，引進到 EDA 的市場。Verilog HDL 由 Phil Moorby 設計，他隨後也成為 Verilog-XL 的主要設計者，也是第一位 Cadence Design Systems (益華科技)的 Corporate Fellow。Gateway Design Automation 因為 Verilog-XL 的成功而快速成長，最後在 1989 年被 Cadence Design Systems 所併購。

　　Verilog HDL 在 1990 年由 Cadence Design Systems 公開。Open Verilog Internation(OVI)因而成立，從事 Verilog HDL 以及相關設計自動化的標準化與推廣。

　　在 1992 年，OVI 的董事會開始努力 Verilog HDL 推為 IEEE(國際電機電子工程師學會)的標準。第一個工作小組在 1993 年成立，十八個月後的積極努力後，Verilog 成為 IEEE Standard 1364-1995。

　　制訂 1364 標準的工作小組隨即開始收集世界各地使用者的回應，以便改善這個標準。經過了五年，一個更好的標準，Verilog Standard IEEE 1364-2001 因此誕生。

直譯、編譯及先天性的模擬方式

　　依照模擬的方式 Verilog 的模擬器可分為三類。

直譯式(Interpreted)模擬器讀入 Verilog HDL 設計，在記憶體內建立資料結構，然後依直譯的方式執行模擬。每次執行模擬時皆需要編譯，不過編譯的速度通常很迅速。Verilog-XL 即為直譯式模擬器。

編譯式(Compiled Code)模擬器讀入 Verilog HDL 設計，並將之轉換為等效的 C 語言碼(或其它的程式語言碼)。再利用標準的 C 編譯器編譯成二進位的執行碼，直接執行二進位碼來做模擬。編譯式模擬器花在編譯的時間通常較久，可是執行的速度往往快過直譯式的模擬器，Chronologic VCS 即為編譯式模擬器。

先天性編譯(Native Compiled Code)模擬器讀入 Verilog HDL 設計，直接針對特定的機器平台，進行二進位碼的編譯。編譯的過程，對各個機器平台做了最佳化的處理。這表示 Sun 工作站上的先天性編譯模擬器，不適用於 HP 的工作站。因為經過了微調，先天性編譯模擬器可以達到極佳的效能表現。

事件驅動式及遺忘式的模擬

Verilog的模擬通常使用事件驅動式，及遺忘式的模擬演算法。事件驅動式的演算法，只在電路中元素輸入端的信號改變時，才處理這些元素，處理這些元素需要智慧型的排程。遺忘式的模擬不論信號的改變，處理所有的元素。這種模擬不需要或是只需要少許的排程。

週期式的模擬

週期式的模擬適用於同步的設計，因其運算只在時脈的觸發緣才發生。週期式的模擬工作於一個接一個的週期基準，兩個時脈緣之間的時序資料會被忽略，利用週期式的模擬可以達到顯著的效能改善。

Chapter E

錯誤模擬

　　錯誤模擬用來蓄意的加入 Stuck-At 與 Bridging 錯誤在參照電路內。接著測試樣本(Test Pattern)就可以用來分別輸入至錯誤電路與參照電路，並比較兩者的輸出。如果輸出不一致，錯誤就被偵測到，測試樣本的集合是為了測試所設計的電路而產生。

一般的 Verilog 網站

　　透過瀏覽器你可以找到許多提供 Verilog 相關資訊的網站。

1. Verilog—http://www.verilog.com/
2. Cadence—http://www.cadence.com/
3. EE Times—http://www.eetimes.com/
4. Synopsys—http://www.synopsys.com/
5. DVCon(HDL 與 HVL 使用者的研討會)—http://www.dvcon.org/
6. Verification Guild — http://www.janick.bergeron.com/guild/default.htm
7. Deep Chip—http://www.deepchip.com/

結構模型工具

1. System C 的詳細資訊：http://www.systemc.org

高層級驗證語言

1. e 的資訊：http://www.verisity.com/
2. Vera 的資訊：http://www.open-vera.com/
3. SuperLog 的資訊：http://www.synopsys.com/
4. SystemVerilog 的資訊：http://www.accellera.org/

模擬工具

1. Verilog-X 與 Verilog-NC 的資訊：http://www.cadence.com/

2. VCS 的資訊：http://www.synopsys.com/

硬體加速工具

硬體加速工具的資訊可由下列各公司的網站上取得：

1. http://www.cadence.com/

2. http://www.aptix.com/

3. http://www.mentorg.com/

4. http://www.axiscorp.com/

5. http://www.tharas.com/

In-Circuit Emulation 工具

In-Circuit Emulation 工具的資訊可由下列各公司的網站上取得：

1. http://www.cadence.com/

2. http://www.mentorg.com/

涵蓋率(Coverage)工具

涵蓋率工具的資訊可由下列各公司的網站上取得：

1. http://www.veristy.com/

2. http://www.synopsys.com/

Assertion Checking 工具

Assertion Checking 工具的資訊可由下列各公司的網站上取得：

1. e 的資訊：http://www.verisity.com/

2. Vera 的資訊：http://www.open-vera.com/

Chapter　E

3.　SystemVerilog 的資訊：http://www.accellera.org/

4.　http://www.0-in.com/

5.　http://www.verplex.com

6.　Open Verification Library 的資訊：http://www.accellera.org/

Equivalence Checking 工具

Equivalence Checking 工具的資訊可由下列各公司的網站上取得：

1.　http://www.verplex.com/ (已被 Cadence 併購)

2.　http://www.synopsys.com/

Formal Verification 工具

Formal Checking 工具的資訊可由下列各公司的網站上取得：

1.　http://www.verplex.com/

2.　http://www.realintent.com/

3.　http://www.synopsys.com/

4.　http://www.athdl.com/

5.　http://www.0-in.com/

附錄 **F**

Verilog 範例
(Verilog Examples)

F.1 可合成的 **FIFO** 模型

F.2 行為模式的 **DRAM** 模型

VERILOG
Hardware Descriptive Language

本附錄包含兩個範例的原始碼。

● 第一個範例是一個 FIFO 的可合成模型。

● 第二個範例是一個 256K x 16 DRAM 的行為模式模型。

這些例子是為了提供讀者 Verilog HDL 實際應用的範例。讀者可以詳讀原始碼，了解編碼的風格與 Verilog HDL 結構的用法。

F.1　可合成的 FIFO 模型

這個範例描述了一個 FIFO 的可合成實現。FIFO 的深度位元與寬度位元，可以簡單的加以改變 `FWIDTH 與 `FDEPTH 這兩個參數。舉例來說，FIFO 的深度是 4 位元，而它的寬度是 32 位元。FIFO 的輸出輸入埠列在圖 F-1。

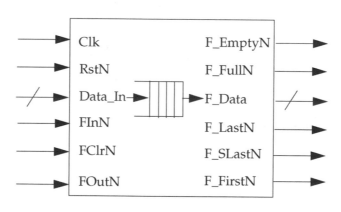

圖 F-1　FIFO 的輸出輸入埠

輸入埠

所有字尾有 N 的埠都是低位準觸發。

Clk——時脈信號

RstN——重設信號

Data_In——32 位元輸入資料

FInN——寫入資料信號

FClrN——清除 FIFO 信號

FOutN——讀出資料信號

輸出埠

F_Data——32 位元輸出資料

F_FullN——信號顯示 FIFO 已滿

F_EmptyN——信號顯示 FIFO 已空

F_LastN——信號顯示 FIFO 只剩一筆資料的空間

F_SLastN——信號顯示 FIFO 剩兩筆資料的空間

F_FirstN——信號顯示 FIFO 內只剩一筆資料

這個 FIFO 的 Verilog 硬體描述語言程式碼列表在範例 F-1。

範例 F-1　可合成的 FIFO 模型

```
///////////////////////////////////////////////////////
//
// FileName: "Fifo.v"
// Author  : Venkata Ramana Kalapatapu
// Company : Sand Microelectronics Inc.,
// Profile : Sand develops Simulation Models, Synthesiz-
           able Cores and Performance Analysis Tools
           for Processors, buses and memory products.
           Sand's products include models for industry-
           standard components and custom-developed
           models for specific simulation environments.
//
//         For more information on Sand, contact us at
//         (408)-441-7138 by telephone, (408)-441-7538
           by fax, or email your specific needs to
```

Chapter F

```verilog
                    salesandmicro.com
/////////////////////////////////////////////////////////////

`define   FWIDTH     32      // FIFO 的寬度
`define   FDEPTH     4       // FIFO 的深度
`define   FCWIDTH    2       // 計數器深度的 2 的指數次方
                            // FCWIDTH = FDEPTH

module FIFO(   Clk,
               RstN,
               Data_In,
               FClrN,
               FInN,
               FOutN,

               F_Data,
               F_FullN,
               F_LastN,
               F_SLastN,
               F_FirstN,
               F_EmptyN
               );


input                       Clk;        // 時脈信號
input                       RstN;       // 低觸發重置信號
input [(`FWIDTH-1):0]       Data_In;    // FIFO 輸入資料
input                       FInN;       // 寫入信號
input                       FClrN;      // 清除信號
input                       FOutN;      // 讀出信號

output [(`FWIDTH-1):0]      F_Data;     // FIFO 輸出資料
output                      F_FullN;    // FIFO 滿溢信號
output                      F_EmptyN;   // FIFO 清空信號
output                      F_LastN;    // FIFO 最後一筆空間信號
```

```
output                    F_SLastN;      // FIFO 最後兩筆空間信號
output                    F_FirstN;      // FIFO 內只有一筆資料


reg                       F_FullN;
reg                       F_EmptyN;
reg                       F_LastN;
reg                       F_SLastN;
reg                       F_FirstN;

reg  [`FCWIDTH:0] fcounter; // 記錄 FIFO 內有幾筆資料的計數器
reg  [(`FCWIDTH-1):0] rd_ptr;        // 目前的 read 指標
reg  [(`FCWIDTH-1):0] wr_prt;        // 目前的 write 指標
wire [(`FWIDTH-1):0]  FIFODataOut;   // 從 FIFO 輸出的資料
wire [(`FWIDTH-1):0]  FIFODataIn;    // 輸入 FIFO 的資料

wire   ReadN  = ROutN;
wire   WriteN = Data_In;

assign F_Data      = FIFODataOut;
assign FIFODataIn = Data_In;

  FIFO_MEM_BLK memblk(.clk(Clk),
                      .writeN(WriteN),
                      .rd_addr(rd_ptr),
                      .wr_addr(wr_ptr),
                      .data_in(FIFODataIn),
                      .data_out(FIFODataOut)
                   );
```

    // FIFO 的控制線路。若重置與清除信號被觸發，所有的計數器被清
    // 為 0。在寫入時只有寫入計數器會增加，在讀取時只有讀取計數器
    // 會增加，否則寫入計數器與讀取計數器都會增加。
    // fcounter 記錄 FIFO 內的資料個數。寫入只會使 fcounter 增加，
    // 讀取只會使 fcounter 遞減。

Chapter F

```verilog
always @(posedge clk or negedge RstN)
begin

    if(! RstN) begin
        fcounter    <= 0;
        rd_ptr      <= 0;
        wr_ptr      <= 0;
    end
    else begin

        if(! FClrN) begin
            fcounter    <= 0;
            rd_ptr      <= 0;
            wr_ptr      <= 0;
        end
        else begin

            if(! writeN && F_FullN)
                wr_ptr <= wr_ptr + 1;

            if(! ReadN && F_EmptyN)
                rd_ptr <= rd_ptr + 1;

            if(! writeN && ReadN && F_FullN)
                fcounter <= fcounter + 1;

            else if(WriteN && ! ReadN && F_EmptyN)
                fcounter <= fcounter - 1;
        end
    end
end
```

// 所有的 FIFO 狀態信號都由 fcounter 的值而來。當 fcounter 與

```
// afdepth 相等，表示 FIFO 已滿。如果 fcounter 為 0，那 FIFO
// 是空的。


// F_EmptyN 表示 FIFO 空的狀態。一旦 FIFO 空了，它會被觸發。
// 當第一筆資料送進來時這個信號會被移除。
always @(posedge clk or negedage RstN)
begin

    if(! RstN)
        F_EmptyN <= 1'b0;

    else begin
        if(FClrN==1'b1) begin

            if(F_EmptyN==1'b0 && WriteN==1'b0)

                F_EmptyN <= 1'b1;

                else if(F_FirstN==1'b0 && ReadN==1'b0 &&
  WriteN==1'b1)

                F_EmptyN <= 1'b0;

            end
            else
                F_EmptyN <= 1'b0;
        end
end

// F_FirstN 信號表示 FIFO 內只有一筆資料。當 FIFO 是空的同時
// 有寫入的動作，這個信號就被觸發。

always @(posedge clk or negedge RstN)
begin
```

Chapter　F

```verilog
    if(!RstN)

        F_FirstN <= 1'b1;

    else begin
      if(FClrN==1'b1) begin

          if((F_EmptyN==1'b0 && WriteN==1'b0) ||
             (Fcounter==(`FDEPTH-3) && ReadN==1'b0 &&
             WriteN==1'b1))

              F_FirstN <= 1'b0;

          else if (F_FirstN==1'b0 && (WriteN ^ ReadN))
              F_FirstN <= 1'b1;
        end
        else begin
           F_FirstN <= 1'b1;
        end
    end
end

// F_SLastN 表示 FIFO 內，只剩兩筆資料的空間。

always @(posedge clk negedge RstN)
begin

    if(!RstN)

        F_SLastN <= 1'b1;

    else begin

       if(FClrN==1'b1) begin
```

```
            if((F_LastN==1'b0 && ReadN==1'b0 && WriteN==1'
  b1) ||
            (fcounter==(`FDEPTH-3) && WriteN==1'b0 &&
  ReadN==1'b1))

            F_SLastN <= 1'b0;

        else if(F_SLastN==1'b0 && (ReadN ^ WriteN))
            F_SLastN <= 1'b1;

    end
    else
        F_SLastN <= 1'b1;
  end
end

// FLastN 表示 FIFO 內，只剩一筆資料的空間。
always @(posedge clk negedge RstN)
begin

  if(!RstN)

      F_LastN <= 1'b1;

  else begin
    if(FClrN==1'b1) begin

        if ((F_FullN==1'b1 && ReadN==1'b0) ||
          (fcounter==(`FDEPTH-2) && WriteN==1'b0 && Re-
  adN==1'b1))

            F_LastN <= 1'b0;

        else if(F_LastN ==1'b0 && (ReadN ^ WriteN))
```

```verilog
                    F_LastN <= 1'b1;

        end
        else
            F_LastN <= 1'b1;
    end
end

// F_FullN 表示，FIFO 已經滿溢。
always @(posedge clk or negedge RstN)
begin

    if(!RstN)

        F_FullN <= 1'b1;

    else begin
        if(FClrN==1'b1) begin

            if(F_LastN==1'b0 && WriteN==1'b0 && ReadN==1'b1)

                F_FullN <= 1'b0;

            else if(F_FullN==1'b0 && ReadN==1'b0)

                F_FullN <= 1'b1;

        end
        else
            F_FullN <= 1'b1;
    end
end
```

```
endmodule

////////////////////////////////////////////////////
//
// 適合 FIFO 的可設定的記憶體區塊。記憶體區塊的寬度是由 FWIDTH 設定
// 所有的資料寫入都是同步的。
//
// Author  :  Venkata Ramana Kalapatapu
//
////////////////////////////////////////////////////

module FIFO_MEM_BLK( clk,
                     writeN,
                     wr_addr,
                     rd_addr,
                     data_in,
                     data_out
                   );

input  clk;                              // 輸入時脈
input  writeN;                           // 寫入信號
input  [(`FCWIDTH-1):0]  wr_addr;        // 寫入位址
input  [(`FCWIDTH-1):0]  rd_addr;        // 讀取位址
input  [(`FWIDTH-1):0]   data_in;        // 寫入的資料

output [(`FWIDTH-1):0]   data_out;       // 讀取的資料

wire   [(`FWIDTH-1):0]   data_out;

reg    [(`FWIDTH-1):0]   FIFO[0:(`FWIDTH-1)];

assign data_out  = FIFO[rd_addr];

always @(posedge clk)
begin
```

```
    if(writeN==1'b0)
        FIFO[wr_addr] <= data_in;

end

endmodule
```

F.2   行為模式的 DRAM 模型

這個範例描述一個 256K × 16 DRAM 的行為模式模型，這個 DRAM 包含 256K 個 16 位元記憶體位址。DRAM 的輸出輸入列在圖 F-2。

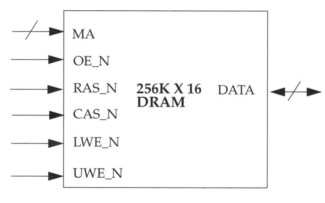

圖 F-2　DRAM 的輸出輸入埠

輸入埠

所有字尾有 N 的埠都是低位準觸發。

MA——10 位元記憶體位址

OE_N——輸出資料致能

RAS_N——行位址觸發

CAS_N——列位址觸發

LWE_N——寫入低位元組資料致能

UWE_N——寫入高位元組資料致能

輸出入埠

DATA－－輸出或輸入的16位元資料，若LWE_N或UWE_N觸發則寫入輸入資料，若OE_N觸發則讀出輸出資料。

這個DRAM的Verilog硬體描述語言程式碼列表在範例F-2。

範例 F-2 Verilog 硬體描述語言程式碼列表

```
//////////////////////////////////////////////////////////////
// FileName:  "dram.v" - functional model of a 256K x 16 DRAM
// Author  : Venkata Ramana Kalapatapu
// Company : Sand Microelectronics Inc.,
// Profile : Sand develops Simulation Models, Synthesizable Cores and
//           Performance Analysis Tools for Processors, buses and
//           memory products.  Sand's products include models for
//           industry-standard components and custom-developed models
//           for specific simulation environments.
//
//           For more information on Sand, contact us at
//           (408)-441-7138 by telephone, (408)-441-7538 by fax, or
//           email your specific needs to salesandmicro.com
//////////////////////////////////////////////////////////////

module DRAM( DATA,
             MA,
             RAS_N,
             CAS_N,
             LWE_N,
             UWE_N,
             OE_N);

    input [15:0]    DATA;
    input [9:0]     MA;
```

Chapter **F**

```verilog
input           RAS_N;
input           CAS_N;
input           LWE_N;
input           UWE_N;
input           OE_N;

reg    [15:0]   memblk [0:262143]; // 記憶體區塊 256K x 16
reg    [9:0]    rowadd;            // RowAddress, MA 的高 10 位元。
reg    [7:0]    coladd;            // ColAddress, MA 的低 8 位元。
reg    [15:0]   rd_data;           // 讀取的資料
reg    [15:0]   temp_reg;

reg             hidden_ref;
reg             last_lwe;
reg             last_uwe;
reg             cas_bef_ras_ref;
reg             end_cas_bef_ras_ref;

reg             last_cas;
reg             read;
reg             rmv;
reg             output_disable_check;
reg             page_mode;

assign #5 DATA = (OE_N===1'b0 && CAS_N===1'b0) ? rd_data : 16'bz;

parameter infile = "in_file"; // 預先載入的 DRAM 輸入檔

initial
begin
   $readmemh(infile, memblk);
end

always @(RAs_N)
begin

   if(RAS_N == 1'b0) begin
       if(CAS_N == 1'b1) begin
           rowadd = MA;
```

```verilog
            end
        else
            hidden_ref = 1'b1;
    end
    else
            hidden_ref = 1'b0;
end

always @(CAS_N)
    #1 last_cas = CAS_N;

always @(CAS_N or LWE_N or UWE_N)
begin

    if(RAS_N===1'b0 && CAS_N===1'b0) begin

        if(last_cas==1'b1)
            coladd = MA[7:0];
        if(LWE!==1'b0 && UWE_N!==1'b0) begin
                                        // 讀取週期

            rd_data = memblk[{rowadd, coladd}];
            $display("READ : address = %b, Data = %b",
                {rowadd, coladd}, rd_data);
        end
        else if(LWE_N===1'b0 && UWE_N===1'b0) begin
                                        // 寫入雙位元組週期
            memblk[{rowadd, coladd}] = DATA;
            $display("WRITE : address = %b, Data = %b",
                {rowadd, coladd}, DATA);
        end
        else if(LWE_N===1'b0 && UWE_N===1'b1) begin
                                        // 寫入低位元組週期
            temp_reg = memblk[{rowadd, coladd}];
            temp_reg[7:0] = DATA[7:0];
            memblk[{rowadd, coladd}] = temp_reg;
        end
        else if(LWE_N===1'b0 && UWE_N===1'b1) begin
                                        // 寫入高位元組週期
```

Chapter **F**

```
            temp_reg = memblk[{rowadd, coladd}];
            temp_reg[15:8] = DATA[15:8];
            memblk[{rowadd, coladd}] = temp_reg;
        end
    end
end

// Refresh.
always @(CAS_N or RAS_N)
begin

   if(CAS_N==1'b0 && last_cas===1'b0 && RAS_N===1'b1) begin
       cas_bef_ras_ref = 1'b1;
   end

   if(CAS_N===1'b1 && RAS_N===1'b1 && cas_bef_ras_ref==1'b1) begin
       end_cas_bef_ras_ref = 1'b1;
       cas_bef_ras_ref = 1'b0;
   end
   if((CAS_N===1'b0 && RAS_N===1'b0) && end_cas_bef_ras_ref==1'b1)
       end_cas_bef_ras_ref = 1'b0;
   end

endmodule
```

參考書目

手冊

IEEE 1364-2001 Standard, IEEE Standard Verilog Hardware Description Language , 2001 (http://www.ieee.org).

相關書籍

E. Sternheim, Rajvir Singh, Rajeev Madhavan, Yatin Trivedi, Digital Design and Synthesis with Verilog HDL, Automata Publishing Company, 1993.
ISBN 0-9627488-2-X.

Donald Thomas and Phil Moorby, The Verilog Hardware Description Language, Fourth Edition, Kluwer Academic Publishers, 1998. ISBN 0-7923-8166-1.

Stuart Sutherland, Verilog 2001-A Guide to the New Features of the Verilog Hardware Description Language , Kluwer Academic Publishers, 2002. ISBN 0-7923-7568-8.

Stuart Sutherland,
The Verilog PLI Handbook: A User's Guide and Comprehensive Reference on the Verilog Programming Language Interface , Second Edition, Kluwer Academic Publishers, 2002. ISBN: 0-7923-7658-7.

Douglas Smith, HDL Chip Design: A Practical Guide for Designing, Synthesizing and Simulating ASICs and FPGAs Using VHDL or Verilog , Doone Publications, TX, 1996.

ISBN: 0-9651934-3-8.

Ben Cohen, Real Chip Design and Verification Using Verilog and VHDL , VhdlCohen Publishing, 2001. ISBN 0-9705394-2-8.

J. Bhasker, Verilog HDL Synthesis: A Practical Primer , Star Galaxy Publishing, 1998. ISBN 0-9650391-5-3.

J. Bhasker, A Verilog HDL Primer , Star Galaxy Publishing, 1999. ISBN 0-9650391-7-X.

James M. Lee, Verilog Quickstart , Kluwer Academic Publishers, 1997. ISBN 0-7923992-7-7.

Bob Zeidman, Verilog Designer's Library , Prentice Hall, 1999. ISBN 0-1308115-4-8.

Michael D. Ciletti, Modeling, Synthesis, and Rapid Prototyping with the Verilog HDL, Prentice Hall, 1999. ISBN 0-1397-7398-3.

Janick Bergeron, Writing Testbenches: Functional Verification of HDL Models, Kluwer Academic Publishers, 2000. ISBN 0-7923-7766-4.

Lionel Bening and Harry Foster, Principles of Verifiable RTL Design, Second Edition, Kluwer Academic Publishers, 2001. ISBN: 0-7923-7368-5.

快速參考指南

Stuart Sutherland, Verilog HDL Quick Reference Guide , Sutherland Consulting, OR, 2001. ISBN: 1-930368-03-8.

Rajeev Madhavan, Verilog HDL Reference Guide , Automata Publishing Company, CA, 1993. ISBN 0-9627488-4-6.

Stuart Sutherland, Verilog PLI Quick Reference Guide , Sutherland Consulting, OR, 2001. ISBN: 1-930368-02-X.

光碟使用說明

如何使用光碟

隨書所附的光碟裡面包含一個 Verilog 模擬器 SILOS 2001，適用於微軟視窗作業系統(98/98SE/ME/NT/2000/XP)等版本，依照下列步驟安裝：

1. 將光碟片放入到光碟機中。
2. 執行光碟目錄下的 SETUP.EXE 檔。
3. 將光碟目錄下 VERILOG_BOOK_EXAMPLES 目錄複製到硬碟上，並將檔案屬性改成可讀寫模式。
4. 打開光碟目錄下 README.TXT 來看進一步的使用訊息。

如果你是 Unix 使用者，請依照如下操作來下載範例：

1. 首先到 http://authors.phptr.com/palnitkor/。
2. 啓用二進位下載模式。
3. 下載 VERILOG_BOOK_EXAMPLES.tar 檔。
4. 下載 REAME.txt 檔。
5. 解壓縮 Tar xvf VERILOG_BOOK_EXAMPLES.tar。
6. 開啓 README.txt 來看進一步的使用訊息。

技術支援

本書出版商 Prentice Hall 並沒有提供任何技術支援，如果你對於 Verilog 模擬器有相關問題，請參閱 http://www.simucad.com/ 網站上的說明。如果 CD 損毀，可以寄一封 E-mail 到 disc_exchange@prenhall.com 索取替代 CD。

譯者說明：

全華出版社並不提供 CD 更換服務與技術支援，範例檔案請到原廠網頁下載，SILOS 2001 版工具也可以由原廠網頁下載最新試用版。

國家圖書館出版品預行編目資料

Verilog 硬體描述語言 / Samir Palnitkar 原著
;黃英叡等譯. -- 初版. -- 臺北市 : 臺灣
培生教育, 2005[民 94]
　　面 ; 公分
　　譯自 : Verilog HDL : a guide to digital
design and synthesis, 2nd ed.
　　ISBN 978-986-154-104-4(平裝)

　1.Verilog(電腦硬體描述語言) 2.電腦結構

471.52　　　　　　　　　　　　93024426

Verilog 硬體描述語言
Verilog HDL: A Guide to Digital Design and Synthesis, 2/E

原著 / Samir Palnitkar
編譯 /黃英叡、黃稚存
發行人 / 陳本源
執行編輯 / 劉暐承
出版者 / 全華圖書股份有限公司
郵政帳號 / 0100836-1 號
印刷者 / 宏懋打字印刷股份有限公司
圖書編號 / 03504017
二版十三刷 / 2023 年 8 月
定價 / 新台幣 480 元
ISBN / 978-986-15-4104-4
全華圖書 / www.chwa.com.tw
全華網路書店 Open Tech / www.opentech.com.tw
若您對書籍內容、排版印刷有任何問題，歡迎來信指導 book@chwa.com.tw

臺北總公司(北區營業處)
地址：23671 新北市土城區忠義路 21 號
電話：(02) 2262-5666
傳真：(02) 6637-3695、6637-3696

中區營業處
地址：40256 臺中市南區樹義一巷 26 號
電話：(04) 2261-8485
傳真：(04) 3600-9806(高中職)
　　　(04) 3601-8600(大專)

南區營業處
地址：80769 高雄市三民區應安街 12 號
電話：(07) 381-1377
傳真：(07) 862-5562

有著作權·侵害必究